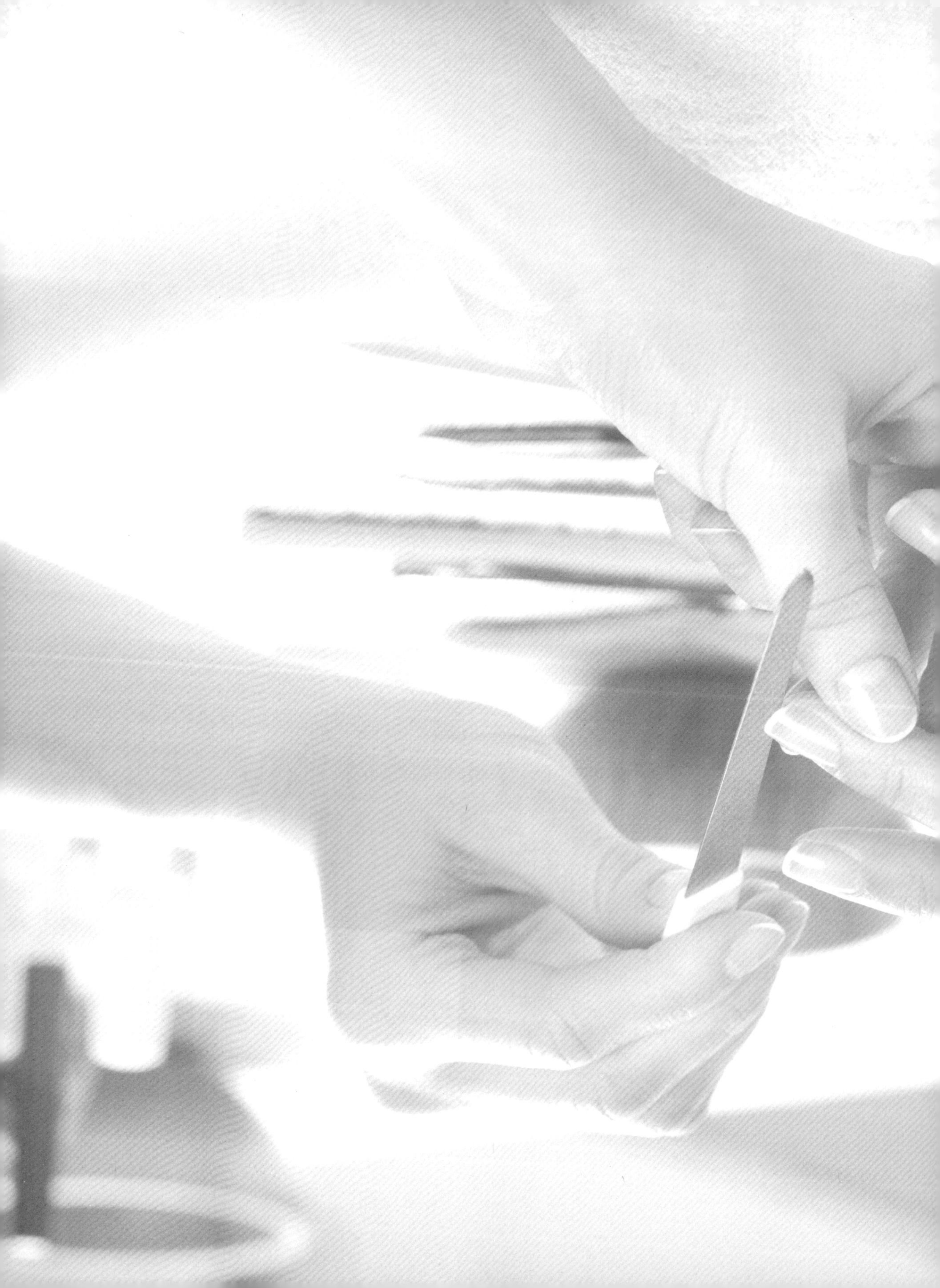

Nail Care

NCS 적용 교육!

에센스 네일케어

메디시안

머 리 말

삶의 좌표가 생존과 연관되어 있던 과거와는 달리 문화적 발전을 이룩한 현대 사회에서는 좀 더 다양한 시각에서 한 차원 높은 문화적 혜택을 바라는 사람들이 늘어나고 있습니다. 이러한 시대의 흐름 속에 미(美)에 대한 관심도 한층 높아져서, 단순히 손톱 주위를 정리하고 색상을 바르는 시술 정도로만 여겨지던 네일 관리에 대한 인식도 많이 달라졌습니다.

남다른 개성과 자아 표출이 중요시되는 현대사회에서 네일 아트는 각자 개인이 지닌 개성을 드러내는 데 있어서 매우 효과적인 표현 수단으로 작용하고 있으며, 미를 향한 욕구를 충족함에 있어서도 부족함이 없는 행위로 평가되고 있습니다.

2000년대에 들어오면서 네일 관리에 대한 고객의 인식과 관심도가 높아지고 이에 따라 미용전문 교육기관들이 생기면서 전문 네일리스트들을 위한 교육 프로그램이 본격적으로 운영되고 있습니다. 이에 고객들은 단순한 손·발 관리 차원의 매니큐어 외에도 네일을 꾸미고 장식하는 아트 개념의 네일 관리에 대한 요구도가 점점 높아져 네일 시장의 범위가 더욱 커지고 있는 현실입니다.

이와같은 네일 시장의 확대로, 2013년 미용사(일반)에 관한 법령에서 '손톱과 발톱의 손질 및 화장' 조항을 삭제하고 이를 독립된 업종으로 하는 〈공중위생관리법 시행령 개정안〉이 국무회의에서 의결되고 2014년 7월 1일 시행령이 발령되었으며, 그해 11월 미용사(네일) 자격제도가 시행되어 자격증 취득자에게만 네일숍 창업이 가능해지면서 네일 미용 산업에 큰 변화를 가져왔습니다. 앞으로도 큰 발전을 이룰 것으로 기대됩니다.

네일리스트를 희망하는 모든 분들에게 미용사(네일) 시험에 대한 이해와 기술적인 부분을 나누어 설명하려고 이렇게 본 교재를 준비하게 되었습니다. 아직 미흡하고 부족한 내용이 많으리라 생각하지만 앞으로 판을 거듭하며 계속 보완해 나갈 것을 약속드리며, 네일을 체계적으로 배우고자 하는 후학과 네일 산업의 발전에 조금이나마 도움이 되기를 기대합니다.

끝으로 촬영과 편집, 디자인에 참여한 메디시언 가족분들께 감사드리며, 독자분들이 추구하는 목표가 꼭 이루어지길 기원합니다.

경자년 새 봄에

저자 일동

차 례

Contents

차 례

Part 2 기초 네일 실기

Part 3 기초 인조 네일 실기

Part 4 아크릴릭 네일

차 례

Part 5 젤 네일

PART Ⅰ

이론편

Chapter 01 네일 관리의 역사

1. 네일 관리의 유래와 역사

네일 관리는 기원전 3000년경부터 지금까지 이어져 왔으며, 그 기원은 인류의 미(美)의식 발전과 함께라고 할 수 있다. 원래의 목적은 치료에서 시작되었으며 부수적으로 꾸미는 과정이 더해지며 발전을 거듭하며 현재에 이르렀다. 이 장에서는 네일 관리의 역사를 통해 어원과 유래를 이해하고 네일 관리의 변천사를 이해함으로써 네일미용사로서의 자질을 향상시키고자 한다.

'네일스(nails)'는 손톱(finger nail)과 발톱(toe nail)을 통칭하며, 통상적으로 '네일'이라 표현한다. 매니큐어(manicure)란 손톱과 손을 아름답게 가꾸는 기술로 라틴어의 마누스(manus, 손)와 큐라(cura, 관리)에서 유래된 것으로 색상만을 관리한다는 의미가 아니다.

과거에는 손톱을 자신의 몸을 보호하는 무기로 사용하거나 음식물 채취와 다양한 생활의 편리성을 위해 활용하였으나, 오늘날에는 패션의 완성을 위한 액세서리로 활용하여 자신의 매력을 향상시키거나 자아존중감을 고양하는 역할로 주목받고 있다.

이러한 목적에서 시행하는 손톱의 모양 정리, 큐티클(cuticle) 정리, 컬러링(coloring), 손 마사지, 아트(art), 손톱연장, 그리고 손톱미용성형 등을 포함한 총괄적인 손 관리를 매니큐어라 한다.

한편 발톱의 모양 정리, 큐티클 정리, 컬러링, 발 마사지, 아트, 발톱연장, 그리고 발톱미용성형 등을 포함한 총괄적인 발 관리를 페디큐어(pedicure)라 한다.

기원전 3000년경 최초의 네일 관리가 이집트와 중국의 상류층에서 시작된 것으로 문헌에 전해지며, 기원전 시대에는 관목이나 음식물, 식물 등에서 색상을 추출하여 사용하였다. 고대 이집트에서는 네일의 색깔이 사회적인 지위를 나타내는 중요한 기준으로 왕족은 짙은 색을, 낮은 계층의 사람들은 옅은 색만을 사용하게 하여 신분을 구분하였다.

헤나(henna)라는 관목에서 빨간색과 오렌지색을 추출하여 미라의 네일에 색상을 입히거나 제사와 관련하여 사용하기도 하였다. 특히 중국에서는 벌꿀과 계란 흰자, 아라비아산 고무나무에서 얻은 지금의 폴리시에 해당하는 액을 만들어 손톱에 바르거나, 입술연지를 만드는 '홍화'의 재배가 유행하여 네일에도 연지를 발라 '조홍'이라 하였다. 화려한 역사에 걸맞게 금색이나 은색 또는 검정이나 흑적색 등 시대별로 다양한 색상과 밀랍이나 난백(卵白)을 사용함으로써 미적 감각과 특권층의 신분을 맘껏 누릴 수 있었다.

17세기 인도 여성들은 조모(매트릭스, matrix)에 문신용 바늘로 색소를 주입하여 상류층임을 과시했다고 하며, 프랑스의 베르사이유 궁전에서는 오직 한 손가락만 손톱을 길게 길러서 문의 노크 대신 조심스럽게 긁는 데 사용하는 것을 에티켓으로 여겼다고도 한다.

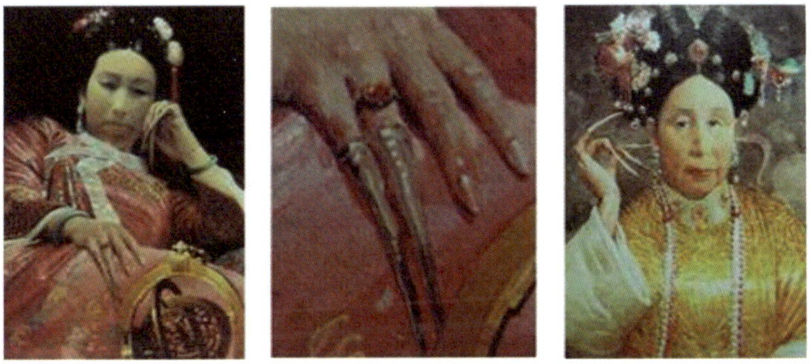

그림 1-1 중국 청나라 시대의 네일 아트

2. 네일 관리의 변천사

과거에는 네일 관리가 상류층의 특권으로만 여겨졌지만 근대로 접어들면서 일반인에게도 대중화되기 시작하였고 그 결과 다양한 네일 제품이 개발되어 발전하기 시작하였다. 현대에는 네일 테크닉과 네일 제품이 근대보다 전문화, 세분화되었으며 네일 산업 또한 뷰티 산업에서 중요한 자리를 차지하고 있다.

1. 네일 관리의 시대적 변천과정

① 1800년대

- 1800년대 이후부터는 네일 관리가 일반인에게 점차 대중화되기 시작하였다. 네일 끝을 뾰족하게 한 아몬드형 네일 모양이 유행하였고, 향이 있는 빨간 기름을 바른 후 섀미(chamois : 염소나 양의 부드러운 가죽)를 이용하여 색깔이나 광을 내기도 하였다.
- 1830년에는 유럽의 발 전문의사 시트(Sitts)가 치과에서 사용되던 기구와 도구에서 착안한 오렌지 우드 스틱(orange wood stick)을 네일 관리에 사용하기 시작하였다.
- 1885년에는 네일 폴리시(nail polish)의 필름형성제인 니트로셀룰로스가 개발되었다.
- 1892년에는 발 전문의사 시트(Sitts)의 조카에 의해 네일 관리가 여성들의 새로운 직업으로 미국에 도입되었다.

② 1900~1950년대

- 1900년에는 네일 관리에 금속 가위와 금속 파일(file)을 이용하기 시작했고, 옅은 색 크림이나 가루로 네일에 광을 내거나 낙타털로 만든 붓으로 네일에 임시로 광택을 내기도 했다. 또한 이 시기는 유럽에서도 네일 관리가 본격적으로 시작된 시기이다.

- 1910년에 뉴욕시에 설립된 매니큐어 제조회사 플라워리(Flowery)는 금속 파일과 사포로 된 파일을 제작하였다.

- 1917년에는 보그(Vogue)지에 코로니(Dr.Korony)가 도구와 기구를 사용하지 않고 할 수 있는 네일 홈 케어를 제시하였다. 케이크, 페이스트(paste) 또는 가루를 사용하여 네일에 광택을 냈던 종전과는 달리, 방수가 되면서 오랫동안 광택이 유지되는 네일 폴리시의 필요성이 대두되었다.

- 1925년에 네일 폴리시 산업이 본격화되면서 네일 폴리시를 상점에서 구입할 수 있게 되었으며, 색상은 대부분 투명한 계통의 자연색으로 다양하지는 않았고 손톱의 중앙에만 바르거나 손톱의 반월(lunula)과 양쪽 가장자리는 바르지 않는 것이 유행이기도 하였다. 한편 선정적인 색상을 바르는 것은 그 당시도 에티켓에서 벗어나는 것이었다고도 한다.

- 1927년에는 프렌치 매니큐어(French manicure)에 사용되는 흰색 폴리시과 큐티클 크림(cuticle cream), 큐티클 리무버(cuticle remover)가 제조되어 활용되었다.

- 1930년에는 제나(Gena) 연구팀에 의해 네일 폴리시 리무버, 워머로션(warmer lotion), 큐티클 오일(cuticle oil)이 최초로 등장하였으며, 다양한 계통의 빨간색 제품이 출시되었다.

- 1932년에 다양한 색상의 네일 폴리시가 제조되었고 레브론(Revlon)사에서 최초로 립스틱과 잘 어울리는 색상의 네일 폴리시를 함께 출시하였다.

- 1935년에 인조네일이 개발되었다.

- 1940년에 매니큐어의 가격은 25센트에서 3불 50센트 정도였으며, 여배우 리카 헤이워드에 의해 네일의 길이가 길어졌고 빨간색으로 네일을 꽉 채워 바르는 것이 유행하였다. 또한 그 당시에는 남성들도 이발소에서 습식 매니큐어를 하기 시작했다.

- 1948년에는 미국의 노린 레호(Noreen Reho)가 매니큐어 작업에 기구를 사용하기 시작하였다.

③ 1950년대

- 1950년에 짙은 색상보다 자연에 가까운 색상이 유행하였으므로 다양한 자연스러운 색상이 개발되었다.
- 1957년에 네일 팁(nail tip) 사용이 현저히 늘었으며 당시 포일(foil)을 사용하여 시술한 패티네일(pattinail)이라고 불렸던 아크릴릭 네일(acrylic nail)이 최초로 행해졌다. 헬렌 걸리(Helen Gourley)가 미용학교에서 네일을 가르치기 시작하였으며 페디큐어의 개념이 등장하였다.
- 1960년에 실크(silk)와 리넨(linen)을 이용하여 약한 네일을 보강하기 시작하였다.
- 1967년에 손과 발을 더욱 아름답게 가꾸기 위한 트리트먼트(treatment) 시술이 시작되었다.
- 1970년에 본격적으로 네일 팁과 아크릴릭 네일이 행해져 수많은 여성들이 긴 네일로 아름다움을 표현했다. 현재 사용하고 있는 아크릴릭 제품은 치과에서 사용하던 아크릴릭에서 비롯된 것으로, 미국 서부에서 시작된 아크릴릭 네일 강의는 중부로 전해져 많은 학생들이 수강하였다.
- 1973년에 미국의 네일 제조회사 IBD가 처음으로 네일 접착제와 접착식 인조 네일을 개발하였다.
- 1974~1975년에 미국의 식약청(FDA : Food and Drug Administration)에 의해 인체에 해를 끼친다고 판명된 메틸 메타크릴레이트(methyl methacrylate)같은 아크릴릭 화학제품의 사용이 금지되었다. 또한 올리 인터내셔널(Orly International)사가 폴리시, 리퀴드 파이버 랩(liquid fiber wrap), 릿지필러(ridge filler), 프라이머(primer), 베이스 코트(base coat)등을 제조하였다.
- 1976년에 스퀘어(square) 모양의 네일이 유행하였고, 네일 팁과 아크릴릭 네일은 물론 파이버 랩(fiber wrap)이 등장하여 비로소 네일아트(nail art)가 미국에 정착하게 되었다.

- 1981년에 에시(Essie), 오피아이(OPI), 스타(Star), 챠니(charni) 등의 제조회사에서 네일 전문제품을 출시하였고 네일 액세서리가 등장하였다.

그림 1-2 1960년대 미용실에서 습식 매니큐어를 받는 여성

그림 1-3 1980년대 네일 폴리시 광고

- 1982년에 미국의 매니큐리스트(manicurist)인 태미 태일러(Tammy Taylor)가 파우더(powder), 프라이머, 리퀴드 등의 아크릴릭 네일 제품을 개발했으며, 1983년 당시 미국 전역에는 13,435 개의 네일숍이 있었고 80,000여 명의 네일미용사가 종사하고 있었다.
- 1989년 이후에 네일 산업이 급성장하였다.
- 1992년에 NIA(The Nails Industry Association)가 창립되어 네일 산업이 더욱 본격화되면서 정착하게 되었다.
- 1994년에 라이트 큐어드 젤 시스템(Light Cured Gel System)이 등장했으며, 뉴욕주에서 네일미용사 면허제도를 도입하였다.

④ 2000년대 이후

- 2002년은 1990년도 중반에 도입된 라이트 큐어드 젤 시스템(하드 젤)이 네일숍 시스템으로 새롭게 개발되어 네일 산업의 주된 기술로 자리잡게 되었다.

- 2007년에는 미국 전역에 58,330 개의 네일숍이 있었고 347,898 명의 네일 미용사가 종사하는 것으로 집계되었다.
- 2010년에 건강한 손 · 발톱을 위한 케어 중심으로 시작된 네일 서비스가 다양한 아트 문화로 변화되고 있다. 2005년 이후 소프트 젤이 개발되어 네일숍에서 하드 젤과 함께 서비스되고 있다.

2. 한국의 네일 관리의 시대적 변천과정

- 1988년 미국의 그리피스 조이너스 육상선수가 인조팁을 시술하고 서울 올림픽에 참가하여 방송에 나오면서 네일 관리에 대한 관심이 높아졌다.
- 1992년에 최초의 네일살롱 '그리피스'가 서울 이태원에 오픈하게 되었다.
- 1996년에 백화점에 네일숍이 입점하게 되었다.
- 1997년에 수입 네일 전문업체 등장과 네일 전문학원 등이 개설되어 본격적인 네일산업이 시작되었다. 민간단체 네일협회가 창립되었다.
- 2014년 7월 1일에 최초의 네일 국가자격증 시행령이 공포되었고, 11월 16일에 네일 국가자격증 제1회 필기시험을 시행하였다.

그림 1-4 2012년 런던올림픽의 여성선수들 네일아트

그림 1-5 iPhone의 뷰티 앱

Chapter 02 네일과 미생물

1. 미생물과 세균

육안으로는 보이지 않는 0.1mm 이하의 박테리아, 바이러스, 원생동물 등이 미생물에 속하며, 이는 각종 물질의 변질과 부패의 원인이 된다. 프랑스의 세균학자이자 화학자인 파스퇴르는 미생물의 작용에 의해 분해와 발효되는 것을 증명하였고, 영국의 의사 조셉 리스터(Joseph Lister)는 무균 수술 방법을 창안하여 감염의 원인이 되는 미생물을 조정하거나 예방하는 데 공헌했다. 최초로 미생물에 관한 기록을 한 사람은 네덜란드의 안토니 밴 루벤후크(Antony van Leuwenhoek)였다.

어떤 종류의 직업에 종사하든 항상 안전에 관한 문제가 따른다. 네일미용사라는 직업도 예외는 아니다. 네일미용사는 인체의 일부를 관리하는 직업의 하나로 간혹 부주의로 인해 시술자와 고객이 박테리아, 바이러스, 곰팡이 등에 감염될 수 있다. 예를 들어 위생처리가 되지 않은 도구나 기구를 사용했을 때 전염병, 피부염, 패혈증 등에 감염되기도 한다. 그러므로 미생물과 감염에 대한 교육을 통해 적절한 위생 방법과 기구 소독법을 익혀서 시술자와 고객의 건강을 지킬 수 있어야 한다.

2. 박테리아 (Bacteria)

박테리아는 미세한 한 개의 단세포로 이루어진 미생물 유기체로서 육안으로는 볼 수 없고 현미경을 통해서만 볼 수 있다. 다수의 박테리아는 먼지, 더러운 곳, 배설물 또는 죽은 조직에서 발견되며, 인체의 분비물, 물, 공기, 썩은 물질, 손톱 밑 등 어디에서나 존재한다.

박테리아가 영양을 섭취하여 한계에 도달하면 반으로 나누어지는 유사분열을 하며 성장에 적절하지 못한 환경이 되면 포자(spore)를 형성하여 활동을 잠시 중단하고 자신을 보호하는데, 이를 휴식기라고 한다. 대부분의 박테리아는 인체에 해를 끼치지 않으며, 유해한 병원성 박테리아와 유익한 비병원성 박테리아로 구분한다. 모든 세균의 70% 정도를 차지하고 있는 비병원성 박테리아는 우리에게 무해하며 때로는 유익한 기능을 한다. 비록 30% 이하의 적은 분포지만 병원성 박테리아는 우리에게 유해하여 감염과 질병을 가져다 주는 원인이 된다. 이들은 다른 생물에 기생하여 조직을 파괴시키고 질병을 유발시킨다.

박테리아는 형태에 따라서 세 가지로 분류한다.

(1) 구균(Cocci)

구슬 모양의 화농성 유기체로서 한 개씩 또는 집단적으로 나타난다.

① **연쇄상구균**(Streptococci) : 다양한 형태의 사슬로 연결되어 서식하고, 용혈성 세포물질과 효소를 가지고 있다. 화농성 연쇄상구균에 감염되면 피부와 피하조직에 농피증, 성홍열, 인후염, 수막염 등이 발생한다. 또한, 온몸에 퍼져 패혈증, 류머티스열이 발생하기도 한다.

② **쌍구균**(Diplococci) : 캡슐 안에서 쌍으로 서식하며 때로는 캡슐이 사슬을 만들거나 세모(lancet)모양을 형성하기도 한다. 폐렴, 정맥동염, 이염, 기관지염, 수막염 등의 질병을 유발한다.

③ **포도상구균**(Staphylococci) : 불규칙한 포도송이 모양으로 서식하고 부동적이며 흰색에서 짙은 노랑의 색소를 함유하고 있다. 용혈을 일으키거나 혈장을 응고시켜 염증이나 농포, 종기와 같이 피부에 국부적으로 나타나기도 하며 때로는 장기 내에 독소를 유발시키기도 한다. 포도상구균은 항균제에 대한 저항력이 빠르게 나타나므로 치료에 어려움이 따른다.

④ **사열체균**(Tetrads) : 구균이 둘로 분열할 때 나타나는 정사각형의 세포군이다.

(2) 간상균(Bacillus)

가장 흔한 박테리아로 짧은 막대 모양이며 종류에 따라 형태와 배열이 다른 유기체이며 파상풍, 독감, 장티푸스, 결핵 및 디프테리아 등의 질병을 유발시킨다.

(3) 나선균(Spirilla)

나선 형태의 모양으로 꼬여 있거나 굴곡진 가느다란 유기체로서 유동적이다.

① **트레포네마**(Treponema) : 일정하게 좁은 간격으로 나선 수가 적은 형태로, 스스로 구부렸다 폈다 하는 동작이 자유롭다. 매독, 베젤(bejel), 매종(yaws), 핀타(pinta) 등을 유발시킨다.

② **렙토스피라**(Leptospira) : 매우 가늘고 긴 촘촘한 형태로 나선 수가 많고 유동적이기는 하지만 섬모(flagella)는 발견되지 않는다. 황달, 수막염 등을 유발시킨다.

③ **보렐리아**(Borrelia) : 불규칙한 간격의 길고 넓은 나선 형태로 매우 유동적이다. 반회열을 유발시킨다.

3. 바이러스 (Virus)

바이러스는 살아있는 동물 · 식물 · 미생물 세포에 기생하고, 세포 안에서만 증식할 수 있다. 20~300nm의 크기로 병원균 중에서 가장 작으며, 성분이 간단한 감염성 병원체로써 여과법이나 전자현미경 등으로만 측정이 가능하다.

바이러스는 핵산과 핵산을 보호하는 단백질의 외피가 주성분이고, 일부 바이러스는 효소와 외막을 함유하고 있다.

지금까지 발견된 것으로는 크기가 가장 큰 연와 모양의 천연두바이러스(poxviruses)에서 가장 작은 폴리오바이러스(polioviruses) 등이 있으며 크기와 모양에 따라 종류가 매우 다양하다.

바이러스성 감염에는 간장염, 홍역, 유행성 이하선염, 풍진, 수두, 인플루엔자(influenza), 일반 감기 등이 있으며, 이것은 기침이나 재채기 등 사람과의 접촉으로 인해 쉽게 옮겨진다. 그러나 HIV 바이러스에 의해 유발되는 에이즈(AIDS)는 정액이나 혈액을 통해서만 전염이 가능하다. 네일 시술시 혈액을 통해 B형간염 바이러스, AIDS의 HIV에 감염될 수 있으므로 큐티클 관리 시 일회용이 아닌 니퍼는 소독해서 사용해야 하며, 발의 각질제거 시 크레도 면도날은 일회용을 사용해야 한다.

바이러스는 페놀, 염소, 포르말린 등의 소독제나 56℃ 이상의 온도에서 30분 이상 가열해야만 감염력이 상실된다. 바이러스를 장기간 보존하기 위해서는 −70℃ 이하에서 냉동 진공하거나 50% 글리세린 용액에 보관하는 방법이 있다.

▶ 바이러스의 분류

① 피부 친화성 바이러스 : 두창, 우두, 헤르페스(herpes)
② 폐 친화성 바이러스 : 인플루엔자, 아데노바이러스(adenoviruses)
③ 장기 친화성 바이러스 : 일본뇌염, 광견병, 소아마비
④ 범 친화성 바이러스 : 홍역, 뎅기열(dengue)

4. 세균 (Fungus)

1. 진균 (Fungus)

(1) 진균의 특징

진균은 곰팡이를 말하며, 자연계에 널리 분포되어 있고 육안으로도 관찰 가능한 자실체 구조를 가지는 버섯을 포함한 진핵생물이다. 약 10만 종의 균종이 있으나 300여 종만 인체나 동물에 질병을 일으키게 하는 것과 관계있다.

진균의 일부는 발효식품에 이용되어 인간 생활에 유익하고 일부는 진균증(mycosis)을 일으키며, 피부사상균과 캔디다(candida)만이 사람에서 사람으로 전파되어 질병이 발생된다.

대부분이 식물과 구분되어 키틴(chitin) 또는 셀룰로오스(cellulose)로 구성된 세포벽을 가지고 있으며 다세포 구조로 되어 있고 엽록소가 결여되어 있다.

전체 생물계 중 펀지(fungi)계로 독립되어 있다. 체세포가 단세포로 이루어져 그 일부에 출아되어 낭세포를 만드는 효모와 실모양의 관 구조로 된 균사로 종류가 나뉘어진다.

(2) 진균의 병원성

1) 진균증/사상균증(mycosis)

① **표피성 진균증(superficial)** : 피부, 모발, 손발톱 등 신체 외부에 감염된다(네일몰드, 네일진균).

② **피하진균증(subcutaneous mycosis)** : 대개 피하조직에 국소화되며 토양 중에 존재하는 많은 종류의 진균이 피부 상처를 통해 침투하여 감염된다.

③ **전신성/심재성 진균증(systemic/deep mycosis)** : 장기까지 침범하며 원발성 감염증과 특이 및 비특이 방어기전에 이상이 있을 때 감염되며 기화성 감염증이 있다.

④ **포자 등에 의한 알러지(allergy)** : 대기 중 곰팡이의 포자로 인해 생기는 것으로 알레르기, 비염 등이 속한다.

⑤ **독소에 의한 진균중독증(mycotoxicosis)** : 진균 곰팡이의 유독 대사 산물인 마이코톡신 등에 의해 야기되는 독소에 의한 질병군을 말한다.

2. 리케차 (Rickettsia)

리케차는 미국 병리학자의 이름에서 딴 것이다. 600㎛의 크기로 세균보다 작고 바이러스보다는 큰 조직이며 짧은 막대 모양이나 구균같이 한 개씩 또는 쌍으로 서식하는 등의 다양성을 갖고 있다.

절지동물에 의해서 사람에게 질병을 유발시키는 리케차는 급성 · 열성 질환으로 발열, 피부발진, 맥관염 등의 증상이 나타난다. 원인균으로는 참진드기, 이, 벼룩 등이 있으며 참진드기에 의해 록키산반점열(Rocky Mountains spotted fever)이 발생하고 이, 벼룩 등에 의해 급성으로 전염되는 발진티푸스가 발생한다.

3. 기생충 (Parasite)

기생충(Parasites)은 다른 생체에 기생하며 그 영양을 취하는 생물로서 질병의 원인이 되는 병원체이다. 이것은 유기체의 표면에 기생하는 참진드기, 이 등의 외부기생체(ectoparasites)와 유기체의 몸체 안에 기생하는 연충, 원충류 등의 내부기생체(endoparasites)로 분류하거나 동물성 기생충(옴벌레 등)과 식물성 기생충(버짐 등)으로 분류하기도 한다.

Chapter 03 네일숍의 위생관리와 고객관리

네일숍의 위생관리는, 고객에게 안전하고 위생적인 서비스를 제공하기 위해 고객과 시술자의 위생을 관리하고, 네일숍 환경을 안전하게 관리하는 것이 중요하다. 화학물질의 적절한 사용법과 도구나 기구에 대한 소독법을 익히고 위생과 소독에 대한 이론을 실무현장에서 직접 적용하여 시술자와 고객이 감염되지 않도록 노력해야 한다.

1. 네일숍의 위생관리

네일숍의 작업환경을 최적화하고 청소도구를 활용하여 청결을 유지하고 안전사고 예방 및 다양한 소독법에 따라 네일 기구와 용품을 위생적으로 관리할 수 있어야 한다.

(1) 청결 · 위생 · 소독 · 멸균

① 청결(cleanness) : 기구나 도구를 포함한 작업장에 있는 모든 사람들과 시설물에 부착된 이물질을 제거하는 과정으로 소독의 필수요인이며 일반적으로 물과 기계적인 마찰, 세제를 같이 사용한다.

② 위생(sanitation) : 청결과 소독의 중간단계로서 경미한 소독 효과가 있는 청결과 소독의 중간 단계로서 물건에 균이 성장하는 것을 방지한다.

③ 소독(disinfection) : 감염의 위험을 없애기 위해 비교적 낮은 농도의 살균제를 사용하여 살균작용을 유도하나 세균의 포자까지는 작용하지 못한다.

④ 멸균(sterilization) : 병원성 또는 비병원성 미생물 및 포자를 여러 물리 · 화학적 작용에 의해 급속하게 사멸하는 것을 말한다.

(2) 도구 · 기구의 위생관리

위생은 보건과 건강을 의미한다. 고객에게 시술 도중이나 후에 소독적 방법 또는 멸균적 방법으로 처리하지 않을 경우 시술자와 고객 모두가 감염 위험에 노출되어 건강을 해칠 수 있다. 감염요인은 불결한 위생복, 불충분한 손 소독, 폐기물의 잘못된 처리, 멸균이 되지 않은 기구사용, 소독되지 않은 불결한 기구 사용 등을 들 수 있다.

특히 교차감염이 심한 무좀, 헤르페스(Herpes), 에이즈(AIDS), B형 간염과 현재 세계적으로 증가추세에 있는 C형 간염, 백선 등은 각별한 주의가 필요하다. 고객이 외적으로 증상이 나타나지 않는 자신의 질환을 말하지 않을 경우 시술자는 알 수가 없으므로 작업장의 도구나 기구들을 철저히 소독 또는 멸균 처리하여 사용해야 한다.

작업대는 시술 전 70% 알코올이나 소독제로 깨끗이 닦은 후 물품준비를 하고 제품 용기의 외부도 깨끗이 닦는다.

① 모든 도구나 기자재들은 매번 사용 후 소독 처리를 하며 필요 시에는 멸균처리를 한다.

② 1회용 도구들은 재사용하지 않도록 한다.

③ 파일은 한 고객에게만 사용한다. 고객의 이름으로 비닐봉지나 개인소지품 서랍장에 보관한 후 이름을 붙여 그 고객에게 재사용할 수도 있다.

④ 소독제를 사용할 때는 반드시 설명서의 지시를 따라야 하며 소독제의 색깔이 탁해지면 즉시 갈아 준다.

⑤ 전기제품은 청결상태를 유지하며 사용하지 않을 경우 덮개를 덮어 둔다.

⑥ 온장고나 자외선 소독기는 사용하지 않을 경우 전기 코드를 뺀 후 내부와 자외선 등을 닦고 문을 열어 둔다.

⑦ 더러워진 기구는 사용 후에 즉시 버리며 바닥에 떨어진 도구는 소독하기 전에는 사용하지 않는다.

⑧ 니퍼, 메탈푸셔(metal pusher), 랩 가위(wrap scissors) 등은 사용 후 제4기 암모늄 혼합물 소독제(quaternary ammonium compounds)나 70% 알코올에 적정시간 동안 담갔다가 흐르는 물에 헹구고 마른 수건으로 닦은 후 자외선 소독기에 넣었다가 사용한다.

⑨ 핑거볼은 가능한 한 일회용을 사용하고 그렇지 않은 경우 반드시 소독 처리해야 한다.

(3) 네일미용사의 위생 관리

① 고객은 네일미용사가 단정하고 깨끗한 외모를 지니고 있을 것으로 기대한다. 그러므로 네일미용사는 전문인으로서 단정하고 깨끗한 유니폼을 착용해야 한다.

② 손을 항상 청결하게 유지한다.

③ 일회용 마스크를 착용하고 상황에 따라 일회용 장갑을 사용한다.

④ 로션이나 수액제는 별도의 용기에 덜어 스파툴라 솜 또는 면봉을 이용하여 바른다.

⑤ 화학물질을 사용하거나 혼합물을 사용할 때는 항상 명시된 설명과 지시를 따른다.

⑦ 화학물질을 사용하는 동안 피부 또는 눈을 만지거나 닿지 않도록 한다.

⑧ 화학물질 사용 후에 항상 손을 깨끗이 씻는다.

⑨ 모든 용기에는 내용물에 대한 표기를 하여 잘못 사용하지 않도록 한다.

⑩ 전문 네일미용사는 자신과 고객을 감염으로부터 보호할 책임이 있다. 그러므로 다음과 같이 감염에 대해 대처한다.

- 소독절차에 대해서 정확히 배우며 시행해야 한다.
- 감염이 된 상태에서는 시술하지 않는다.
- 개방 창상인 경우에는 시술하지 않으며, 전문의에게 의뢰한다.
- 상처의 원인을 제공하지 않도록 한다.

(4) 질병의 주 오염원

질병 전염의 주 오염원은 다음과 같으므로 이에 대한 위생 관리가 필요하다.

① **고객의 손, 손톱, 발, 발톱** : 질환에 감염된 고객을 시술하게 되면 시술자 자신도 감염위험에 처하게 된다. 특히 네일 팁과 자연 네일 사이에 병원균이 생길 수도 있다.

② 고객과 종업원 그 누구라도 기침, 코막힘, 콧물 증상이 있다면 박테리아나 바이러스 등에 감염된 것으로 간주한다.

③ **개방된 상처나 궤양** : 개방된 상처를 통해 다른 사람에게, 감염된 삼출액을 통해 병원균을 옮길 수 있다.

④ **네일숍 내에 있는 물건 전체** : 병원균은 의자, 전화, 테이블, 타월, 병, 브러시 등 실내 공기에 노출된 모든 물건에 존재한다. 화장실 내의 개수구뿐만 아니라 문 손잡이에도 존재한다.

(5) 네일숍에서의 오염원과 감염예방

네일숍의 오염원은 아래와 같이 여러 가지이다.

① 냉 · 난방기, 가습기, 제습기도 세균증식이 용이하므로 깨끗하게 청소가 안 될 때에는 오염원이 될 수 있다.

② 진균중에 곰팡이균이 원인이 되는 무좀이 있는 고객이나 백선 등 피부로 직접 전파가 용이한 농가진이 있는 고객은 오염원이 될 수 있다.

③ 볼(bowl), 니퍼(nipper), 파일, 각탕기, 작업대, 싱크대, 세탁장, 배수구, 쓰레기, 타월 등 모든 것이 오염원이 될 수 있다.

따라서 감염예방을 위해 다음 사항을 참고하도록 한다.

① 시술 전·후에 70% 알코올이나 손 소독 용액으로 시술자와 고객의 손을 닦는다.

② 큐티클 정리 도중 출혈이 일어나지 않게 하며 출혈이 있는 경우에는 소독 솜으로 지혈시킨 후 감염되지 않도록 한다. 이때 고무장갑이나 비닐장갑의 착용을 잊어서는 안 된다.

③ 모든 타월이나 리넨은 뜨거운 물로 세탁하고 통풍이 잘 되는 햇볕에 완전히 말려 사용하거나 전기건조기를 이용한다.

④ 체액이나 피가 묻은 세탁물은 반드시 멸균 처리한다.

⑤ 파상풍(tetanus)은 매 10년마다 추가 접종해야 한다는 사실을 잊어서는 안 된다.

⑥ B형 간염의 항체가 없는 경우 예방접종을 미리 하여 면역을 키우도록 한다.

(6) 네일숍의 안전수칙

① 작업공간은 조도가 높고 온 · 냉방이 되어야 하며, 환기가 잘 되어야 한다. 폴리시, 아크릴릭 파우더(acrylic powder)의 냄새뿐만 아니라 팁을 갈아서 생기는 분진과 먼지가 많으므로 네일숍에서의 환기는 매우 중요하다. 작업대 밑에 팁 분진을 제거할 수 있게 국소환기장치를 설치하도록 한다.

② 벽, 천정, 바닥과 기구 등은 청결한 상태를 유지해야 한다.

③ 접수대, 선반, 보관장, 기구 등을 위생적인 상태로 유지한다.

④ 소독 및 세제용 화학물은 서늘하고 건조한 곳에서 보관한다.

⑤ 모든 물품 보관함은 뚜껑을 반드시 덮어 둔다.

⑥ 깨끗한 물품을 넣은 보관함에 지저분하거나 오염된 도구를 같이 보관하지 않는다.

⑦ 화학성분의 용액을 흘렸을 경우에는 즉시 닦는다.

⑧ 전기 연결과 전열기는 적절하고 안전하게 설치되어야 한다.

⑨ 매니큐어링 테이블은 정리 정돈이 잘 되어 있도록 하며 그릇, 기구, 재료 등은 사전에 준비하고 시술이 끝나면 다음 고객을 위한 준비를 한다. 테이블 옆에 매달아 놓은 비닐봉투에 쓰레기가 차면 비닐 입구를 묶어서 뚜껑이 있는 쓰레기통에 넣는다.

⑩ 화장실에는 펌프로 된 물비누와 일회용 종이 수건을 갖추고, 벽과 커튼, 마룻바닥은 정기적으로 청소해야 한다.

⑪ 해충, 쥐, 파리, 벌레 등이 서식하지 않도록 철저히 관리한다.

⑫ 깨끗한 수건과 가운 등은 사용한 것과 깨끗한 것을 분리하여 두어야 하며, 깨끗한 것은 밀폐된 장에 보관하여야 한다.

⑬ 음식물은 시술장소와 분리된 곳에 보관하고 시술장소에서는 음식물 섭취를 하지 않는다.

⑭ 애완동물은 절대로 네일숍 출입을 해서는 안 된다. 단, 맹인을 위한 잘 훈련된 개는 예외로 한다.

⑮ 모든 네일숍은 냉·온수시설을 갖춰야 한다.

⑯ 고객들이 마실 물과 1회용 컵을 갖춰야 한다.

⑰ 매 시술 전·후에 손을 항균비누로 깨끗이 닦고, 화장실을 다녀온 후나 식사 후에도 반드시 청결하게 닦는다.

⑱ 바이러스성 질환 또는 전염성 질환을 앓고 있는 네일미용사는 시술을 해서는 안된다.

⑲ 응급처치를 위한 상비 구급용품을 네일숍 내에 준비한다.

⑳ 응급사태를 대비해 가까운 종합병원의 응급실 전화번호 등을 비치해 둔다.

(7) 소독제에 따른 소독방법

네일숍에서 행하는 소독과정으로는 병원균의 멸균이 불가능하지만, 감염을 예방하고 네일숍과 고객의 안전을 지키기 위하여 살균 소독제를 이용한 화학적 방법 또는 자외선이나 열(습성/건성)을 이용한 물리적 방법으로 소독을 철저히 한다.

살균 소독제는 매우 강한 화학제품으로서 도구 등에 붙어 있는 병원균을 박멸하지만 피부나 손톱·발톱에는 안전하지 못하다. 따라서 살균 소독제를 사용할 때는 제조회사의 이용법을 준수해야 한다.

표 3-1 소독제의 종류 및 농도

소독제 명	농도	특징 및 용도	용도
쿼츠	1 : 1,000%	• 가장 널리 사용 • 안전하고 효과가 빠름 • 짧은 소독시간, 무색, 무취, 부패가 없음	• 20분이상 20% 용해제에 기구를 담가 소독
페놀릭스	1 갤런 : 8온스	• 안전하고 효과적 • 플라스틱 종류는 마모 • 피부나 눈, 코와 식도 등에 해를 줄 수 있음	• 대부분 바닥, 화장실 소독
알코올	60~90%	• 대중적으로 가장 많이 사용 • 휘발성이 강한 단점	• 손, 피부, 경미한 찰과상(60~90%) • 도구살균(70%)
포르말린	40%	• 독성이 강하여 눈, 코, 기도를 손상시키고 장기간 노출 시 천식이나 만성 기관지염 등을 유발	• 실내소독(40%) • 기구소독(10~25%)
차아염소산 나트륨	10%	• 일반 표백제로 대부분 가정에서 사용 • 바이러스를 파괴하는 효과	• 도구 소독 사용 시 10분 동안 담가서 사용

2. 고객관리

(1) 고객관리의 개념

네일숍을 찾는 고객에게 지속적인 만족감을 주고 양적 · 질적으로 충실함으로써 안정적 매출 기반을 조성하고자 하는 기업 활동의 한 방법을 말한다.

고객관리는 고객이 원하는 프로그램과 상품에 대한 인식이 중요하며 직급과 상관없이 네일숍에 근무하는 모든 사람이 함께 해야한다. 관리프로그램을 제안할 때 고객의 요구에 맞는 프로그램을 제안해야 하며 기존 고객의 불만을 최소화하고 신규 고객 확보에 최선을 다해야 한다.

전문 네일미용사는 바람직한 고객관리를 위하여 단정한 외모로 유니폼을 입고 위생과 안전 규정을 준수하며 예의바르고 상냥한 태도를 유지한다. 늘 정직을 바탕으로 신뢰감을 주는 이미지관리와 고객에 대한 편견을 갖지 말고 대해야 하며 사전에 철저한 준비의식과 새로운 트렌드에 대한 전문지식을 겸비하고자 노력해야 한다.

(2) 고객관리의 필요성

① 신규 고객을 증가시켜 고정고객으로 전환하여 고정고객 확보
② 현재 네일숍에서 제공하는 프로그램, 화장품, 서비스에 대한 매출 증가
③ 고정고객 확보로 유동지출 줄임
④ 고객의 구전홍보 효과 확산과 네일숍의 이미지 향상
⑤ 살롱의 매출과 이익을 증가시킬 수 있음
⑥ 네일숍 내의 내부 고객인 직원 관리에도 긍정적 효과를 미침

(3) 고객 안전관리 체크 포인트

① 예약 노트와 펜을 미리 준비하여 고객을 기다리지 않게 한다.

② 예약 고객은 우선적으로 서비스하여 신뢰감을 준다.

③ 정직하며 공손하고 친절한 태도를 갖는다.

④ 전화는 밝고 명랑하게 받고 긍정적인 태도로 고객을 편안하게 한다.

⑤ 자신이 한 말에 책임지고 해야 할 일을 정확하게 완수한다.

⑥ 다른 사람의 감정을 고려하며, 남을 평가하는 말이나 험담을 피하도록 한다.

⑦ 모든 인간 관계에서 한쪽 편을 들지 말고 공정하게 한다.

⑧ 고객의 핸드백, 귀중품, 옷 등이 분실되거나 바뀌지 않도록 관리한다.

⑨ 고객이 기다리는 동안 차를 대접하고 잡지 등을 권하여 지루하지 않게 한다.

⑩ 굳은 살 제거용 면도날은 매 고객마다 새 것으로 사용하여 감염을 방지한다.

⑪ 화학 제품이나 메탈 도구로 인하여 알레르기(allergy)가 생기는 경우 중단하고 피부과로 가도록 권유한다.

⑫ 글루를 과다사용하면 자연 네일을 약하고 부서지게 하므로 적당량을 사용한다.

⑬ 큐티클을 너무 세게 밀거나 바짝 자르면 감염의 위험이 있으므로 큐티클을 0.1mm 정도 남겨 놓고 자른다.

(3) 고객만족을 위한 체크 포인트

① 경영자는 직원들이 직장과 경영주에 대한 신뢰와 만족을 가질 수 있도록 한다.

② 고객 지향적 사고와 경영방식은 고객의 만족을 이끌어 내어 네일숍의 매출을 극대화시킬 수 있다.

③ 고객의 구전홍보는 최고의 마케팅이므로 고객만족에 최선을 다한다.

④ 고객이 의식적이든 무의식적이든 불만을 토로하면 경영자는 이 부분을 체크하여 고객의 요구 파악, 불만사항을 찾아내는 것이 중요하다.

⑤ 고객의 작은 변화에도 관심을 가지고 고객이 관심있는 분야의 정보 등을 제공하여 소통을 하면 단골 고객을 사로잡을 수 있다.

⑥ 고객에게 맞는 최상의 프로그램과 최고의 기술을 제공하는 것이 고객만족 서비스의 핵심이다.

⑦ 지키지 못할 약속이나 과장된 상담 등으로 고객의 기대치가 무너지지 않도록한다. 적절한 수준에서 할 수 있는 약속이나 배려 등은 고객의 신뢰도를 높일 수 있다는 점을 기억한다.

Chapter 04 인체 해부생리학

1. 인체의 구성

모든 생물체의 기본 단위인 세포(cells)가 모여 조직(tissues)을 형성하고 몇 종류의 조직들이 모여 일정한 기능과 활동을 수행하기 위하여 기관(organs)을 형성하며 다시 이들 기관 몇 개가 모여 기관계(systems)를 이루어 개체(individual)를 형성한다.

해부학이란 인체의 구조와 형태를 연구하는 학문으로서 인체를 구성하는 각 부위의 기관이나 조직의 위치, 구조, 형태 그리고 그들 상호간의 위치 등 몸 전체의 구성과 각 부분들의 관련성을 배우는 가장 기초가 되는 학문이다.

생리학이란 인체를 구성하는 작고 개별적인 구조 즉, 여러 세포와 조직이 갖고 있는 특유한 기능 및 인체의 부분 또는 전체적 기능을 연구하는 학문이다.

인체의 일부를 관리하는 직업을 가진 전문 미용인이 인체 해부생리학의 기초지식을 습득한다면 과학적으로 훌륭한 밑거름을 쌓게 될 것이다. 과학적인 지식을 바탕으로 고객의 손톱과 피부 상태에 적합한 시술을 할 때 고객은 시술자를 신뢰하게 된다.

1. 세포 (Cell)

세포는 화학물질들과 구조들로 형성된 단위를 말하며, 모든 생물체는 세포(cell)라는 기본 단위로 이루어져 있다. 마찬가지로 인체도 다양한 모양, 크기, 구조와 기능을 갖고 있는 세포로 구성되어 있다. 세포는 신진대사(metabolism), 성장(growth), 분열(division), 분비(secretion), 운동(movement) 등을 일으킬 수 있는 원형질(protoplasm)로 되어 있다. 원형질은 복합성 물질계로서, 유기물인 단백질·탄수화물·지질·핵산 등과 무기물인 물과 무기염류 등이 모든 세포의 원형질에서 검출된다.

(1) 세포의 구조

인체의 거의 모든 세포들은 핵(적혈구는 제외), 소기관, 세포질, 세포막을 가지고 있으며, 각각의 구성요소는 특정한 용도가 있다.

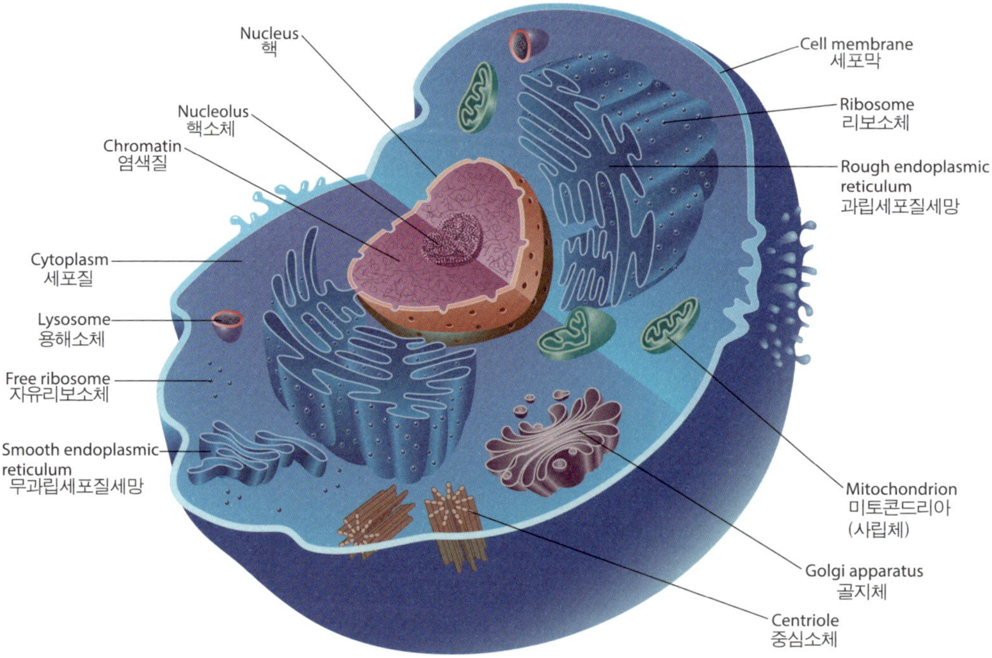

그림 4-1 세포의 구성요소

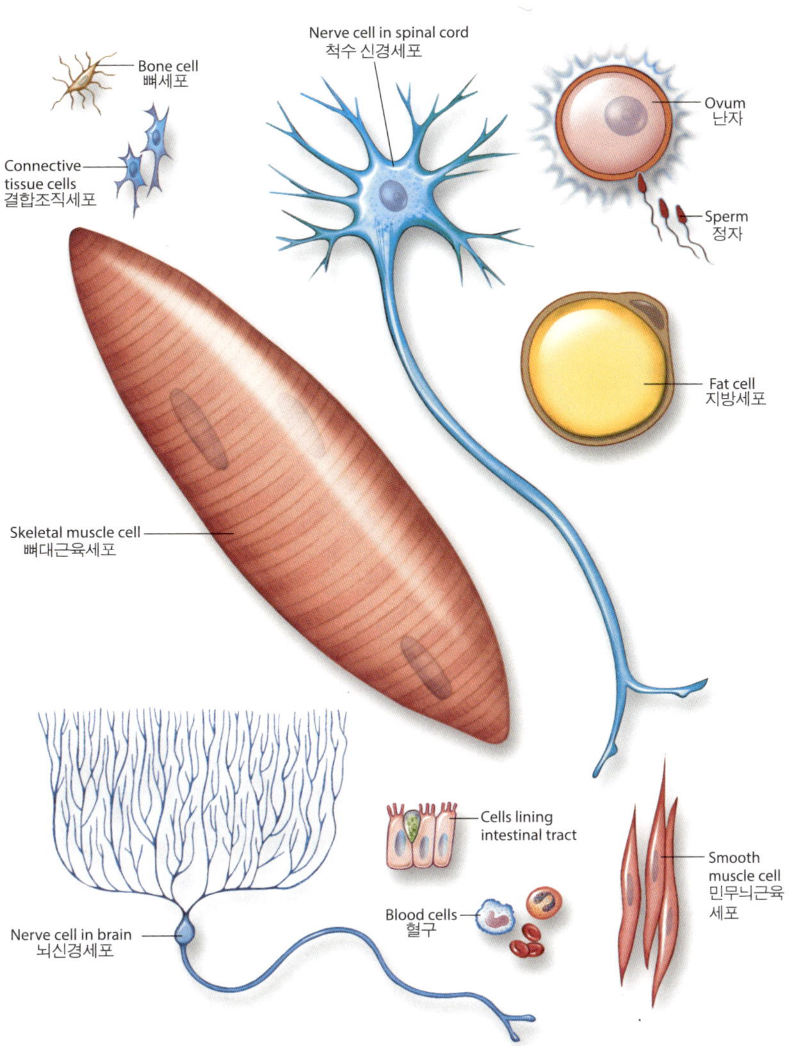

그림 4-2 인체 내 세포의 여러 형태들

① 핵(nucleus) : 핵은 분열하는 모든 세포에 존재하며, 적혈구와 혈소판을 제외한 모든 세포에 존재한다. 핵은 촘촘한 원형질로서 세포 중앙의 핵막에 의해 둘러싸여 있다. 세포의 신진대사를 조절하고 생식에 중요한 역할을 한다. 또한 다량의 DNA를 포함하고 있어 유전적 특질을 결정한다.
핵이 있는 진핵세포(eukaryote), 핵이 없는 원핵세포(prokaryote)가 있다.

② 세포질(cytoplasm) : 세포막과 핵 사이에 느슨한 원형질로 되어 있어서 여기에 영양물질을 저장했다가 세포의 성장, 재생 그리고 교정이 필요할 때 쓰인다.

③ 중심체(centrosome) : 세포질 속에 있는 작고 둥근 것으로 세포의 생식에 영향을 주며 세포 고유의 특징을 유지하는 데 중요한 역할을 한다.

④ 사립체(mitochondrisa) : 중심체와 유사한 둥근 형태로 세포가 세포질 속에 있는 에너지를 사용할 수 있도록 해주는 역할을 한다.

⑤ 용해소체(lysosome) : 한 개의 막으로 된 둥근 형태로 가수분해 효소가 있다.

⑥ 세포막(cell membrane) : 단백질과 지질로 구성되어 세포질을 둘러싸고 있으며 영양물질과 산소 및 노폐물을 선택적으로 투과시키는 필터(filter) 역할을 한다.

(2) 세포의 성장과 분열

세포가 성장한다는 것은 세포 개개의 부피가 커지는 것과 세포가 분열하여 그 수가 많아지는 것을 의미한다.

세포가 커지는 것은 단백질 합성에 의해 세포질내 단백질이 증가하고 아울러 동화작용에 의해 세포가 외부로부터 물질을 흡수함으로써 일어나는 현상이다.

생체의 조직이나 장기가 커지는 것은 주위환경으로부터 영양물질을 취하여 세포질의 특수한 작용에 의해 세포질의 성분물질이 새로 만들어지므로 세포의 부피가 증가하여 일어나거나 세포분열에 의해 세포의 수가 증가하여 일어난다.

세포가 일정 크기에 도달하면 분열하여 그 수가 늘어나는데 이를 세포분열이라 하며, 먼저 핵이 분열하고 이어서 세포질이 갈라지는 것을 유사분열(mitosis), 핵과 세포질의 구별없이 한 덩어리로 갈라지는 무사분열(amiotosis)이라 하며, 유사분열의 특수형으로서 생식세포가 성적으로 성숙한 난자와 정자에서 일어나는 것을 감수분열(meiotosis)이라 한다.

(3) 세포의 신진대사(Metabolism)

신진대사란 생체가 소화관에서 영양소를 흡수 · 운반한 후 일정장소에서 화학반응을 일으켜 에너지나 여러 가지 합성물을 생산하고 노폐물을 제거하는 복합적 화학과정을 말한다.

① 동화작용(anabolism) : 세포의 조직을 형성하는 과정이며, 세포의 성장과 생식, 그리고 교정을 위해 필요한 수분, 영양, 산소를 흡수하여 에너지를 생산하는 과정이다.

② 이화작용(catabolism) : 세포의 조직을 분해하는 과정이며, 근육의 사용, 분비, 소화 등과 같은 특별한 기능을 수행하기 위해 흡수했던 것들을 소모하는 과정이다.

2. 조직 (Tissues)

조직은 구조와 기능이 비슷한 세포들의 집합체이다.
인체의 조직은 다음과 같이 5가지로 구분한다.

① 상피조직(epithelial tissue)

인체의 표면을 덮거나 각 기관의 외표면과 내강면을 모두 덮는 막성 조직이다. 장기 기관의 내· 외 표면을 싸서 보호하는 역할을 하며 흡수, 분비 및 감각 기능이 있다.

② 액체조직(liquid tissue)

혈액이나 림프구를 통해서 영양분과 노폐물을 운반한다.

③ 결합조직(connective tissue)

각종 조직과 기관의 사이 및 내·외의 빈 곳을 채워 결합하고 각 장기의 윤곽을 유지할 수 있도록 지주적 역할을 한다.(뼈, 연골, 인대, 건, 근막, 지방 조직, 혈액, 림프 등)

④ 근육조직(muscular tissue)

인체나 기관의 움직임을 제공하며, 수축력을 가지고 있으며 뼈대근, 심장근, 민무늬근이 여기에 해당된다.

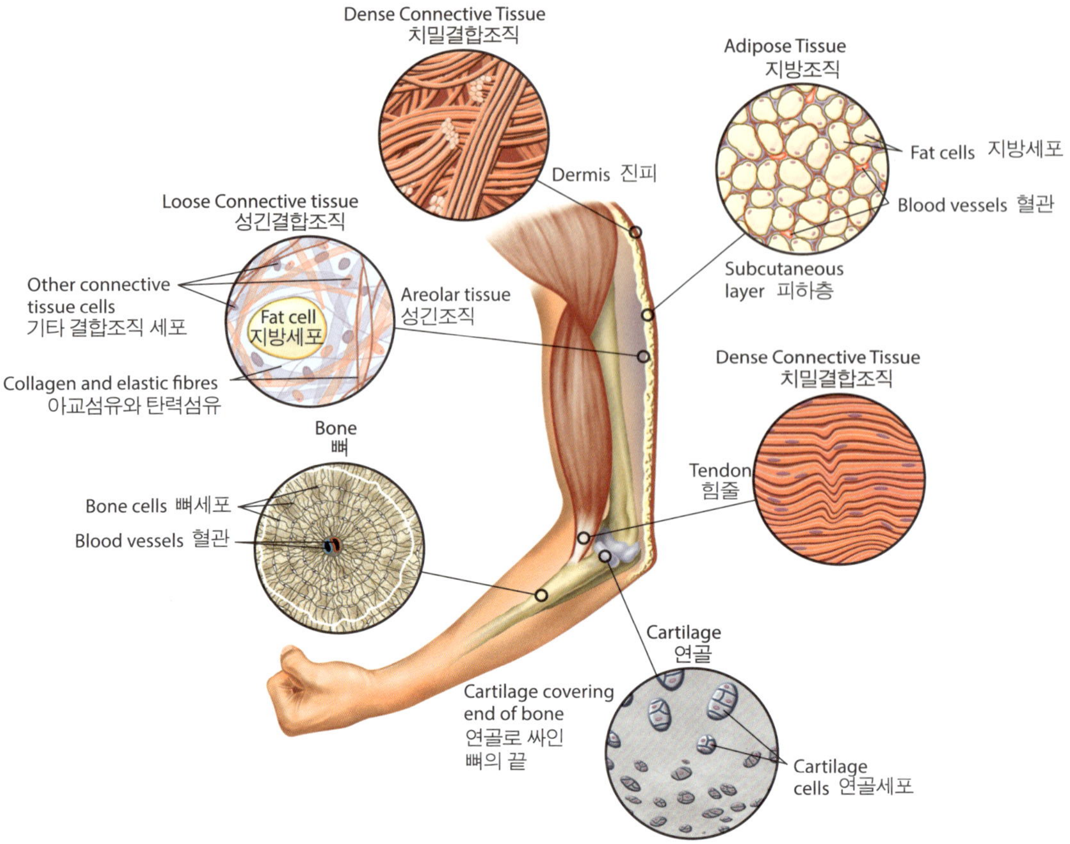

그림 4-3 결합조직의 형태와 위치

⑤ 신경조직(nerve tissue)

신체 내 · 외에서 일어나는 자극을 받아 뇌가 지시하는 명령을 몸의 일정한 곳으로 전달하는 고도로 발달된 조직이다. 뉴런은 정보 전달, 아교세포는 신경세포를 지지하고 도우며 이들은 나뭇가지처럼 정보를 세포체로 받아들이는 부분인 가지돌기(dendrites)와 세포체에서 정보를 전달하는 축색(axon)으로 구성되어 있으며 뇌 척수막은 뇌와 척수를 싸고 있는 막이다.

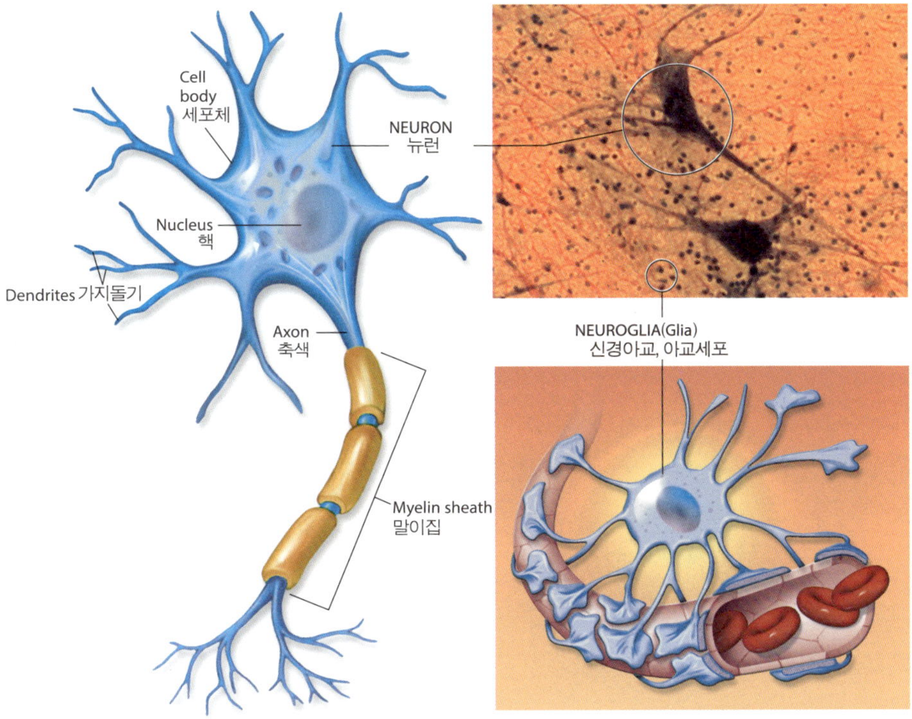

그림 4-4 2가지 신경세포의 형태

2. 인체기관 (Organs)

2개 이상의 조직이 모여서 일정한 형태를 갖추고 또 일정한 기능을 수행하는 것을 기관이라 한다. 인체의 기관은 다음과 같이 7개로 구분한다.

① 뇌(brain) : 신경계 조절

② 심장(heart) : 혈액순환

③ 폐(lung) : 혈액으로 산소 공급

④ 간(liver) : 소화물의 독소제거

⑤ 신장(kidney) : 수분 · 노폐물 배설

⑥ 위 · 장(stomach, intestine) : 음식물을 소화

⑦ 피부(skin) : 인체의 외부를 감싸고 보호

3. 기관계 (Organ system)

하나의 기관만으로는 완전한 기능을 수행할 수 없어 여러 기관이 모여 상호 협력하는 것이다.

① 골격계(skeletal system) : 뼈, 연골, 관절
② 근육계(muscular system) : 골격근, 내장근, 심장근, 근막, 힘줄
③ 신경계(nervous system) : 뇌, 뇌신경, 척수, 척수신경, 교감신경, 부교감신경
④ 순환계(circulatory system) : 혈액, 림프, 비장, 흉선, 편도, 심장
⑤ 내분비계(endocrine system) : 뇌하수체, 송과체, 갑상선
⑥ 비뇨계(excretry system) : 신장, 요관, 방광 등
⑦ 호흡계(respiratory system) : 인두, 후두, 기관지, 폐 등
⑧ 소화계(digestive system) : 구강, 식도, 위, 소장, 대장, 췌장 등
⑨ 생식계(reproductive system) : 난소, 자궁, 난관, 고환 등

4. 골격계 (Skeletal system)

인체는 몸통 뼈대 80개와 팔 · 다리뼈대 126개를 합한 총 206개의 뼈로 구성되어 있다. 대부분 둘 이상의 뼈는 연골 및 인대와 더불어 결합조직에 의해 인체의 강한 지주역할을 하면서 운동을 가능하게 한다. 뼈는 인체에서 치아를 제외하고 가장 단단하며, 1/3은 유기질(세포 · 혈액), 2/3는 무기질(탄산칼슘 · 인산칼슘)로 되어 있다.

(1) 뼈의 기능

① **지지작용** : 인체의 견고한 지지장치이며 인체의 외형을 결정한다. 또한 주변 조직을 지지하여 인체의 기능상태를 유지한다.

② **지렛대 역할** : 골격에 부착된 근육이 수축하면서 지렛대 역할을 통해 각종 운동을 일으킨다.

③ 보호작용 : 두개골 내의 뇌, 눈, 귀, 늑골(흉곽) 내의 폐와 심장, 골 반골 내의 방광과 자궁 등 인체의 내부장기를 보호한다.

④ 조혈기능 : 골 내부에 있는 연한 조직인 적골수에서 혈액세포를 생산한다.

⑤ 무기물질의 저장 : 광물질 가운데 특히 칼슘과 인, 마그네슘, 나트륨 등을 저장하여 몸이 필요로 할 때 적절하게 공급한다.

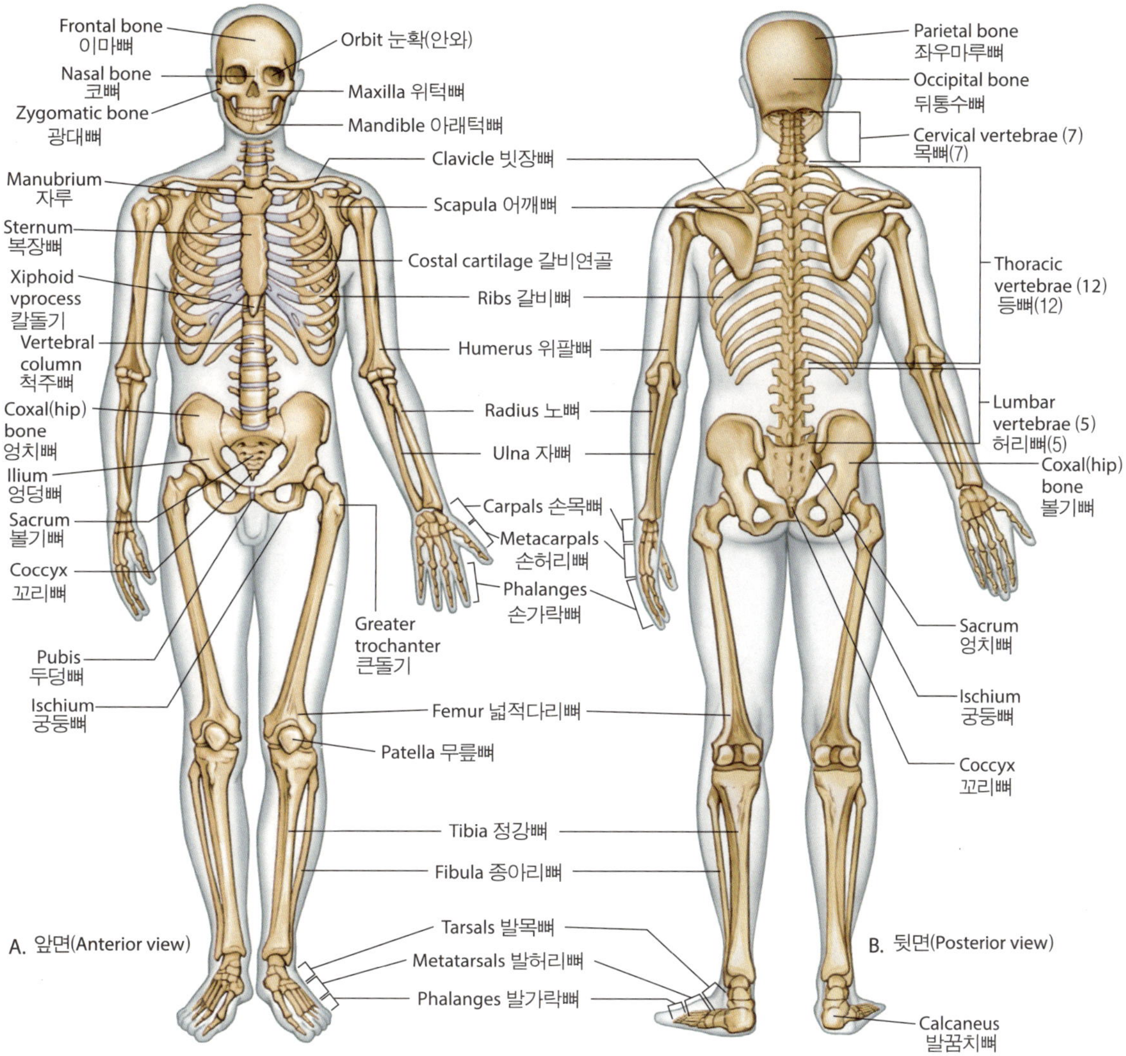

그림 4-5 인체 뼈대의 앞면과 뒷면

⑥ 함기강으로서의 역할 : 두개골의 일부에는 공기가 차있는 공간이 있어 뼈 무게를 가볍게 해주고, 소리를 공명시키는데 관여한다.

(2) 뼈의 구조

골막으로 둘러싸여 있는 뼈의 외면은 희고 매끈하며, 골수로 채워져 있는 내면은 암적색을 띤다. 골막은 아교질(collagen)섬유에 의해 뼈 조직에 단단히 붙어 있고 뼈를 보호하며 신경, 혈관, 인대 그리고 근육의 부착에도 관여한다. 조혈기능이 있는 골수는 부드러운 지방물질로 되어 있어 뼈 속을 꽉 채우고 있다.

(3) 뼈의 연동조직

① 연골(cartilage) : 뼈와 비슷하지만 광물질을 함유하고 있다. 두 뼈 사이를 연결한 관절에서는 완충작용을 하며, 귀나 코의 외형에 모양을 주기도 한다. 단단하면서도 약간 신축성이 있는 연골기질과 연골세포로 되어 있으며 결합조직보다는 단단하고 탄력성은 있으나 골조직만큼 단단하지 않고 혈관이나 신경이 없다.

② 인대(ligament) : 섬유조직으로서 관절에 있는 뼈를 지탱해 주고 탄력이 없어 인대가 팽팽해질 때 더 이상 불필요한 운동이 일어나지 않도록 제한하는 구실을 한다.

③ 윤활액(synovia) : 달걀의 흰자같이 끈끈하며 관절이 움직일 때 마찰을 적게 하는 윤활유 역할을 한다. 관절에 영양을 제공하기도 한다.

(4) 관절

두 개 이상의 뼈가 만나는 곳을 관절(joint)이라고 한다. 관절은 뼈 사이에 끼어 있는 조직에 따라 섬유성 관절, 연골성 관절, 활액성 관절로 나눈다. 관절은 관절면의 구조와 운동축에 따라 다음과 같이 분류한다.

① 경첩관절(hinge joint) : 팔꿈치, 무릎, 손가락 등과 같이 하나의 축을 중심으로 두 가지 운동만 하는 관절로서, 경첩이 달린 문이 열고 닫히는 것과

비슷하여 경첩관절이라고 한다.

② **차축관절/중쇠관절(pivot joint)** : 차축 모양의 돌기 또는 차축을 중심으로 고리가 움직이도록 되어 있다(목 관절).

③ **구상관절/절구관절(ball and socket joint)** : 움푹 파져 절구 모양으로 속이 비어 있는 곳에 뼈가 둥그렇게 들어가 있으며 운동이 자유롭게 일어난다(어깨, 엉덩이 관절).

④ **활주관절(gliding joint)** : 회전이 없이 미끄러지듯 활주만 할 수 있는 관절이다(손목, 발목관절).

⑤ **과상관절(condyloid joint)** : 수근관절과 중수관절에서 볼 수 있는 형태이다.

⑤ **안상관절(saddle joint)** : 양 관절면이 말안장과 같은 구조를 하고 있으며 엄지의 수근중수관절에서 볼 수 있다.

(5) 상지골 : 팔과 손의 뼈

상지의 골격은 64개의 뼈로 이루어지며 상지골은 각 부위에 따라 다음과 같은 뼈들로 이루어진다.

① **쇄골** : 흉골과 견갑골을 연결하는 S자 모양으로 구부러진 긴 뼈로서 약 13~15cm의 길이로 흉곽의 윗부분에 수평으로 위치한다. 팔을 몸통에 직접 연결하며 어깨를 지지하고, 팔을 옆으로 움직이는 데 작용한다.

② **견갑골** : 역삼각형의 납작한 뼈로서 등의 위쪽 양 가장자리에 위치한다.

③ **상완골** : 상완(brachium)을 이루고 있는 뼈로서 팔의 윗부분에 위치하고 팔의 뼈 중에서 가장 크고 길다.

④ **척골** : 아래팔의 두 뼈 중에서 안쪽에 있으며, 소지로 연결되는 큰 뼈이다. 아래로 내려갈수록 가늘어지며 요골보다 더 길다.

⑤ **요골** : 아래팔의 두 뼈 중에서 엄지로 연결되며 척골보다 더 짧고 아래쪽이 더 넓다.

⑥ **수근골** : 손목에 있는 8개의 불규칙한 형태의 단골로서 대략 육면체를 이루며 4개씩 2열로 배열되어 있다.

⑦ **중수골** : 손바닥에는 5개의 길고 가느다란 뼈가 있다. 요골쪽부터 첫째~다섯째 중수골이라고 부른다. 첫째 것이 가장 짧고 둘째 것이 가장 길다.

⑧ **수지골** : 손가락 마디마다 하나씩 있는 뼈로서 엄지는 2개, 나머지 손가락은 각각 3개로 되어 있어 총 14개로 구성되어 있다.

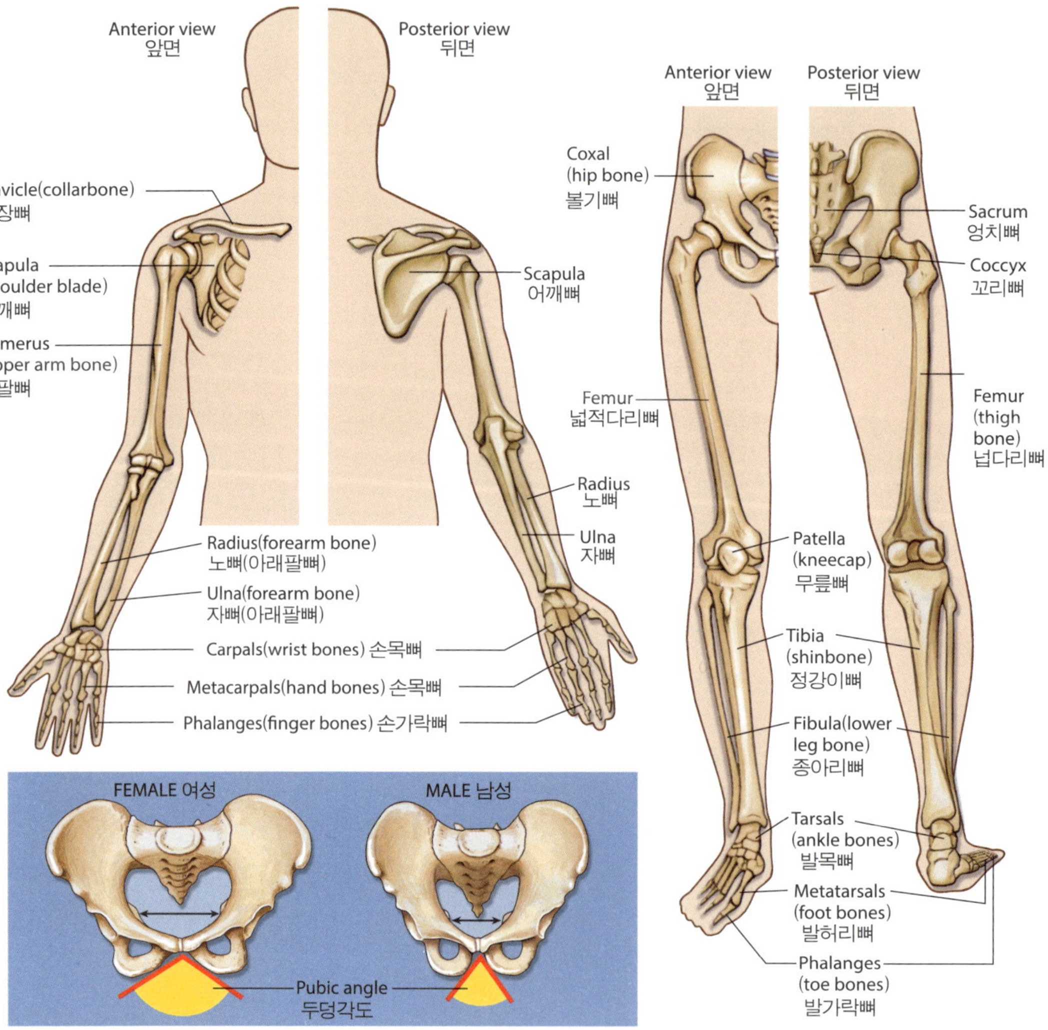

그림 4-6 팔뼈와 다리뼈 (손목과 손의 뼈)

(6) 하지골 : 발과 다리의 뼈

하지골의 골격은 62개의 뼈로 이루어진다. 하지골은 각 부위에 따라 다음과 같은 뼈로 이루어져 있다.

① **관골** : 크고 불규칙한 뼈로서 어렸을 때 3개의 뼈로 구성되었던 것이 성인이 되면서 골결합을 이루어 좌우의 관골이 된다.

② **대퇴골** : 넓적다리뼈로서 인체에서 가장 길고 강한 뼈이며 길이는 신장의 1/4 정도로 인체에서 가장 무거운 뼈이다.

③ **슬개골** : 납작한 역삼각형의 뼈로, 무릎의 앞을 덮는다.

④ **경골** : 종아리에 있는 2개의 뼈 중 큰 뼈로서 안쪽에 위치하며 인체에서 두 번째로 길며 몸 전체의 무게를 지탱한다.

⑤ **비골** : 경골과 나란히 있는 가늘고 긴 뼈로서 종아리의 바깥쪽에 위치하며 근육이 붙을 자리를 마련해 준다.

⑥ **족근골** : 모양과 크기가 다른 7개의 뼈로 구성되어 있고 몸무게 지탱에 관여하며 종골(발꿈치뼈)은 족근골의 일부분으로 간주된다.

⑦ **중족골** : 발허리를 형성하는 5개의 가늘고 긴 뼈로서 안쪽으로부터 첫째 ~ 다섯째 중족골이라고 부른다. 첫째 중족골이 가장 짧고 굵으며 둘째 중족골이 가장 길다.

⑧ **족지골** : 수지골과 마찬가지로 엄지에 2개, 나머지 발가락에는 3개씩 있어 총 14개로 구성되어 있다.

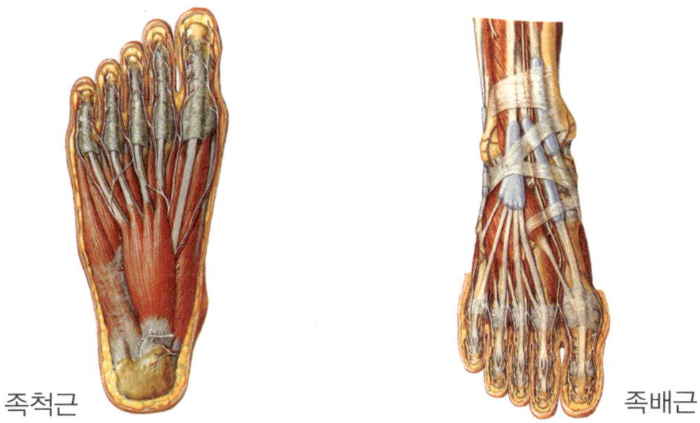

그림 4-7 발뼈의 구조

5. 근육계(Muscular system)

인체의 근육은 약 650여 개의 근육으로 이루어져 있으며, 몸무게의 40~50%를 차지하며 수축 · 이완할 수 있는 근육섬유로 이루어져 있는 조직이며 운동에 관여한다. 근육의 수축으로 몸 전체는 효율적으로 움직이게 되며, 혈액순환, 소화관에서의 음식물의 통과, 열 생산 등에도 관여한다. 근육섬유는 구조에 따라 골격근(skeletal muscle), 내장근(visceral muscle), 심근(cardiac muscle)으로 나뉜다.

① 골격근(skeletal muscle)

대부분이 골격에 부착되어 있기 때문에 골격근이라 하고 근섬유의 구조에 따라 횡문근(striated muscle)이라고 한다. 체중의 약 40%를 차지하고 있는 골격근은 얼굴이나, 팔, 다리 등을 자신의 의지대로 움직일 수 있으므로 수의근이라고도 한다.

② 내장근(visceral muscle)

자율신경계의 조절을 받으며 자신의 의지와 관계없이 작용하므로 불수의근이라 하고, 또 근섬유의 구조로 보아 평활근(민무늬근, smooth muscle)이라고도 한다. 소화기관, 요도, 위 등 많은 내장장기의 벽에 분포되어 있다.

③ 심근(cardiac muscle)

인체 중에서 심장의 근육층에만 분포되어 있으며 자율신경의 조절을 받아 자신의 의지와는 관계없이 자동적으로 움직이는 불수의근이다.

(1) 근육의 부착

근육의 형태는 다양하나 기본형은 방추형이다. 골격근의 양끝은 건(tendon)에 의해 골막에 부착되며 근육의 위쪽을 기시/근머리(origin/head)라 하고, 아래쪽을 삽입/근꼬리(insertion/tail)라고 한다. 이 두 부분 사이의 중간부분이 수축할 때 팽대되며, 이것을 근의 팽대부/힘살(belly)이라고 한다.

기시/근머리가 뼈에 부착하는 곳은 운동성이 작고 안정되어 있으므로 고정점(fixed point)이라고도 하고, 삽입/근꼬리는 움직이는 운동범위가 크므로 동점(mobile point)이라고도 한다. 마사지를 할 때는 삽입/근꼬리부터 기시/근머리 방향으로 한다.

(2) 근육의 작용

근육의 작용은 수축의 결과 일어나는 골격의 운동에 따라 명령되는 것이고 근 자체는 어떤 운동을 하더라도 수축이 있을 뿐이다.

1) 상지 근육(Muscles of the upper limb)

① 상지대 근육(Muscles of the shoulder)

견갑골과 쇄골 주위에 있으며 상완골에 부착되어 있고, 어깨관절의 운동에 관여한다.

- 승모근(trapezius) : 등을 덮고 있는 삼각형의 근육으로, 머리와 어깨의 움직임에 작용하여 견갑골의 상승·하강, 내전, 회전 운동에 관여한다.
- 소흉근(pectoralis minor) : 대흉근의 심부에 있는 근육으로서 견갑골을 전·후방으로 당긴다.

② 상완 근육(Muscles of brachium)

- 삼각근(deltoid) : 크고 굵은 삼각형의 근육으로서 어깨관절을 덮는다. 상지에서 근육주사부위로 이용되고 있다. 상완의 굽힘, 펴짐, 내·외측 회전에 작용한다.
- 견갑오목근(subscapularis) : 상완의 내향과 내측회전에 작용하며 견갑 아래 신경의 지배를 받는다.
- 오훼완근(coracobrachialis) : 대흉근의 심부에 있으며 상완의 굴곡과 내전에 작용한다.
- 상완이두근(biceps brachii) : 팔 상부의 앞부분에 있는 길고 둥근 모양의 근육이다. 팔꿈치를 구부리고 손바닥이 위로 향하게 돌리는데 작용한다.

- 상완삼두근(triceps brachii) : 팔 상부의 뒷부분에 부착되어 팔꿈치를 펼 때 작용한다.

③ 전완 근육(Muscles of the forearm)

전체적으로 손목과 손가락 운동에 관여하며 회내근(pronator)과 회외근(supinator)은 전완에서만 볼 수 있으며, 모두 19개로 대부분 전완의 근육은 길다란 힘줄이 되어 손의 뼈에 부착되어 있다.

- 회내근(pronator) : 손을 안쪽으로 돌려 손등이 위로 향하게 작용한다.
- 회외근(supinator) : 손을 바깥쪽으로 돌려 손바닥이 위로 향하게 작용한다.
- 굴근(flexor) : 손목을 굽히고 내·외향에 작용하며 손가락을 구부리게 한다.
- 신근(extensor) : 손목, 손가락을 벌리고 펴게 하여 내·외측 회전과 내·외향에 작용한다.

④ 손의 근육(Muscles of the hand)

- 외전근(abductor) : 손가락과 손가락 사이가 붙지 않도록 벌어지게 하는 외향에 작용한다.
- 내전근(adductor) : 손가락이 나란히 붙게 하거나 모으는 내향에 작용한다.
- 대립근(opponent) : 물건을 잡을 때 사용하도록 엄지를 소지쪽으로 향하게 작용한다.

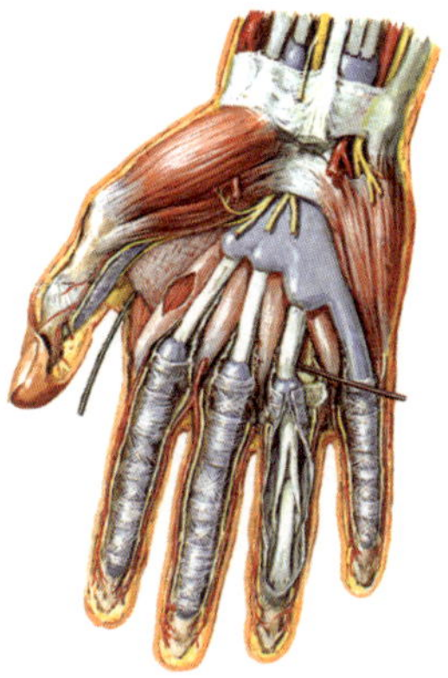

그림 4-8 손의 근육

2) 하지 근육(Muscles of the lower limb)

① 장골근(iliacus) : 골반 주변에 있는 근육으로 대퇴골을 앞쪽으로 들어 올리는데 작용한다.

② 전경골근(tibialis anterior) : 발을 등쪽과 안쪽으로 굽히는 데 작용한다.

③ 후경골근(tibialis posterior) : 발을 바닥쪽과 안쪽으로 굽히는 데 작용한다.

④ 장지신근(extensor digitorium longus) : 발을 등쪽으로 굽히고 둘째에서 넷째 발가락을 펴는 데 작용한다.

⑤ 장지굴근(flexor digitorium longus) : 발이 바닥에 닿을 때 중요한 역할을 하며 둘째부터 다섯째 발가락을 굽히는 작용을 한다.

⑥ 장비골근(peroneus longus) : 발을 바깥쪽으로 젖히며 걸을 때 땅에서 뗄 때 작용을 한다.

⑦ 단비골근(peroneus brevis) : 발을 굽히고 바깥쪽으로 젖힐 때 작용한다.

⑧ 비복근(gastrocnemius) : 발을 바닥쪽으로 굽히고 종아리를 굽히는 데 작용한다.

⑨ 슬와근(soleus) : 비골의 상부에 위치하며, 발을 바닥쪽으로 굽히고 서 있는 자세를 유지하는 데도 작용한다.

6. 신경계 (Nervous system)

신경계는 뉴런(neuron)이라고 부리는 신경세포들로 구성되어 있고 인체의 내부 및 외부환경의 변화를 탐지하며, 이에 따른 신경자극을 분석한다. 신경계는 자극에 대해 반응하고 조절함으로써 인체의 항상성(homeostasis)을 유지한다.

신경계통을 이루는 기본단위는 신경세포이다. 신경세포는 핵과 세포질이 있는 세포체와 세포체에서 뻗어나간 수상돌기(dendrites)와 축삭돌기(axons)로 이루어진다. 말초로 뻗은 축삭이 모여 다발을 이룬 것이 신경이며 가느다란 섬유질로 되어 있다.

신경계는 크게 중추신경계, 말초신경계, 자율신경계로 나누어진다.

(1) 중추신경계

중추신경계는 뇌(brain)와 척수(spinal cord)로 구성되며 외부로부터의 자극을 감각 수용기(receptor)에서 받아 중추신경으로 전달하고 다시 인체 각 부분으로 메시지를 보낸다.

중추신경의 기능은 의식과 모든 정신적인 작용 조절과 오각(시각, 후각, 미각, 청각, 감각)의 기능을 조절하며, 인체의 움직임이나 얼굴의 감정을 나타내는 수의근을 조절한다.

① 뇌

뇌는 두개골 내에 포함되어 있는 가장 크고 복잡한 신경구조이다. 뇌는 반고체성이고 핑크빛 회색을 띠며 3중으로 된 뇌막에 싸여 보호되며 대뇌, 소뇌, 간뇌, 뇌간으로 나뉜다. 뇌의 무게는 1,100~1,700g 정도로 체중의 약 3%를 차지하며 20세 이후에는 거의 성장을 하지 않고 노년기가 되면 무게가 줄어든다. 인체의 혈액량의 약 1/5이 뇌에서 필요로 하는 양이다. 좌우대칭으로 12쌍의 뇌신경이 분포되어 있다.

② 척수

척수는 뇌의 연결되는 긴 관상의 신경중추이며, 척수관(vertebral caral) 내부에 보호되어 있다. 척수에는 31쌍의 신경이 분포되어 있고 대부분의 반사작용(reflex)을 조절하며 직경은 평균 약 1cm, 무게는 약 30g인 원주상의 연한 백색 신경섬유다발이다.

뇌에서와 같이 3개의 막으로 둘러싸여 있고 성인의 경우 척수의 길이는 약 40cm 안팎이다.

(2) 말초신경계

뇌신경과 척수신경으로 이루어져 있는 말초신경계는 중추신경으로부터 메시지를 전달받아 인체에 반응을 일으키게 한다. 감각신경(sensory nerve), 운동신경(motor nerve), 혼합신경(mixed nerve) 섬유질로 구성되어 있다.

① **운동신경** : 뇌에서 자극하여 근육으로 전달되어 인체를 움직이게 한다.

② **감각신경** : 감각기관으로부터 뇌에 자극이나 메시지를 전달한다.

③ **혼합신경** : 운동신경과 감각신경을 둘 다 가지고 있어 두 신경의 기능이 함께 이루어진다. 감각 수용기로부터 감각신경에 자극이 전달되어 운동신경을 거쳐 근육이 자동적으로 움직이는 것이다.

자극에 대해 무의식적으로 침이 생기는 것, 즉 신맛을 느끼면 입안에 침이 생기는 것, 뜨거운 것에 손이 닿으면 금방 떼는 행동 등을 반사작용이라고 한다.

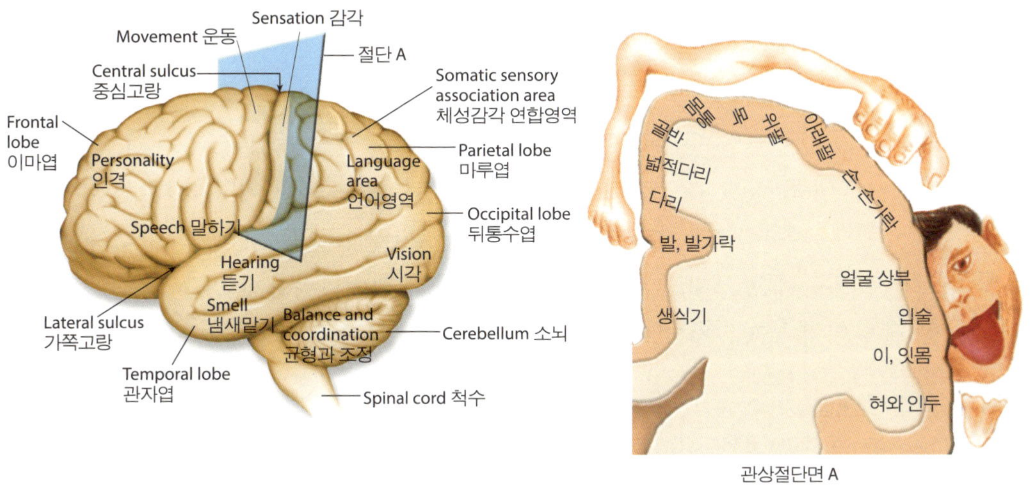

그림 4-9 대뇌피질의 기능적 영역

(3) 자율신경계

자율신경계는 불수의근과 심근의 수축 분비선(땀샘, 침샘) 등을 의식적인 지각없이 기능을 조절하여 인체의 항상성을 유지해 준다. 교감신경과 부교감신경이 있으며 서로 상반되는 기능을 가지고 있다.

교감신경은 스트레스나 에너지 소모시 심장박동의 증가, 혈관의 수축으로 인한 혈압상승 등에서 작용한다. 부교감신경은 편안한 휴식상태에서 동공축소, 혈관확대, 위 · 소장 · 췌장의 분비선 촉진 등에 작용한다.

1) 상지의 신경

① 액와신경(겨드랑신경, axillary nerve) : 삼각근과 상완외측에 있는 피부에 분포되어 있다.

② 정중신경(median nerve) : 상완에서 굴근에 분포하며 팔과 외측의 손바닥에 전체적으로 분포되어 있다.

③ 근피신경(musculocutaneous nerve) : 전완의 전외측 부위에 분포되어 있다.

④ 척골신경(ulnar nerve) : 내측의 손바닥과 척골에 분포되어 있다.

⑤ 요골신경(radial nerve) : 손등의 외측과 요골에 분포되어 있다.

⑥ 수지골신경(digital nerve) : 손가락에 전체적으로 분포되어 있다.

2) 하지의 신경

① 총비골신경(common peroneal nerve) : 무릎 뒤에 분포하며 얕은 비골신경 및 깊은 비골신경으로 나뉜다. 얕은 비골신경은 비골의 바깥쪽과 아래쪽 그리고 발등에 분포하고, 깊은 비골신경은 비골의 앞쪽에서 발등을 통과하여 엄지와 둘째발가락 사이에 분포한다.

② 경골신경(tibial nerve) : 대퇴와 경골 뒤에 무릎, 종아리, 근육, 다리, 발과 발가락 등에 분포되어 있으며 총비골신경보다 더 크다.

③ 비복신경(종아리신경, sural nerve) : 종아리 뒤의 바깥쪽을 내려와 발뒷꿈치의 바깥쪽 가장자리에 분포한다.

④ 복재신경(saphenous nerve) : 허벅지에서 발뒷꿈치에 걸쳐 안쪽 피부에 분포한다.

⑤ 배측신경(dorsal nerve) : 발등 쪽에 분포한다.

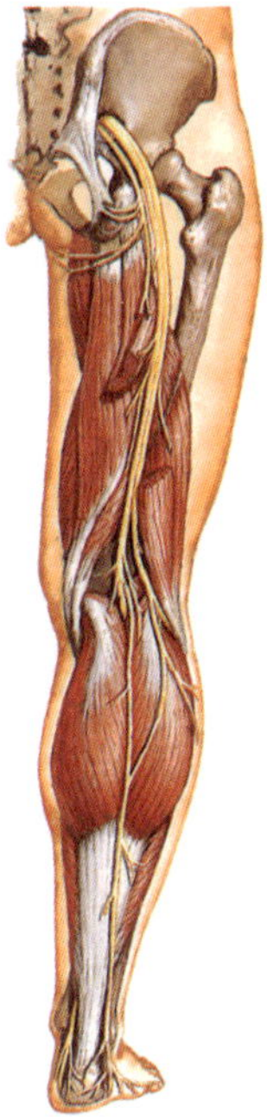

그림 4-10 하지신경의 주요 가지

7. 순환계 (Circulatory system)

순환계는 심장혈관계와 림프계(lymphatic system)를 합하여 일컫는 말이며, 활동에 필요한 산소, 영양소 등과 각 세포에서 생산된 노폐물을 운반하는 기능을 갖고 있다. 심장혈관계는 심장과 혈관으로 되어 있으며 혈액을 순환시킨다. 림프계는 림프선과 림프관을 통해서 옅은 노란색의 액체인 림프를 혈액순환으로 운반하는 보조 계통이다.

(1) 심장

심장은 근육으로 된 펌프로서 가슴의 중앙에서 2/3 정도 왼쪽으로 치우친 곳에 위치하여 혈액의 순환작용을 일으킨다. 심장의 무게는 성인의 경우 평균 250~300g이고 정상 성인의 경우 휴식상태에서 심장박동은 1분에 70~80번이며, 심장에 분포하는 자율신경과 10번 뇌신경, 미주신경이 심장의 활동을 조절한다.

심장이 독자적으로 지니고 있는 혈관을 관상동·정맥이라 하는데, 이것은 심장이 제대로 기능을 하기 위해 필요한 산소 · 영양분 등을 운반한다. 또한 심장은 좌·우 심방과 좌·우심실로 되어 있으며 심방과 심실 사이에 밸브(valve)가 있어 혈액의 역류를 막는 작용을 한다. 혈액은 심방에서 심실로 흐른다.

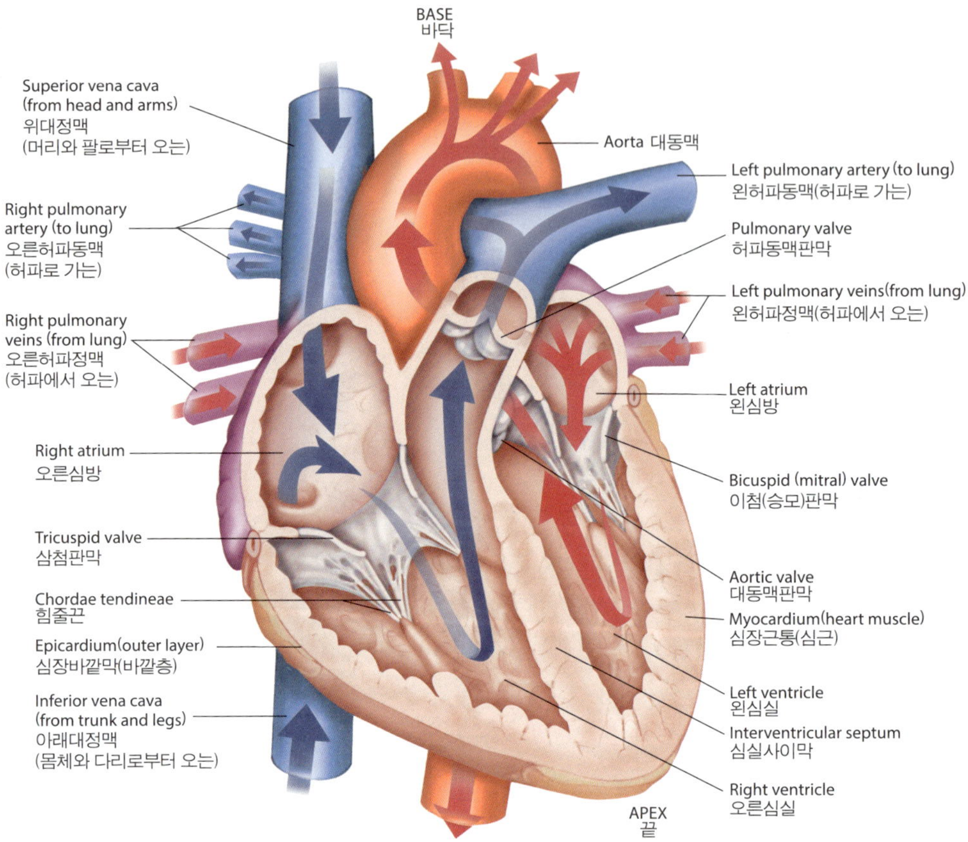

그림 4-11 심장의 해부도

(2) 혈관

심장은 동맥, 정맥, 모세혈관으로 나뉘며 심장에서 배출된 혈액은 혈관에 의해 인체의 여러 조직으로 운반된다. 노폐물이 포함된 혈액은 다시 혈관에 의해 심장으로 전달된다.

① **동맥** : 동맥은 크게 대동맥과 폐동맥으로 나뉘며, 혈관벽이 근육으로 되어 있어 탄력적이며 산소로 채워진 혈액을 심장으로부터 인체의 여러 조직으로 운반한다.

② **정맥** : 정맥은 인체의 여러 조직으로부터 혈액을 심장으로 운반하고 동맥혈보다 많은 양의 혈액을 저장하고 있다. 동맥보다 혈관벽이 얇고 탄력이 적으며 밸브가 있어 혈액이 한쪽 방향으로만 흐르게 한다.

③ **모세혈관** : 소동맥과 소정맥을 연결하는 그물모양의 얇고 좁은 혈관이다. 동맥과 정맥 사이의 모세혈관 벽을 통해 영양물질과 노폐물의 교환이 이루어진다.

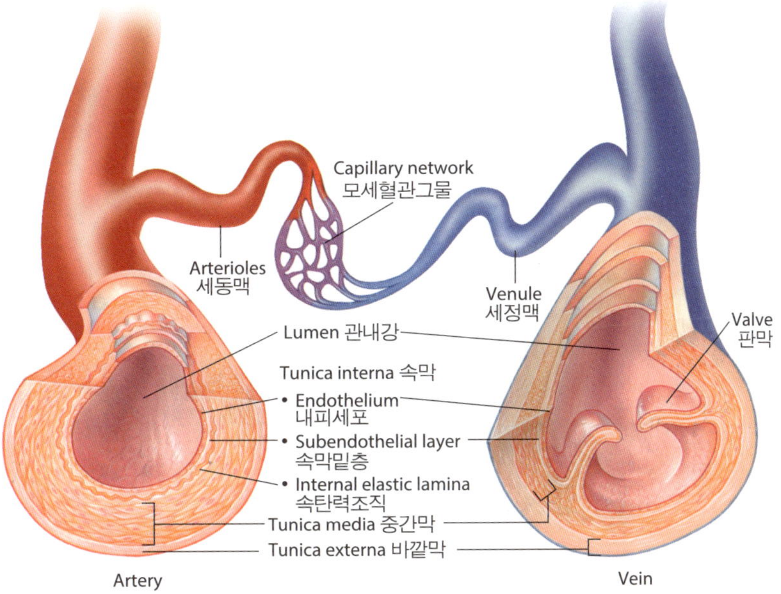

그림 4-12 혈관과 모세혈관

(3) 혈액

혈액은 세포성분의 적혈구, 백혈구, 혈소판과 액체성분인 혈장으로 구성되어 있고, 영양분이 함유된 액체이며 순환계를 통하여 움직인다. 혈액의 정상 온도는 36.5℃(98.6°F)이고 혈액량은 체중의 약 5~9%에 해당된다.

1) 혈액의 성분

혈액의 액체 성분인 혈장과 세포 성분인 적혈구, 백혈구, 혈소판으로 구성되어 있다.

① **적혈구**(red corpuscles) : 적혈구는 원반형의 세포로 중앙부가 주변부보다 얇고 혈색소(hemoglobin)가 있어 세포에 산소와 이산화탄소를 운반한다. 수명은 약 4개월 정도이다.

② **백혈구**(white corpuscles, leucocytes) : 백혈구는 아메바와 동일한 운동으로 조직 사이를 마음대로 돌아다니며 질병의 원인이 되는 박테리아를 파괴시킨다. 백혈구는 혈액의 1㎣당 약 5,000~8,000개가 있으며, 수명은 약 1주일이다. 적혈구와 달리 혈색소(hemoglobin)가 없다.

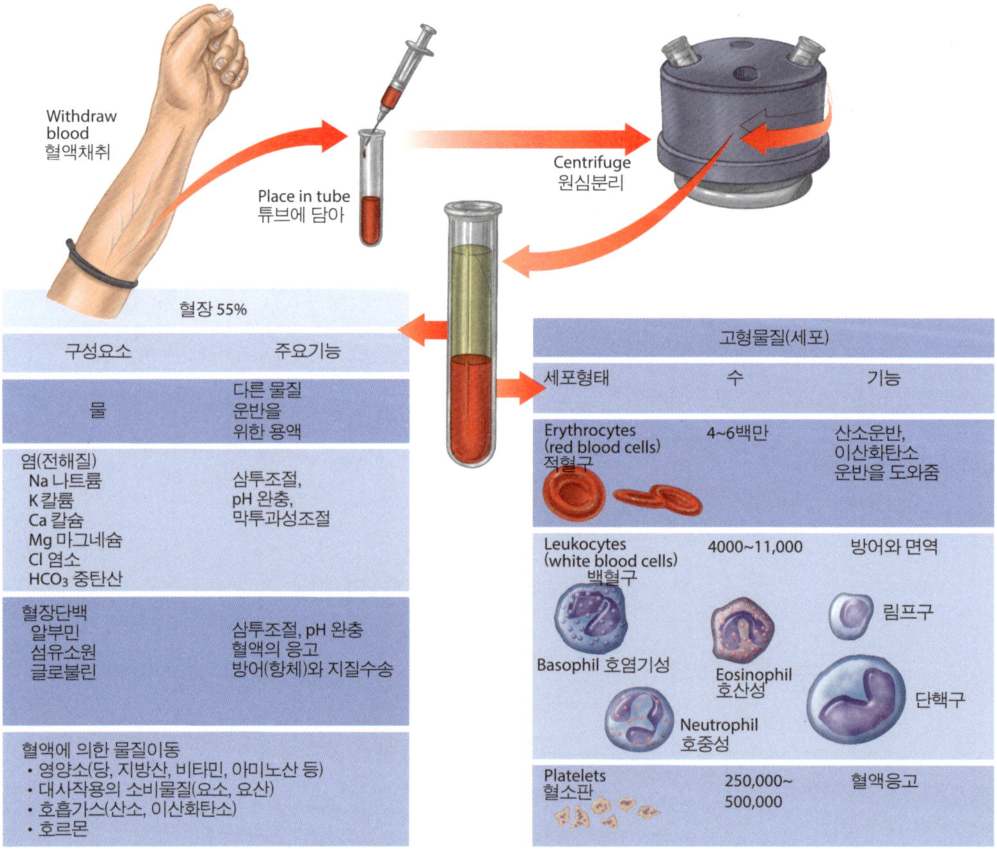

그림 4-13 혈액의 구성 성분

③ 혈소판(platelets) : 혈액 1㎣에 약 25만 개가 있으며 수명은 3~5일이다. 혈관벽이 상처를 입으면 피의 손실을 막기 위해 혈관이 좁아지면서 혈소판이 모여 반고체 상태로 변하면서 응고된다.

④ 혈장(plasma) : 혈장은 혈액의 약 55%를 차지하는 액체 성분으로 대략 90%의 수분과 10% 미만의 단백질을 함유하고 있다.

2) 혈액의 기능

① 운반작용 : 물, 산소, 영양, 호르몬 등을 인체의 여러 조직으로 운반하고 이산화탄소, 노폐물을 신장이나 대장, 기타 배설기관으로 운반한다.

② 조절작용 : 혈액은 전신을 순환하면서 체온을 일정하게 조절하여 심한 추위나 더위로부터 인체를 보호한다. 체액의 pH를 조절한다.

③ 보호작용 : 백혈구의 식균작용으로 유해한 박테리아나 이물질을 파괴하고 혈장 중에는 감마 글로불린(γ-globulin)이라는 항체가 있어 감염으로부터 인체를 보호한다.

④ 지혈작용 : 혈액 성분 중의 하나인 혈소판이 출혈된 혈액을 재빨리 응고시키는 작용을 한다.

3) 혈액의 순환

혈액 순환에는 두 가지 경로가 있다.

① 체순환 또는 일반 순환(systemic circulation) : 혈액이 동맥을 거쳐 정맥을 통하여 우심방으로 들어가는 순환 경로이며, 산소와 양분을 조직세포에 주고 조직세포로부터 이산화탄소와 노폐물을 받아온다.
좌심실→대동맥→온몸의 모세혈관→대정맥→우심방

② 폐순환(pulmonary circulation) : 모세혈관에서 폐포로부터 이산화탄소를 주고 폐포로 부터 산소를 받아온다.
우심실→폐동맥→폐→폐정맥→좌심방

4) 상지의 혈액공급

① **액와동맥(겨드랑동맥, axilliry artery)** : 어깨 및 겨드랑이 속을 깊이 지나간다. 겨드랑을 지나면서부터는 상완동맥으로 바뀌어 내려간다.

② **상완동맥(brachial artery)** : 액와동맥의 연속으로 팔꿈치에 이르러 척골과 요골동맥으로 나뉜다.

③ **척골동맥(ulnar artery)** : 팔 하부의 소지쪽과 손바닥에 분포한다.

④ **요골동맥(radial artery)** : 팔 하부의 엄지쪽과 손등에 분포한다. 척골동맥과 요골동맥은 손바닥에서 서로 만나 동맥궁을 형성한다.

정맥들은 동맥과 나란히 위치하며 이름도 동맥과 같다. 동맥이 정맥보다 조직 안에서 깊은 곳에 위치한다.

5) 하지의 혈액공급

① **대퇴동맥(femoral artery)** : 대퇴부에서 다리쪽으로 내려가면서 곁가지를 내며 무릎 주위의 동맥을 구성한다.

② **슬와동맥(poplipeal artery)** : 슬관절 밑에서 시작되는 두 개의 가지는 하퇴, 발, 발목에 분포하는 전 · 후면 경골동맥이 된다.

③ **전면경골동맥(anterior tibial artery)** : 경골과 비골 사이를 지나 하부 다리의 앞면을 따라 내려와 발목을 거쳐 가지를 내며 발목에서 족배동맥(dorsalis pedis artery)이 된다. 이 동맥이 발등과 발가락에 분포한다.

④ **후면경골동맥(posterior tibial artery)** : 비복근과 슬와근 깊숙한 곳에서 비골동맥(peroneal artery)을 내고 비골의 뒤쪽을 따라 발 뒷꿈치의 바깥쪽과 발바닥에 분포한다.

⑤ **족저동맥궁(plantar arch)** : 족배동맥의 가지와 합쳐져 발가락, 발바닥, 발톱 밑에 분포한다.

(4) 림프

림프는 체액의 순환을 돕는 순환계의 일부로서 림프관 그물들로 구성되어 인체의 방어에 주된 기능을 한다. 조직이나 간질액이 심장박동시 수압에 의해 모세혈관에서 물질이 여과되어 림프에 의해 운반되고 혈액으로 되돌아간다.

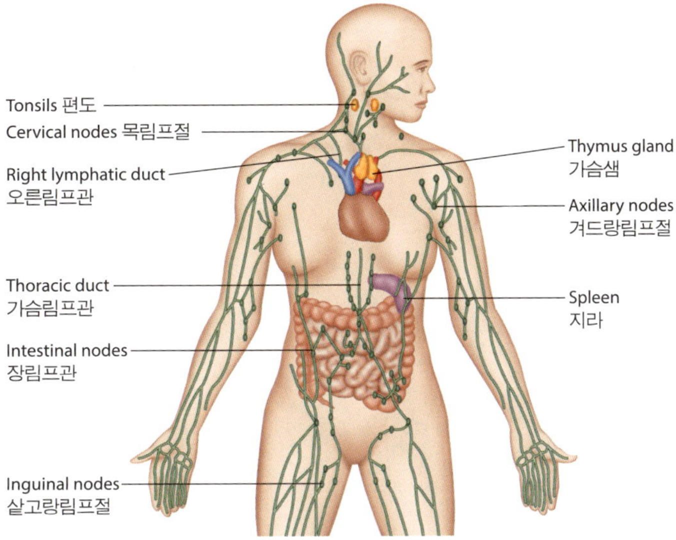

그림 4-14 림프계통의 구조

1) 림프의 기능

① **운반작용** : 수분, 영양분, 노폐물 등을 운반한다.

② **감염방지** : 박테리아나 독성이 조직내에 운반되는 것을 방지한다.

③ **유동환경 제공** : 세포의 적절한 유동환경을 만들어 준다.

- **림프계의 순환** : 혈액→조직→모세림프관→림프관→림프절→림프관→집합관→림프줄기→빗장밑 정액→혈액

- 지라는 오래되고 손상되거나 부서진 적혈구 세포의 제거, 혈류에서 병원균을 여과하고 파괴, 매우 중요한 기관이나 생명유지기관에 속하지는 않는다.

- 가슴샘은 림프구로 둘러싸여 있으며 림프구가 성숙해서 백혈구 형태의 T 림프구의 성숙을 촉진하는 호르몬을 배출하기도 한다.

8. 내분비계 (Endocrine system)

인체가 정상적인 기능을 하도록 기관이나 조직의 상관관계가 내분비선으로 조절되고 있다.

내분비계는 관이 없어 혈류를 통하여 흐르며 물질을 분비시키는 특수 기관으로서 호르몬(hormone) 분비에 영향을 주고 분비물을 혈관이나 림프계로 방출하는 역할을 한다. 인체의 성장과 신진대사에 작용하고 신경계와 더불어 인체의 활동을 조절한다. 인체는 뇌하수체, 부신, 갑상선, 흉선, 난소 내의 세포, 췌장 등의 내분비선이 있어 다른 계통의 기관과 같이 연속되어 있지는 않지만 기능적으로 서로 긴밀하게 연락한다.

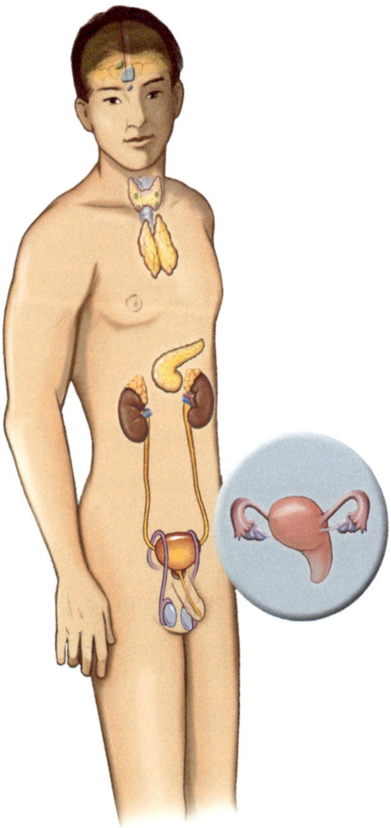

그림 4-15 내분비샘과 보유호르몬

9. 배설계 (Excretory system)

배설계는 신장, 간, 피부 등에서 인체의 노폐물을 배설시키는 구조이다.

① 신장 : 소변 배설
② 간 : 담즙 배설
③ 피부 : 발한작용
④ 대장 : 음식물 배설
⑤ 폐 : 이산화탄소 방출

10. 호흡계 (Respiratiry system)

호흡이란 생명을 유지하기 위하여 산소를 섭취하고 이산화탄소를 방출시키는 과정을 말한다. 호흡계통에서 2개의 허파는 생명의 중추적인 기관이다. 호흡계는 가슴 속의 양쪽 갈비뼈에 의해서 보호되며 상기도(upper airways)와 하기도(lower airway)는 외부에서 체내로 공기가 소통하는 길이며 공기주머니의 끝부분을 허파꽈리(alveoli)라고 부르며, 이것은 가교교환을 위한 모세혈관으로 둘러싸여 있다.

폐를 감싸고 있는 흉막은 부드러운 조직으로 되어 분홍색을 띠는데 흡입되는 것에 의해 착색되는 정도가 다르다.

코를 통해 호흡하는 것이 입으로 하는 것보다 훨씬 건강에 좋다. 호흡량은 활동의 정도에 따라서 달라지고 산소를 더욱 필요로 하게 된다.

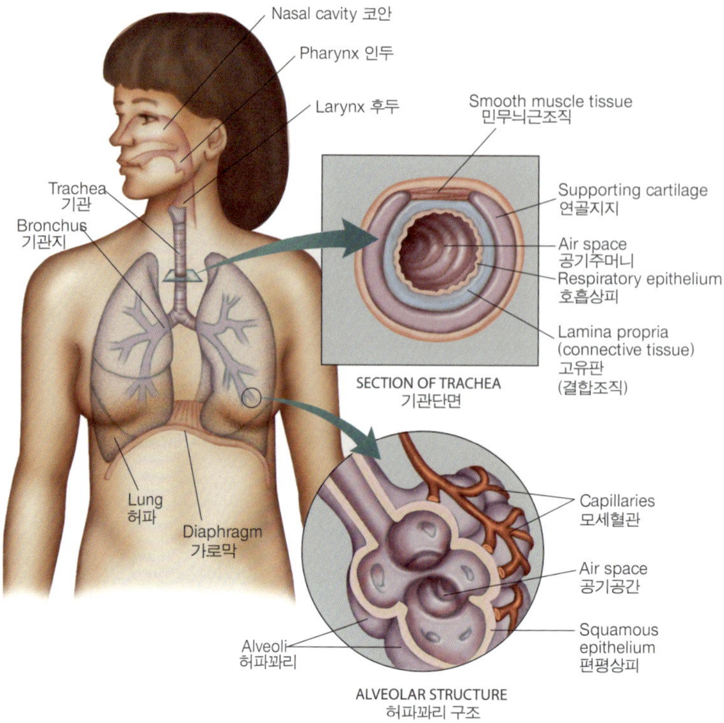

그림 4-16 호흡계의 구성요소

11. 소화계 (Digestive system)

소화계는 섭취한 음식물의 영양분을 분해하여 체내로 흡수하고 소화되지 않는 물질은 체외로 방출한다.

소화관은 구강→인두→식도→위→작은창자→큰창자→직장→항문으로 이루어지고 부속선에는 타액선, 간, 췌장 등이 있다(그림 4-17). 음식물이 완전히 소화되는 데는 약 9시간이 걸리고, 소화 효소가 분비되어 섭취한 음식물이 체내에 잘 흡수되도록 생화학적인 물질로 변화시킨다. 산(acid), 완충제(buffer), 효소, 물의 분비는 음식물을 소화하는 데 도움을 준다.

마음이 편안하거나 행복하면 소화에도 긍정적인 영향을 미치지만, 반대의 경우에는 소화에 장애가 생길 수도 있다.

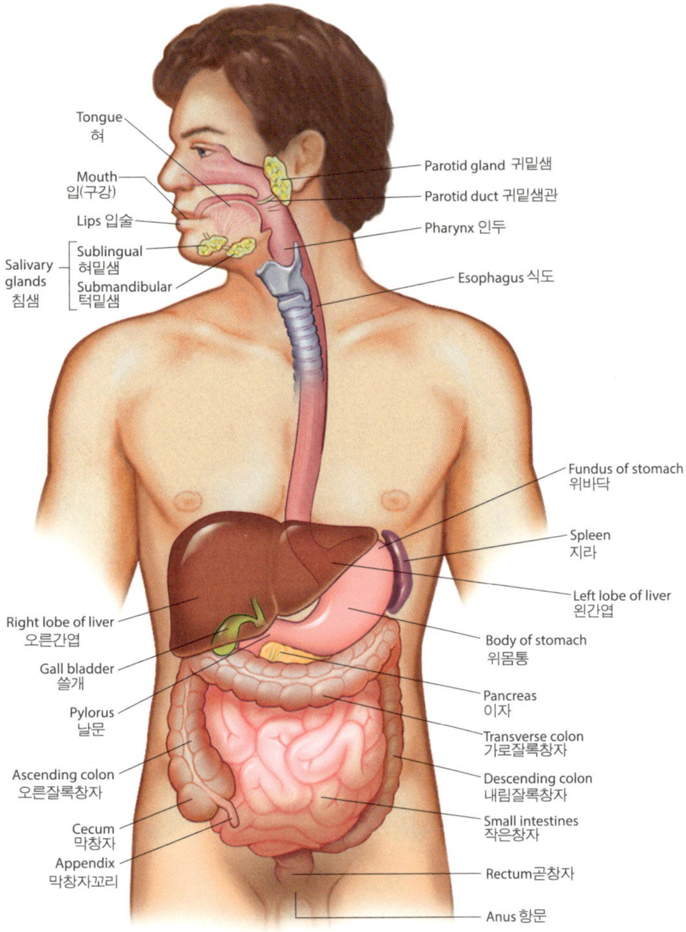

그림 4-17 소화계의 구조

12. 생식계 (Reproductive system)

새로운 개체의 탄생 또는 손상되거나 죽은 세포가 보충되는 과정을 통틀어 생식이라 일컫는다. 여성의 경우 난소이며, 2차 생식기는 난관, 자궁, 질, 외음부로 외부생식이다. 남성의 경우 생식기계로는 음경, 부고환, 정관, 요도등이 있으며, 부속샘으로는 전립샘, 정낭, 망울요도샘이 있다. 고환에서 각각 난자와 정자만이 성호르몬을 생산하고 또한 수정란의 착상, 성장, 분만에 관여한다.

Chapter

05 피부학

건강한 피부란 적절한 수분과 유분이 있어야 하며 탄력이 있고 약산성으로 어떤 결함이나 질병이 없는 상태를 말한다. 네일 관리는 피부에 관한 기초적인 이해와 부조현상에 관한 지식을 바탕으로 진행되며, 피부 상태에 따라 적절한 제품을 사용하고 시술함으로써 고객에게 더 큰 만족을 줄 수 있다. 네일미용사가 다루는 손톱과 발톱도 피부의 일부여서 피부문제를 손톱문제와 함께 다루므로 피부에 대한 일반적인 지식과 이상상태에 대하여 알아둘 필요가 있다.

1. 피부의 구조

피부는 표피와 진피, 피하조직의 3층 구조로서 혈액과 림프에 의해 영양을 공급받고 손톱이나 머리카락에도 기본적인 영양을 공급한다. 피부의 부속기관으로 손톱, 머리카락, 선(glands) 등이 포함된다. 인체의 피부는 대략 0.2~5mm 정도의 두께로서 부위에 따라 다양하며 눈꺼풀이 가장 얇고(약 0.05mm) 발바닥의 피부가 가장 두껍다(약 5mm). 일반 성인의 몸을 감싸고 있는 피부의 무게는 대략 3kg 정도이다. 피부는 크게 표피와 진피, 피하조직으로 나누어지며 체내의 유동체가 손실되는 것을 막아준다.

피부는 표피, 진피 및 피하조직의 3층으로 이루어져 있으며 제일 바깥쪽의 피부층을 표피, 중간쪽의 피부층을 진피, 그리고 가장 안쪽에 위치하는 피부층을 피하조직이라 한다.

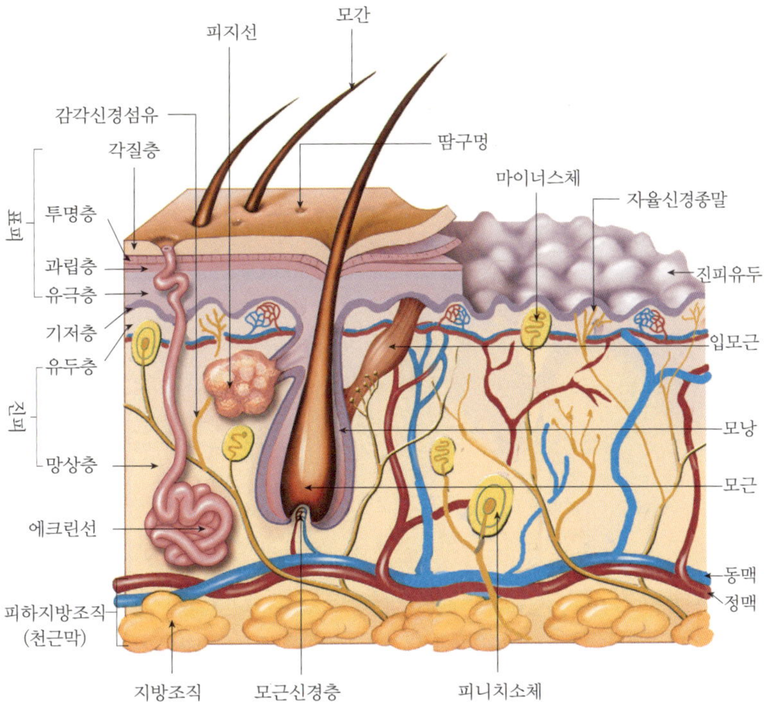

그림 5-1 피부의 구조

(1) 표피(Epidermis)

표피는 대략 0.03mm~1mm의 얇은 두께의 조직으로 큐티클(cuticle) 또는 스카프 스킨(scarf skin)이라고도 하며 혈관이 없으나 진피에 있는 혈관을 통해 영양을 공급받는다. 피부의 가장 외부에 있는 주위 환경과 직접 접촉하고 있다. 표피는 각질(keratin)이라는 방어기능을 갖는 세섬유 단백질을 생산하는 각질형성세포로 이루어져 있다.

① **기저층(stratum basale)** : 진피와 경계를 이루는 물결 모양의 단층이며 피부의 탄력성은 물결 모양의 요철이 깊고 많음에 비례한다. 진피의 혈관과 림프관을 통해 영양을 공급받아 새 세포를 만드는 중요한 층으로 기저층을 다치면 흉터가 남게 된다. 각질형성세포(keratinocyte)와 피부색을 결정짓는 색소형성세포(melanocyte)가 있다.

② 유극층(stratum spinosum) : 5~10개의 유핵세포층으로 가시층이라고도 불리며 표피 중에서 가장 두터운 층으로 림프액이 들어있고 이 림프액은 피부의 혈액순환과 영양공급의 역할을 한다.

③ 과립층(stratum granulosum) : 2~5층의 방추형 및 편평형 세포로 구성되어 있으며 핵이 없는 무핵세포이고 각질효소가 생성되어 각화가 시작되는 층이다.

④ 투명층(stratum lucidum) : 2~3층의 무핵세포로 반유동성의 단백질인 엘라이딘(Elaidin)을 함유한 투명한 세포들로 구성되어 있고 손바닥과 발바닥에 분포되어 있고 빛을 차단하는 역할을 하는 세포들로 구성되어 있다.

⑤ 각질층(stratum cornuem) : 표피의 주요 세포인 각질형성세포로 되어 있으며 표피의 각질층뿐만 아니라 모발과 손톱의 구조 단백질을 형성하는 세섬유 단백질을 생산하는 특수한 기능을 갖고 있다. 가장 바깥층에 있는 죽은 세포로 대략 18~20개 층으로 각질화되어 채워져 있으며 비늘같이 되어 쉽게 벗겨지거나 떨어져 나가고 재생된다. 유해한 물질의 침투 방지, 방수 역할을 한다.

표피의 유극층과 기저층을 합하여 종자층(stratum germinatvum)으로 분류하기도 한다.

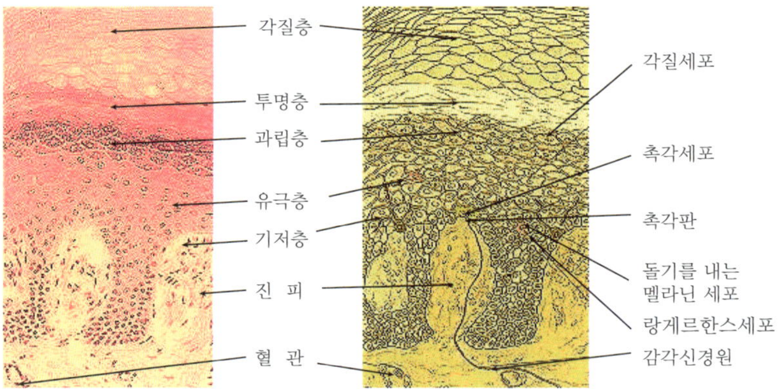

그림 5-2 표피의 구조와 세포

(2) 진피(Dermis)

피부의 중간층이며 표피보다 20~40배 정도 두꺼운 피부의 주체를 이루는 강한 결합조직의 층이다. 주요 성분은 단백질인 교원질(collagen)이며, 진피는 유두층(papillary layer)과 망상층(reticular layer)으로 나뉜다. 진피의 유두층에 있는 탄력조직은 피부가 잡아당겨진 다음 다시 원래의 상태로 돌아가는 능력이 있고 아교섬유(collagenous fibers)와 탄력섬유(elastic fibers)로 연결되어 있으며 혈관, 림프관, 신경, 한선, 피지선 등이 분포한다.

① **유두층** : 표피의 가장 아래인 기저층 밑, 진피의 상단에 위치하고 모세혈관이 존재해서 표피기저세포의 영양과 산소공급에 중요한 역할을 한다. 약간의 흑색소와 감각수용기가 있다.

② **망상층** : 그물모양의 조직으로 아교섬유와 탄력섬유로 구성되어 피부가 신축성을 갖도록 하여 노화를 방지한다. 혈관, 림프관, 신경, 한선, 피지선, 모낭, 입모근 등이 분포되어 있다.

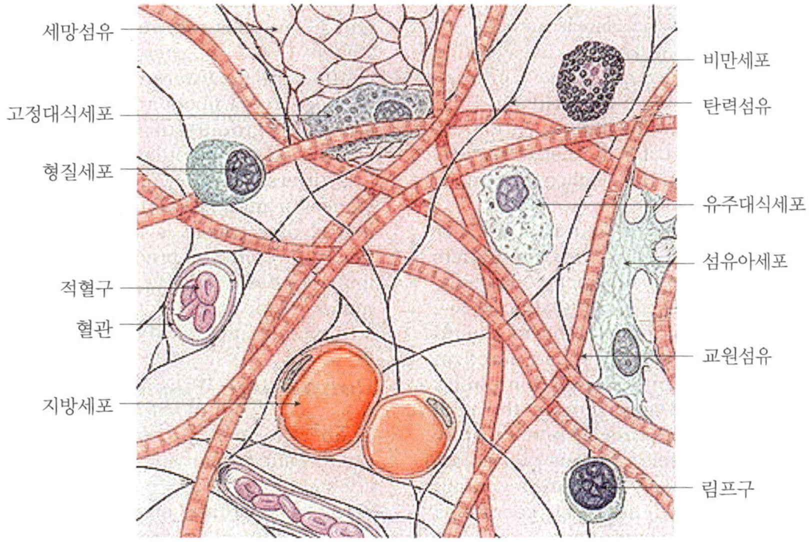

그림 5-3 진피의 구성 세포와 섬유

(3) 피하조직(Subcutaneous tissue or hypodermis)

지방세포의 소엽(lobule)으로 구성된 피하조직은 진피 아래에 느슨하게 연결된 지방세포층으로 지방층(adipose) 또는 피하지방(subcutis)이라고도 일컫는다. 피하층은 열 절연기능을 가지고 있어 체열 유지에 관여하며 외부로부터 열이 들어오는 것을 막아준다. 이 층의 두께는 연령, 성별, 개인의 영양상태 및 신체의 부위에 따라 다르다.

2. 피부의 기능

① **보호기능** : 인체의 모든 부분을 감싸고 있으며 체내에 병원균이 침입하는 것을 방어한다.

② **분비기능** : 지방을 분비시켜 체내에서 과다한 수분의 증발 및 침투를 방지하고 피부의 수분 함량을 적절히 유지한다.

③ **체온조절기능** : 외부의 온도 변화에 따른 혈액과 한선의 작용으로 일정하게 체온을 유지한다.

④ **감각기능** : 인체의 외부로부터 여러 가지 자극을 감지한다.

⑤ **배설기능** : 한선을 통하여 체내의 수분과 기타 노폐물을 배설한다.

⑥ **흡수기능** : 수분, 산소, 영양분 및 소량의 화학물질 등을 흡수한다.

⑦ **호흡기능** : 폐 호흡의 1%를 피부에서 호흡한다.

3. 피부의 신경

① **운동신경** : 모낭에는 피지선(sebaceous gland)과 입모근(털세움근, arrector pilli)이 부착되어 있어 소름이 돋을 때 불수의근인 입모근이 교감신경의 지배를 받아 털이 서게 된다.

② 감각신경 : 유두층의 감각수용기가 반응을 일으킨다.

③ 분비신경 : 한선과 피지선에 분포되어 있다. 한선에서는 땀의 분비를, 피지선에서는 지방의 분비를 조절한다.

4. 피부의 부속기관

피부의 부속기관(Appendage of skin)으로는 모발, 손 · 발톱, 그리고 피부의 선인 한선과 피지선 등이 있다.

(1) 모발(Hair)

모발은 피부와 두피 밖으로 성장하는 가늘고 매끄러운 줄기로서 신경이 존재하지 않으며, 체온을 유지하고 피부를 보호하는 역할을 한다. 모발은 손 · 발바닥, 입술, 유두, 눈꺼풀, 배꼽, 소음순 등을 제외한 대부분 머리, 겨드랑, 팔 · 다리, 생식기 주위와 남성의 경우 얼굴과 가슴에 많이 성장한다. 유전에 의해 모발의 굵기, 색상 등이 좌우된다.

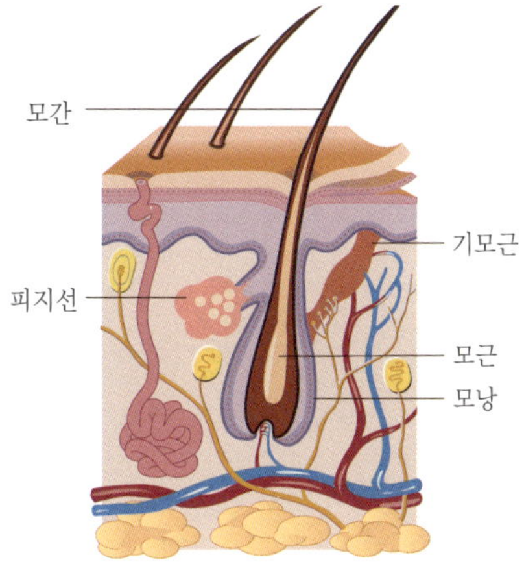

그림 5-4 모발의 구조

(2) 손 · 발톱(Nail)

손톱과 발톱은 반투명한 각질세포가 면의 형태로 이루어져 손가락과 발가락의 끝을 덮고 보호해준다. 손 · 발톱의 해부학적 용어는 오닉스(Onyx)이다.

인체에서 가장 강한 각질로 되어있으며 모발과 같이 혈관이나 신경이 존재하지 않으나 그 아래 모세혈관과 말초신경이 많이 분포되어 있다.

(3) 피부의 선(샘, Gland)

① 한선(땀샘, sudoriferous, sweat glands) : 전신에 약 200~500만 개가 분포되어 있는 것으로 추정되며 특히 손바닥, 발바닥, 이마 및 겨드랑에 밀집되어 있고 입술, 고막, 손 · 발톱 등은 제외하고 분포되어 있다. 코일 모양으로 된 기저부(fundus)와 튜브처럼 생긴 관으로 피부표면에서 진피의 깊은층과 피하층으로 연결되어 있다. 1/4인치당 약 650여 개의 한선이 있으며 비록 신경계의 조절로 땀이 분비되지만 열 또는 운동에 의해서 분비되기도 한다. 땀을 분비함으로써 체온을 조절하고 노폐물을 내보낸다.

② 피지선(sebaceous glands) : 손바닥과 발바닥을 제외한 인체의 모든 곳에 분포되어 있으며, 모낭에서 짧은 관을 통해 하루 1~2g 정도 분비되는 피지(sebum)는 털과 피부를 부드럽고 매끄럽게 하며 방수 역할을 해 준다. (그림 5-4)

5. 피부의 부조현상

상해나 질병으로 인해서 피부의 조직이 구조적으로 변화하는 것을 손상 또는 병변이라 일컫는다. 질환으로 인한 초기의 병변은 원발진(primary lesion)이라 하며, 질환이 끝난 후에도 계속적으로 진행하거나 외적인 요인에 의해 변화된 병변을 속발진(secondary lesion)이라 한다.

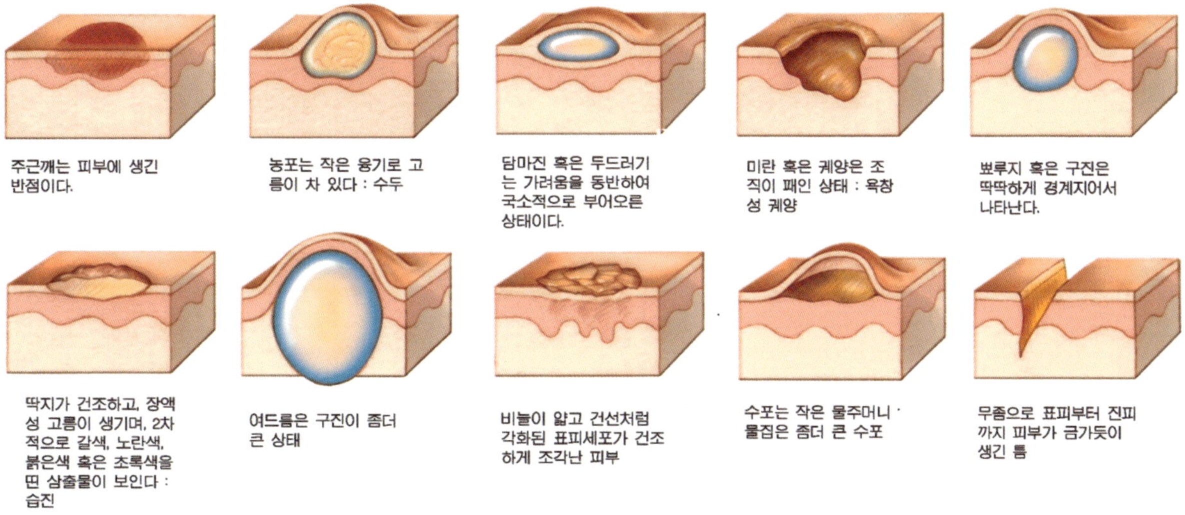

그림 5-7 다양한 피부병변의 형태

(1) 원발진(Primary lesion)

① 반점(macule) : 피부표면 위의 변색된 작은 반점으로 원형이거나 타원형이고 경계의 색이 점차 흐려진다.

② 구진(papule) : 경계가 뚜렷하고 끝이 단단한 뾰루지로 염증이 생긴 상태이다.

③ 결절(tubercle) : 구진과 비슷한 형태이나 더 크고 단단하며 구진과 달리 진피나 피하층에까지 병변이 연결된 상태이다.

④ 종양(tumor) : 비정상적인 세포집단으로 연하거나 단단하거나 모양과 크기, 색깔이 다양하다. 양성 종양과 악성 종양으로 나뉜다.

⑤ 팽진(wheal) : 피부가 다양한 크기로 울퉁불퉁 부어오르고 일시적으로 지속되다가 점차 사라진다. 벌레에 물리거나 알레르기 반응으로 인해 발생한다.

⑥ 소수포(vesicle) : 맑은 액체가 포함된 물집이다. 반점과 구진으로부터 생겨서 단시일 내에 자연적으로 터지며 감염되지 않을 경우 흉터가 남지 않는다.

⑦ 대수포(bulla) : 소수포보다 크며 1cm 이상의 수포를 대수포라 한다. 대수포가 피부 깊이 존재하면 궤양과 반흔이 생긴다.

⑧ 농포(pustule) : 수포와 비슷하지만 농과 염증을 포함한 상태이다.

⑨ 낭포(cyst) : 피부 표면의 위와 아래에 반고체성 또는 액체가 있는 덩어리 상태이다.

(2) 속발진(Secondary lesion)

① 인설(scales) : 각질층의 건조한 얇은 표피 조각들이 떨어져 나가는 것으로 살비듬이라고도 한다.

② 찰창(excoriation) : 여러 질환에서 가려움을 제거하기 위해 손톱으로 긁거나 지속적인 마찰에 의해 표피가 벗겨진 상태이다.

③ 균열(fissure) : 표피에 틈이 생기는 것을 말하며 심할 경우 진피도 침범한다. 손 · 발가락 사이, 발 뒷꿈치, 입술, 항문 등에 잘 생긴다.

④ 가피(crust) : 혈청이나 농이 혈액의 마른 덩어리로 표피 껍질에 축척된 상태이다.

⑤ 미란(erosion) : 수포가 터진 후 표피만 떨어져 나가 생기며 가피가 생기거나 생기지 않을 수도 있으나 반흔 없이 치유된다.

⑥ 반흔(scar) : 피부의 상해나 손상이 치료된 후에 피부 위로 연한 빛깔의 흔적이 약간 솟아오르는 상태이다.

⑦ 염색(stain) : 사마귀, 주근깨, 기미 또는 특정 질병을 앓은 후에 피부가 비정상적으로 변색된 상태이다.

⑧ 궤양(ulcer) : 농을 동반해 피부를 깊게 파이게 하는 것으로 진피는 물론 피하층까지 침범하는 것도 있다. 피부가 헐은 상태로, 여기서 심해지면 진피는 물론 피하층까지 침범하는 경우가 있다.

(3) 피부염

① 습진(eczema) : 전체 피부질환의 약 1/4을 차지하는 습진은 원인과 증상에 따라 여러 가지로 분류하며 급성과 만성이 있다. 일반적인 증상으로 가렵고 따가우며 부종과 수포를 동반하기도 하며 인설 등이 생기기도 한다.

② 건선(psoriasis) : 원인이 밝혀지지 않은 만성 피부염 질환으로 건조하고 거친 딱지가 생기는 상태이다. 두피, 팔꿈치, 무릎, 가슴이나 등 아래쪽에 주로 생기며 간혹 손톱에까지 영향을 주기도 한다.

(4) 피부감염

① 무좀(athlete's foot), 족부백선(tinea pedis) : 진균에 의해 감염되어 주로 발에 생기는 것으로 발가락 주위가 가렵고 따가우며 수포나 각화를 동반하기도 한다.

② 백선(ringworm) : 진균에 의한 감염 중에 가장 흔한 것으로 건조하고 균열을 보이거나 붉은 부스럼이 생기며 악취를 동반하기도 한다. 만성이며 가려움증이 심하고 전염성이 매우 강한 피부감염이다.

③ 단순포진(herpes simplex) : 급성 바이러스 감염증으로 원인은 밝혀지지 않았으나 입 주위에 수포를 유발시키고 빨갛게 부어오른다. 대부분 입술이나 코점막 또는 성기 주변에 생기며 소화불량, 과로나 스트레스 과다 시에 자주 발생하기도 한다.

④ 대상포진(herpes zoster) : 바이러스가 원인이며, 소양증과 따끔거리는 통증(burning sensation), 발진, 수포, 부종 등의 증상이 있다.

⑤ 사모증(piedra) : 모발에 단단한 갈색 또는 흑색 종기가 생기는 질환이다.

(5) 피부 색소 이상증

피부의 색깔을 결정하는 데는 여러 가지 요소가 작용하지만, 그 중 흑색소가 가장 주된 역할을 하고 있다. 멜라닌의 감소, 증가 및 이상 분포 등의 여러 변화에 따라 병적인 색소의 이상이 발견된다.

① 백색증(albinism) : 저색소 침착증으로 털과 피부 및 눈의 선천적 흑색소 결핍 질환이다. 흑색소 세포의 수는 정상이나 불완전한 흑색소(melanin) 소체를 가지고 있다.

② 백반증(vitiligo) : 저색소 침착증으로 흑색소 결핍으로 인하여 백색 반점들이 피부에 나타나는 후천성 탈색소 질환이다.

③ 기미(chloasma) : 태양에 과다 노출되는 얼굴과 손에 주로 생기는 갈색반점이다.

④ 시바테증(civatte disease) : 전신피부에 걸쳐 모세혈관 확장을 나타내며 부종과 위축을 동반하는 질병이다. 대개 폐경기 여성에게 자주 나타난다.

⑤ 금속성 변색증(metalic lentigines) : 금이나 은 등의 금속들이 피부에 흡수되어 색소침착을 일으킨다.

⑥ 검정사마귀점(lentigines) : 주근깨라고도 하며 노출부위 특히 코, 뺨, 손 등과 가슴에 주로 나타나며 갈색이나 황색빛을 띠는 반점이다.

⑦ 모반(nevus) : 피부 색소의 이상이나 모세혈관의 확장으로 나타나는 크고 작은 점이다. 유전적 요소가 많아 출생점(birthmark)이라고도 한다.

(6) 피부비대증

① 점(mole) : 다양한 색깔의 작은 반점으로 간혹 주근깨처럼 보이기도 한다. 점 위로 털이 자라서 나오기도 하는데 절대 만지거나 뽑으면 안 된다.

② 각화증(keratoma) : 계속적인 압력이나 마찰로 인하여 표피가 두껍게 되는 상태이다. 만약 이 두꺼운 부분이 피부 표면이 아닌 속으로 자랄 경우 티눈이 된다. 주로 손과 발에 나타난다.

③ 흑색육종(melanatic sarcoma) : 점의 성장에서 시작하는 피부암의 일종이다.

Chapter 06

손톱과 손톱의 부조현상

네일미용사는 고객의 욕구를 만족시켜 줄 수 있는 고도의 기술과 기술을 위한 기초지식을 갖추어야 한다. 또한 자기 기술의 향상을 항상 도모하고 기술의 변혁도 익혀야 한다.

고객에게 전문적인 시술을 하려면 손톱의 구조와 기능 그리고 부조현상에 대한 전문지식을 쌓아야 한다. 고객이 손톱에 관한 질문을 하였을 때 정확한 설명을 할 수 있어야 고객으로부터 신뢰를 얻게 되는 것이다. 손톱은 피부의 부속기관이므로 피부와 마찬가지로 건강상태를 측정할 수 있다.

1. 손톱

(1) 손톱의 특성과 역할

손톱과 발톱은 조갑이라고도 하며 우리 몸을 구성하는 단백질 중 가장 단단한 것으로 알려진 케라틴(Keratin)으로 아주 얇은 층이 여러 겹으로 이루어져 단단하게 형성되어 있다. 피부의 일부가 진화되어 생겨난 것이며 대부분 피부의 각질층이 변형된 것으로 각질을 만드는 아미노산과 시스테인이 많이 포함되어 있는 케라틴(Keratin)이라는 섬유 단백질로 구성되며, 탄소 51.9%, 산소 22.9%, 질소 16.09%, 황 2.8% 수소 0.82%등을 포함하고 있다. 조체(nail body)에서 땀이 배설되지는 않지만 대략 15~18%의 수분을 함유하고 있다.

손톱은 죽은 단백질 성분이지만 비타민 또는 미네랄 등의 결핍에 의하여 영향을 받게 된다. 손톱은 생명력이 없기 때문에 흔히 피부의 기능을 못하고 숨을 쉬지 않는다고 생각하지만 조모나 조피 등은 살아있는 세포로써 산소를 필요로 한다.

조모나 조피는 수많은 조상의 모세혈관으로부터 산소를 공급받기 때문에 손톱은 산소를 요구하는 것이고 숨을 쉬고 있는 것이다. 손톱은 매일 0.1~0.15mm씩 자라나며, 한 달에 약 3~5mm 정도 자란다. 개인차가 있지만 대체로 약 3개월 정도가 지나면 새 손톱이 형성된다. 중지 손톱이 가장 빨리, 엄지 손톱이 가장 늦게 성장하며 왼손잡이는 왼손의 손톱이 빨리 자라며 발톱은 손톱의 1/2 정도의 속도로 서서히 증가한다. 손톱은 젊은 사람일수록 성장활동이 활발하기 때문에 윤택하고 잘 자라나지만, 나이가 들면 퇴화되거나 성장이 둔화된다. 건강한 손톱의 기준은 단단하고 탄력이 있어야 하며 올바르게 뻗은 형태와 분홍빛을 띠고 있는 것이 중요하다. 또한 매끄럽게 윤기가 나는 아치형을 형성하고 적당한 수분(15~18%)을 포함해야 건강한 손톱이라고 할 수 있다.

손톱은 여러 가지 역할을 수행하는데 손톱 아래 피부를 보호하고, 물건을 잡거나 들어 올릴 수 있고, 무언가를 긁을 때 또는 성상을 구별하는 기능과 방어와 공격하는 기능도 있고 아름다움을 나타내는 장식적 기능 역시 매우 중요한 역할을 한다.

(2) 건강한 손톱

손톱은 인체의 건강상태를 알 수 있는 한 부분이며, 조상(nail bed)에 강하게 부착되어 있고 매끄럽고 광택이 나며 반투명한 핑크빛을 띠어야 한다. 또한 단단하고 탄력이 있으며 둥근 아치를 형성하고 수분이 약 15~18% 함유되어야 하며 세균 등에 감염되지 않아야 한다.

(3) 손톱손상의 원인

미숙한 파일(File)법, 잘못된 방법으로 푸셔(Push), 니퍼(Nipper)의 사용 등은 조모(Matrix)부분에 상처를 만드는 원인이 되며, 정신적인 쇼크와 스트레스, 유전적인 원인 등에 의해 발생한다.

(4) 손톱의 구조

1) 손톱 자체

① 조체 : 조판(nail plate)이라고도 하며 손가락 끝의 등쪽에 붙어 있고 여러 층으로 구성되어 있으며 신경이나 혈관은 없다. 손톱의 아랫부분은 연약하고 손톱 베이스로 갈수록 강하다.

② 조근 : 손톱 베이스의 피부 밑에 묻혀 있는 얇고 부드러운 조근은 손톱의 새로운 세포가 만들어져 성장이 시작되는 곳이다.

③ 자유연(free edge) : 손톱의 끝부분으로서 조상(nail bed)없이 손톱만 자라 나온 곳이다.

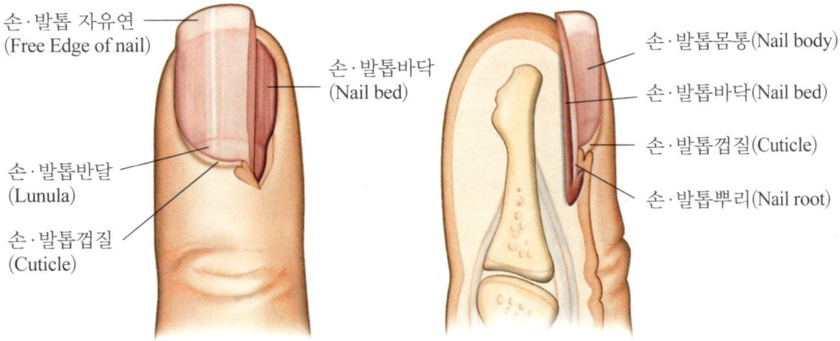

그림 6-1 손톱의 구조

2) 손톱 밑

① 조상 : 손톱 밑에 위치하여 조체를 떠받치고 있으며 그 밑부분은 피부로서 혈관과 신경이 분포한다. 손톱의 신진대사와 수분 공급의 역할을 한다.

② 조모 : 조근 밑에 위치하여 손톱각질세포의 생산과 성장을 조절하고 혈관, 신경, 림프관이 분포한다. 조모가 손상을 입게 되면 손톱 성장이 느려지게 되므로 특별히 주의해야 한다.

③ 반월(lunula) : 완전히 케라틴화 되지 않은 조체의 베이스에 있는 유백색의 반달 모양을 일컫는다.

3) 손톱 주위의 피부

① 조소피(큐티클, cuticle) : 손톱의 주위를 덮고 있는 피부를 말한다.

② 조주름(네일 폴드, nail fold) : 네일 루트가 묻혀 있는 손톱의 베이스에 피부가 깊게 접혀 있는 것을 말하며 네일 멘틀(nail mantle)이라고도 한다.

③ 조구(네일 그루브, nail grooves) : 네일 베드의 양 측면에 좁게 패인 곳을 말한다.

④ 조벽(네일 월, nail wall) : 조구(손톱고랑) 위에 있는 손톱의 양쪽 피부를 말한다.

⑤ 상조피(에포니키움, eponychium) : 표피의 연장으로 손톱의 베이스에 있는 피부의 가는 선을 말하며 반월을 부분적으로 덮고 있다.

⑥ 조상연(페리오니키움, perionychium) : 손톱 전체를 에워싼 피부의 가장자리 부분이다.

⑦ 하조피(하이포니키움, hyponychium) : 자유연 밑부분의 피부이다.

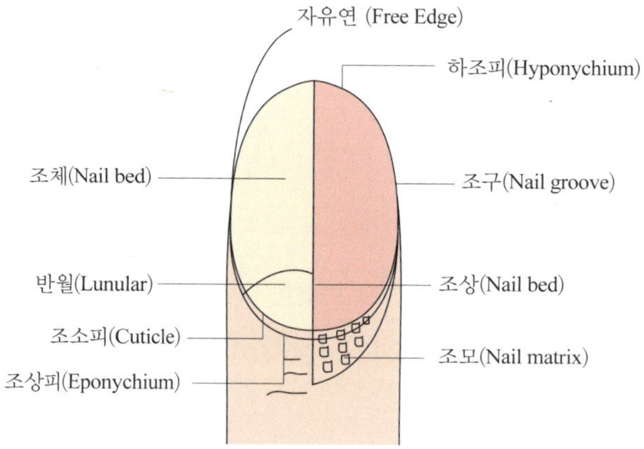

그림 6-2
손톱 주위의 피부

2. 손톱의 부조현상

손톱의 부조현상은 손톱이 손상을 입었거나 질병 또는 인체의 불균형으로 인해 발생하는 이상현상을 말한다. 네일미용사는 네일의 비정상적인 상태에 대한 지식을 가지고 있어야 하며 네일의 상태를 보고 경우에 따라서는, 정확한 원인파악을 위하여 병원에 갈 것을 권유하여야 한다. 즉, 네일 관리의 가능여부를 판단할 수 있어야 한다.

오닉스(Onyx)는 네일을 지칭하는 의학적 용어로 손톱과 관련된 뜻을 가진 그리스어 오니코(Onycho)에서 기인하고, 손톱의 비정상적인 상태는 대부분 그리스 어원에서 비롯되는 오니코로 시작되거나 끝나는 경우가 많다.

(1) 시술이 가능한 이상손톱

▶ 무른 손톱(brittle nail syndrome)	
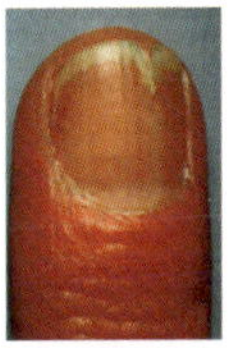	손톱이 너무 얇거나 손톱 끝이 벗겨지는 특징이 있고 영양실조, 신체의 노화나 질병이 원인이다. 손톱보강제를 사용하면 효과적이다. 단, 리무버를 사용할 경우 손톱을 더욱 약하게 하므로 손톱보강제를 지우고 새로 바르기보다는 덧발라 주는 것이 좋다.
▶ 거스러미 손톱(hang nails)	
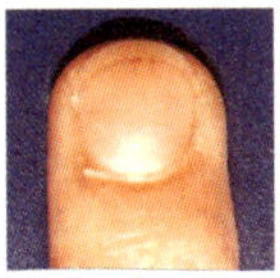	애그네일(agnail)이라고도 알려져 있으며 큐티클에서 흔히 볼 수 있다. 이 현상은 큐티클 주위의 살이 너무 건조하거나 가을 · 겨울철에 자주 생기는 것으로 핫 크림 매니큐어나 파라핀 매니큐어로 큐티클에 보습처리를 해 주는 것이 효과적이다. 거스러미를 잘못 처리할 경우 염증이 유발되기도 하므로 니퍼로 적당히 다듬어야 한다.
▶ 멍든 손톱(혈종, bruised nails, hematoma)	
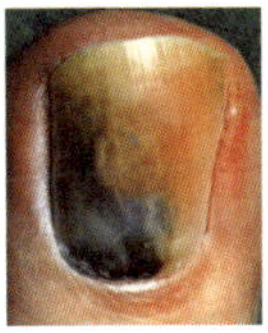	조상(nail bed)의 외부가 상해로 인해 손톱 밑의 혈액이 응고된 상태이며 적갈색이나 흑색으로 변할 수 있다. 조모가 손상되지 않았다면 약 1개월 후 손톱이 새로 자라 나온다. 인조네일 시술은 손톱이 떨어질 수 있으므로 짙은색의 폴리시를 도포해 커버해 준다.

▶ 계란껍질손톱(조연화증, eggshell nails, onychomalacia)

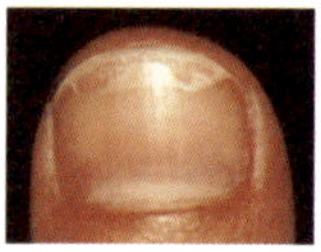

계란껍질처럼 손톱 전체가 희고 얇으며 특히 자유연이 밑으로 휘어지는 손톱이므로 아주 부드러운 파일을 조심스럽게 사용하여야 한다. 부적절한 다이어트, 내과적 질병 또는 신경계의 이상, 영양상태의 불균형이나 허약상태에서 볼 수 있으며 손톱이 얇아지는 증상이 있다. 단백질, 칼슘, 비타민이 함유된 음식을 섭취하도록 한다.

▶ 홈이 패인 손톱 : 고랑파진 손톱(furrow) 또는 주름잡힌 손톱(corrugation)

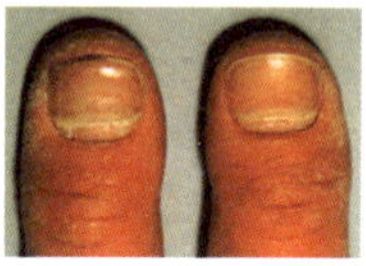

손톱표면에 가로나 세로로 홈이 패인 것을 말한다. 철제 푸셔 사용은 피하고 솜을 말은 오렌지 우드 스틱을 사용하며 필러(filler)를 이용하여 패인 홈을 메운다.

- 세로홈 : 정상적인 성인에게도 나타날 수 있으며 나이가 들면서 손톱의 유분이 줄어들어 홈이 더 깊어지기도 한다. 만성 순환계의 이상이나 염증이 있는 질병 또는 알코올 중독, 동상 같은 것에서 기인될 수도 있다.
- 가로홈 : 고열이나 임신을 경험한 사람, 홍역을 앓았거나 체내에 아연결핍 등이 원인이 되기도 한다. 또한 정신적 과로, 정신적 질환, 영양실조로 생길 수도 있다.

▶ 변색된 손톱(discolored nails)

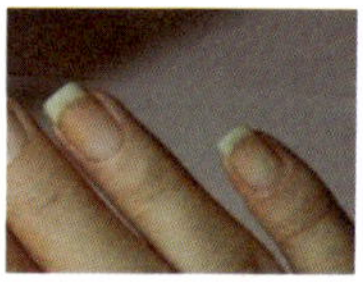

손톱이 황색, 푸른색, 검푸른색, 자색 등으로 변하는 것, 베이스 코트를 바르지 않고 유색 폴리시를 바를 경우 또는 혈액순환이나 심장이 좋지 못한 상태에서 나타날 수 있다. 전자의 경우 20volume의 과산화수소를 면봉에 묻혀 손톱 표면을 닦아주면 표백효과가 있다. 단, 피부에 닿지 않도록 주의한다

▶ 모반(nevus)

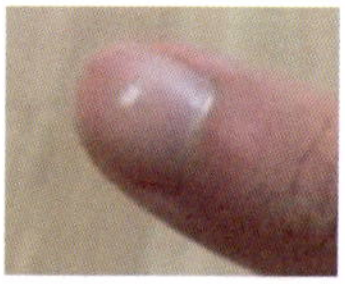

손톱표면의 멜라닌 색소침착으로 인한 밤색, 검은색의 거무스름한 얼룩현상이 손톱에 나타난다. 손톱의 성장에 따라 소멸되는 것 외에는 별다른 방법이 없다. 인조 네일이나 짙은 색상의 폴리시를 바르면 일시적으로 모반을 감출 수가 있다.

▶ 표피조막(pterygium)

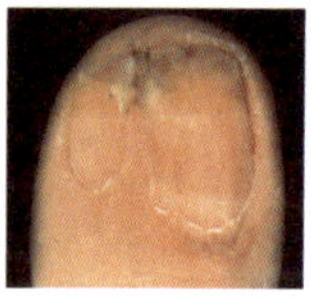

손톱 위로 큐티클이 과잉 성장하여 손톱 표면을 덮는 상태로서 파라핀 매니큐어, 핫 로션(hot lotion) 매니큐어로 교정할 수 있다.

▶ 스푼형 조갑(koilonychia)

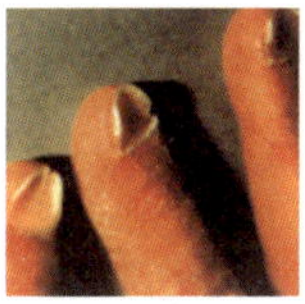

손톱이 숟가락 모양으로 함몰하는 증상이다. 철분결핍성 빈혈이 있었거나 손톱 주위에 만성외상이 있을 때 발생하기도 한다. 이것은 강한 알칼리성 비누를 사용할 때도 볼 수 있으며 건선, 갑상선 기능저하증, 항진증 등에서 나타난다. 아크릴릭이나 젤로 시술이 가능하다.

▶ 무조증(anonychia)

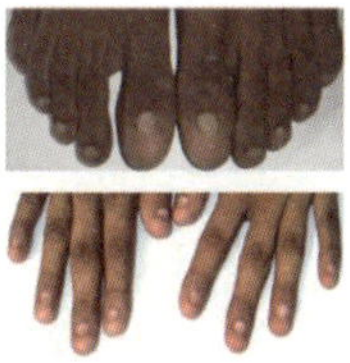

조체 결여증이며, 선천성 발육부전증이나 심한 감염 등에서 볼 수 있고 스티븐 존슨(Steven Johnson) 증후군의 후유증으로도 영구적인 조갑 탈락이 발생하기도 한다.

▶ 교조증(onychophagy)

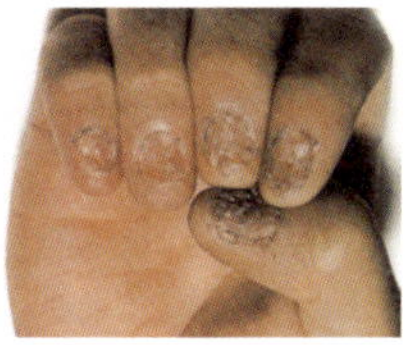

습관이나 스트레스로 손톱을 심하게 물어뜯는 현상으로 영어권에서는 오니코화지(onychophagy), 동양권에서는 교조증(咬爪症) 또는 교조벽(咬爪癖)으로 불려오고 있다. 정신적인 스트레스, 불안감 등이 원인으로, 매니큐어 기술로 교정할 수 있으며, 손톱 물어뜯기(nail biting)의 후유증은 손톱의 손상, 박테리아에 의한 2차 감염, 치아와 구강문제 등이 있다.

▶ 조내생증(onychocryptosis, ingrown nail)

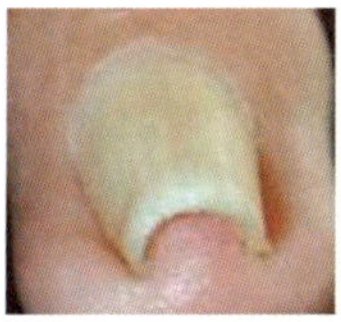

손톱이나 발톱이 조구 속으로 파고 들어가는 현상으로 특히 발톱에 주로 발생한다. 발톱의 코너를 너무 세게 파일링을 했다든지 신발이 작아 불편할 경우 발톱에 압박을 주어 조내생증이 생기기도 한다. 네일모양은 스퀘어로 시술해 준다.

▶ 조갑비대증(onychauxis, hypertrophy)

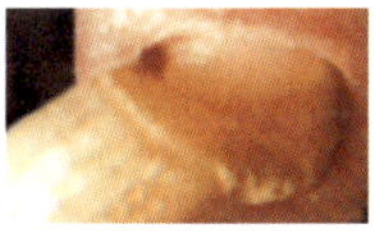

유전에 의하여 손톱의 끝이 과잉성장하여 두껍게 자라거나 주상이 휘어져 성장한다. 내과적 질병이나 유전으로 발생하기도 한다.

▶ 조갑위축증(onychatrophia, atrophy)

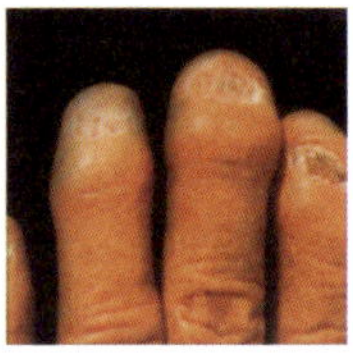

손톱이 부서져 없어지는 현상으로 윤기가 없어지면서 오므라들고 떨어져 나간다. 이것은 조모가 심하게 상해를 입거나 내과적 질환으로 인해 발생되기도 한다. 철제 도구나 강한 알칼리성 비누의 사용을 피한다.

▶ 조갑종열증(onychorrhexis)

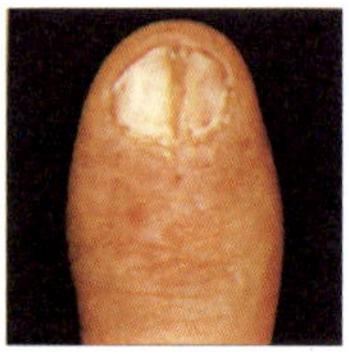

손톱이 세로로 갈라지고 부서지는 것으로서 강한 알칼리성 비누나 리무버의 과다 사용, 갑상선 기능저하증, 비타민 A·B 결핍, 거친 파일링 등이 원인이다. 때로는 정상인에게도 볼 수 있다.

– 부러지기 쉬운 손톱 : 피의 순환성 결함이나 철분결핍으로 인한 빈혈증이 주종을 이룬다. 물 속에 오래담가도 이런 현상이 나타난다.

– 갈라지는 손톱 : 여러 가지 외상에 의한 것이 대부분이나 손을 자주 물 속에 넣었다 말리는 반복행동으로 손톱판에 세포가 착집하는 것을 막고 또 층을 떨어지게 한다

▶ 조백반증(leukonychia)

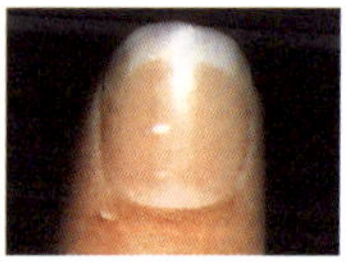

손톱 표면에 하얀 반점이 생기는 현상으로 비정상적인 각화가 모양과 정도에 따라 점상으로 나타난다. 손톱이 자라면 잘라내고 폴리시를 바르면 커버된다.

(2) 시술이 불가능한 이상손톱

▶ 조갑주위염(paronychia)

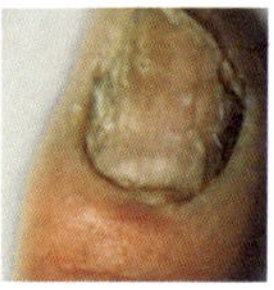

손톱 주위의 조직이 박테리아에 의해 감염되어 붉게 부풀어 오르고 살이 물러지거나 염증이 발생한다. 물을 많이 만지는 사람들에게서 잘 나타나고 또는 비위생적인 도구를 사용하여 큐티클에 압박을 주거나 너무 많이 잘라낼 때 발생하기도 한다. 염증과 고름을 동반하며 큐티클 주위의 통증을 유발하기도 하므로 전문의에게 치료를 권한다.

▶ 조갑진균증(onychomycosis)

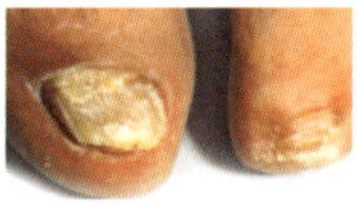

진균에 의해 감염되는 것으로 감염된 조체가 불균형적으로 얇아지고 어떤 부분은 떨어져 나가기도 한다. 또는 변색되거나 두꺼워지고 울퉁불퉁하게 된다. 자유연으로 감염되며 조근으로 퍼져 비정상적인 각화로 과립이 지속적으로 생긴다. 간혹 정상인에서도 같은 증상을 볼 수 있다.

▶ 조갑염(onychia)

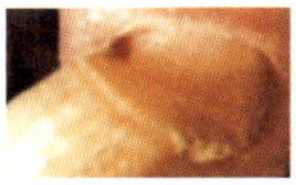

손톱에 염증이 생겨서 빨갛게 붓고 고름이 생기는 상태로 이것은 도구나 기구를 소독, 위생처리하지 않고 사용했을 때 발생하기도 한다.

▶ 조갑구만증(onychogryphosis)

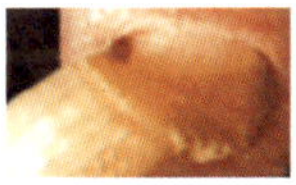

손톱의 만곡상태가 심해지는 현상으로 손톱이 두꺼워지고 구부러진다. 정확한 원인은 밝혀지지 않았다.

▶ 조갑탈락증(onychoptosis)

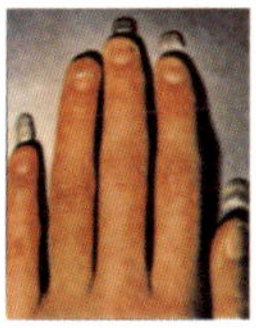

조체(네일바디)와 조상(네일 베드)사이에 틈이 생겨 분리되고 들떠서 손톱이 주기적으로 떨어져 나가는 상태로 매독이나 심한 외상으로 발생할 수 있다.

▶ 사상균(Mold)

인조손톱과 자연손톱 사이의 틈으로 사상균이 서식하면서 습기가 스며들어 생기는 일종의 진균염증(곰팡이) 상처를 말한다. 처음에는 누런색으로 시작하여 황록색, 청록색, 검은색의 순서로 짙어진다. 초기증세에는 손톱에 있는 인조네일을 제거하고 Anti-Fungus라는 약품으로 처치할 수 있으나 만약 더 진행된 상태라면 의사에게 가도록 해야 한다. 이것은 진균(곰팡이) 중의 하나로 피부의 각질, 모발, 손톱과 발톱에 침범하여 병변을 일으키면 속칭 '무좀'이라고 불린다.

▶ 펑거스(fungus)

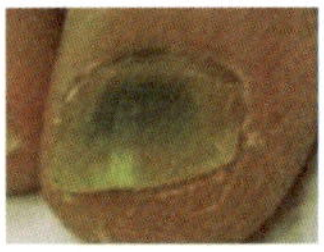

자연 네일 자체에서 생기는 진균염으로 '백선'이라고도 불린다. 이것은 네일이 빠지지는 않지만 네일표면의 변색을 유발한다. 1~2주일 정도면 간단히 처치할 수 있으나 효과가 없으면 의사와 상의하도록 권한다. 몰드와 펑거스는 숍에서 소독이 제대로 되지 않는 도구를 사용하거나 잘못된 시술 방법, 고객의 손톱이상 상태를 체크하지 않는 등의 부주의에 의해서 일어난다.

▶ 화농성 육아종(pygenic granuloma)

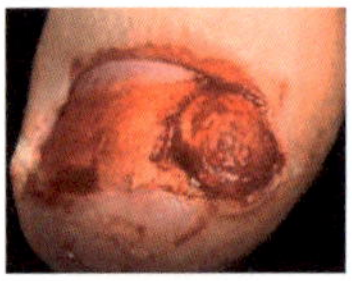

매우 심한 염증상태로 손톱 주위에 붉은 빛을 띠는 조직이 자라서 나온다.

▶ 조갑박리증(onycholysis)

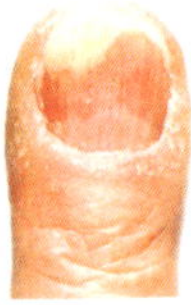

조체와 조상 사이에 틈이 생겨 점차 벌어진다. 손톱이 완전히 떨어져 나가지는 않지만 의사의 처방을 받아야 하며 갑상선이나 특정 약물치료로 인해 발생하기도 하지만 정확한 원인은 밝혀지지 않았다.

PART Ⅱ

기초 네일 실기

1. 사전지식
2. 손톱의 기본 형태
3. 파일링 방법
4. 컬러링 종류 및 바르는 방법
5. 마사지
6. 습식매니큐어(손톱)
7. 페디큐어

1. 사전지식

1. 매니큐어 재료와 도구

(1) 재료

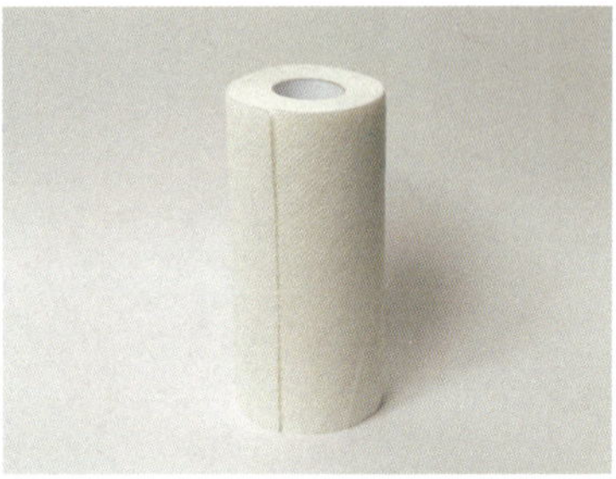

페이퍼타월

물기를 닦거나 작업대의 위생을 위해 수건 위에 페이퍼타월을 깔고 고객 시술이 끝나면 지저분해진 페이퍼 타월은 버리고 깨끗한 페이퍼 타월로 교체한 후 또 다른 시술을 준비한다.

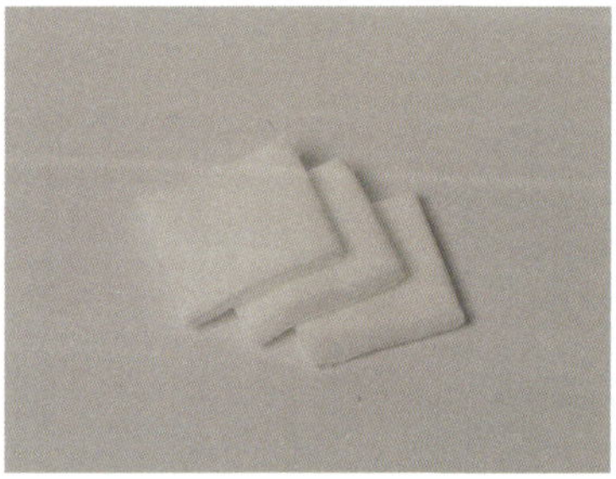

솜

네일 폴리시를 닦거나 손 소독을 할 경우에 사용한다.

베이스코트

폴리시의 밀착력과 지속력을 높여주며 손톱을 보호하고 착색을 방지하는 목적으로 사용한다.

탑코트

컬러를 보호하고 지속력을 높여주며 광택감을 준다.

네일 폴리시

폴리시의 칼라는 다양하며 고객 개개인에 맞는 컬러를 선택하여 브러시 자국이 남지 않도록 얇게 두 번 바른다.

네일 에나멜 시너

네일 폴리시는 합성수지 필름이며 합성수지는 유기용제에 잘 녹는 성질이 있어 시너(thinner)라는 유기용제를 넣어 녹여 주면 더 묽은 상태의 폴리시로 사용할 수 있다.

네일 보강제

찢어지거나 갈라진 손톱을 튼튼하게 만들기 위해 사용한다.

큐티클 오일

큐티클을 연화시켜 제거하거나 건조한 큐티클 부분에 발라주는 용도로 사용한다.

큐티클 리무버

큐티클을 연화시켜 큐티클을 용이하게 제거하기 위해 사용한다.

알코올

알코올을 물과 7:3의 비율로 희석하여 기구 및 도구를 소독하고 시술자와 고객의 시술부위를 소독하는 용도로 사용한다.

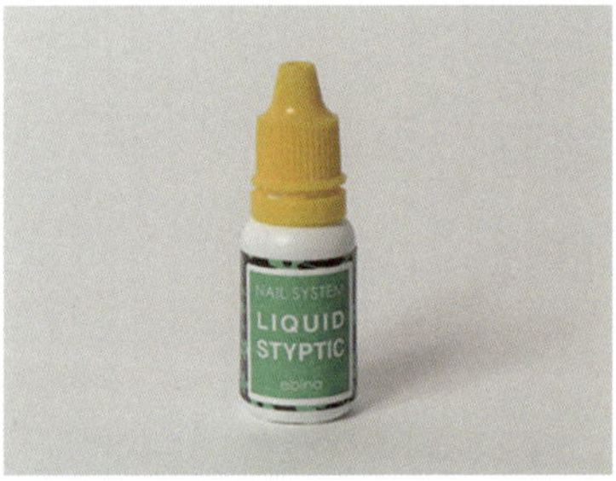

지혈제

큐티클 제거 시 출혈이 있을 경우 사용하여 지혈한다.

항균소독제(안티셉틱)

시술자의 손과 고객의 시술부위를 소독한다.
솜에 적셔 소독해 주거나 직접 시술부위에 분사하고 페이퍼타월로 닦아 낸다.

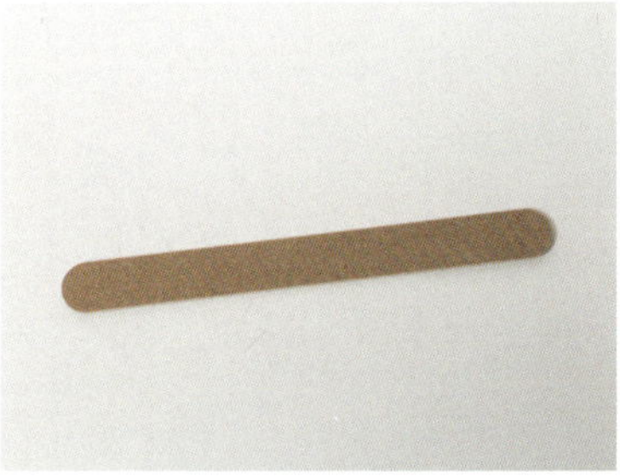

파일

자연 네일을 갈아 손톱을 매끄럽게 하고 길이를 조절할 때 사용한다.

로션

손이 건조해지는 것을 방지하기 위해 사용하고 마사지 시 손에 도포하여 마사지한다.

네일 블리치

손톱에 착색된 폴리시 자국이나 이물질, 염색 등 손톱의 변색을 원래의 상태로 표백해주는 역할을 한다.

(2) 도구

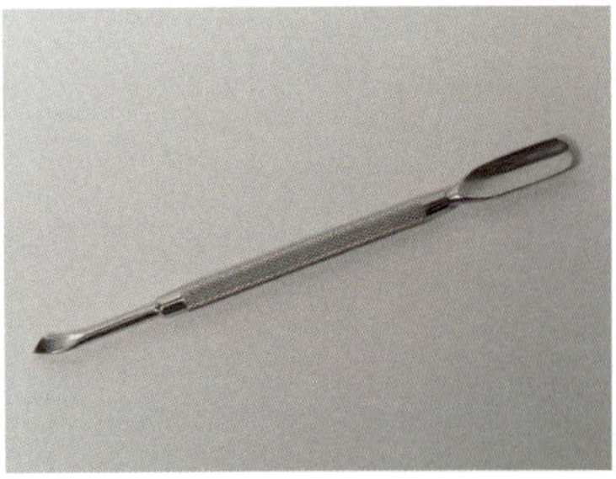

푸셔

큐티클 제거 시 손톱에 밀착되어 있는 큐티클을 밀어 올리는 용도로 사용한다. 철제로 되어 있어 반드시 소독을 한 뒤 사용한다.

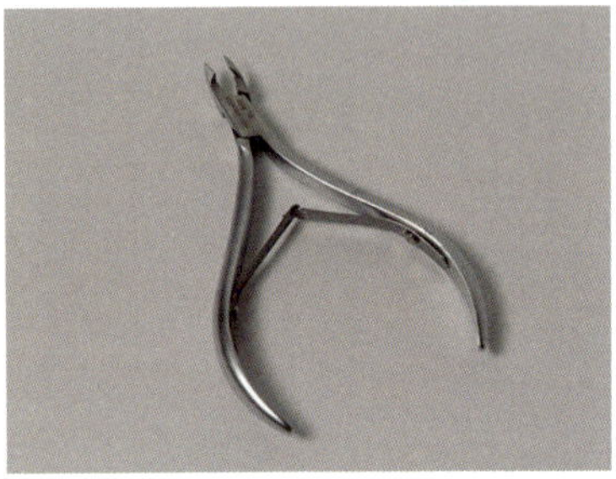

니퍼

네일 주위의 큐티클을 정리할 때 사용한다.
날의 길이가 다양하며 큐티클 제거 시에는 끝 날을 사용하기 때문에 날 관리를 잘 해야 한다.

클리퍼

자연 네일과 인조 네일의 길이를 자르는 데 사용하며 일반적으로 가정에서 사용하는 클리퍼와는 달리, 날이 일자모양이며 스퀘어 형태의 네일로 커팅된다.

파일

철제와 비철제 파일이 있다. 철제는 소독 후 재사용이 가능하지만 비철제는 사용 후 폐기 처분하거나 개인용으로 사용한다.

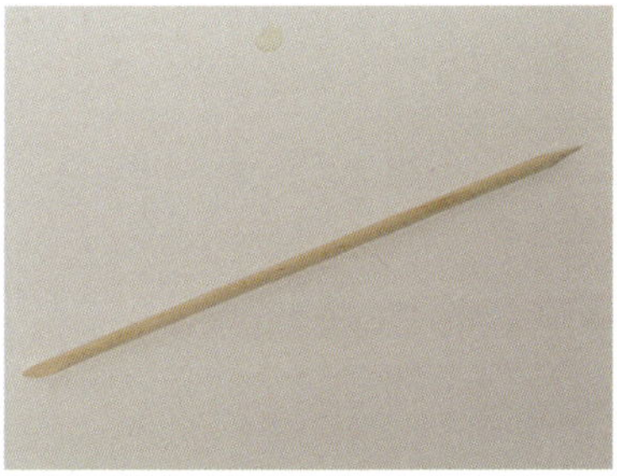

오렌지 우드스틱

큐티클을 밀거나 글루 또는 젤을 네일 위에 얹을 때, 네일 주위에 묻은 에나멜을 제거할 때 등 다양하게 사용된다. 소독해도 재사용이 불가능하다.

더스트 브러시

인조 네일 시술 시 먼지를 털어 내는 데 사용하거나 습식 매니큐어 시술 시 물에 담갔던 네일을 깨끗하게 세척할 때 사용한다.

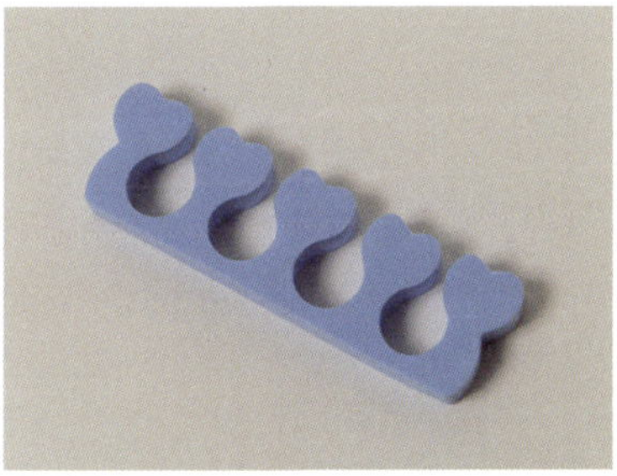

토세퍼레이터

페디큐어에서 컬러링을 할 때 발가락 사이가 너무 가까워 서로 찍히고 컬러링이 방해되는 것을 방지하기 위해 사용한다.

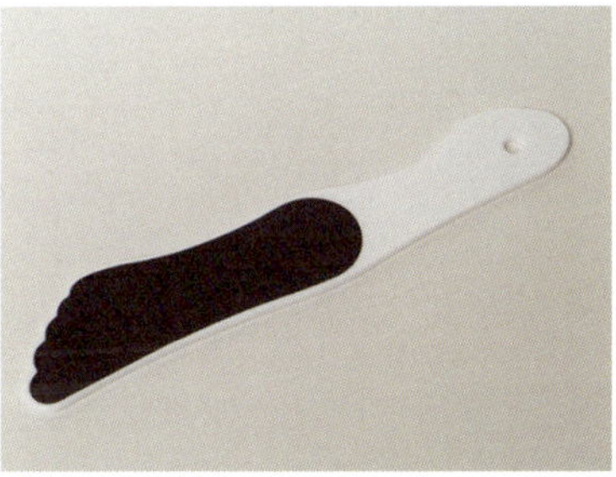

페디 파일

발바닥의 굳은살을 정리할 때 사용하고 콘커터를 사용 후 거칠어진 부분을 매끄럽게 정리한다.

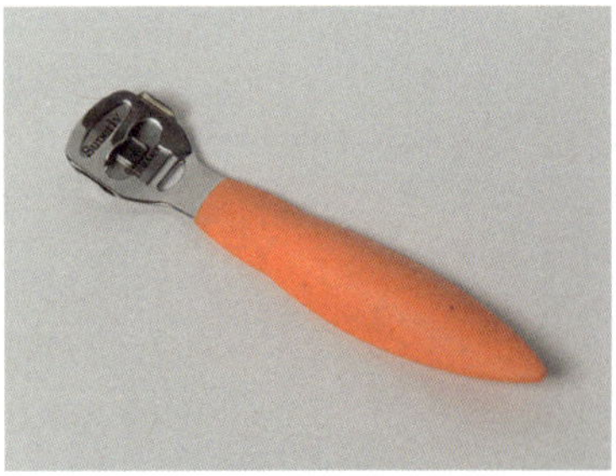

콘 커터

발바닥의 굳은 살을 제거할 때 족문의 방향에 맞춰 콘 커터를 사용한다.

(3) 기구

테이블

고객과 네일 시술자와의 간격이 너무 멀지 않도록 하며, 테이블 자재가 글루나 리무버 등의 화학제품에 손상되지 않고 손쉽게 청소가 가능한 것이어야 한다.

네일 테크니션 의자

가능하면 바퀴가 달린 것이 시술하기에 편리하며, 천보다는 합성피혁으로 된 것이 에나멜이 묻었을 경우 제거가 용이하다.

팔걸이 의자

네일 테크니션 의자 같은 것이 좋으며 팔걸이가 있는 의자는 고객에게 편안함을 제공한다.

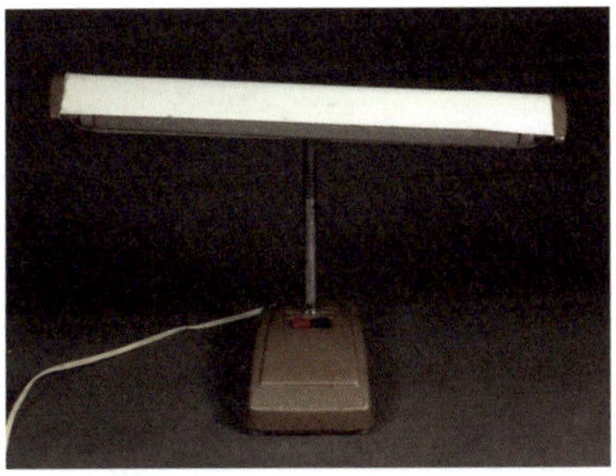

램프

각도 조정이 가능하고 40와트(W) 이상이어야 하며, 백열전구보다는 형광등이 시술하기에 편리하다.

핑거볼

습식 매니큐어 서비스 시 고객의 자연 네일을 물에 담글 때 사용한다. 플라스틱, 유리, 도자기 등의 재질로 손가락을 담글 수 있는 용기면 무관하다.

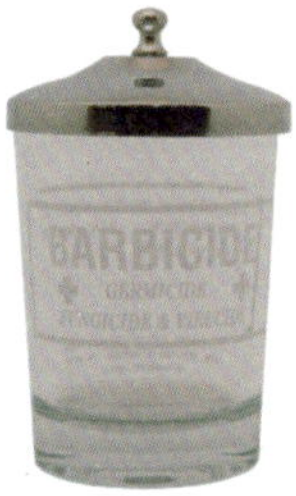

소독용기

소독제를 담는 용기로 유리나 철제 재질로 사용한다.
푸셔, 니퍼 등 철제 도구를 담글 수 있는 크기로 준비한다.

재료받침대

네일 재료를 정리할 수 있는 받침대를 준비하여 꺼내서 쓰기 쉽도록 세팅하여 사용한다.

솜용기

청결한 솜을 보관하는 용기이다. 반드시 뚜껑이 있는 것을 사용한다.

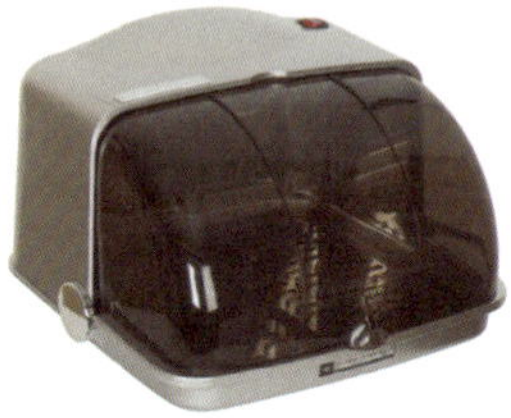

자외선 소독기

철제도구를 소독할 때 사용한다.

네일 드라이어

폴리시의 건조를 도와주는 기구로, 따뜻한 바람이나 차가운 바람이 나와 폴리시를 빠르게 말려 준다.

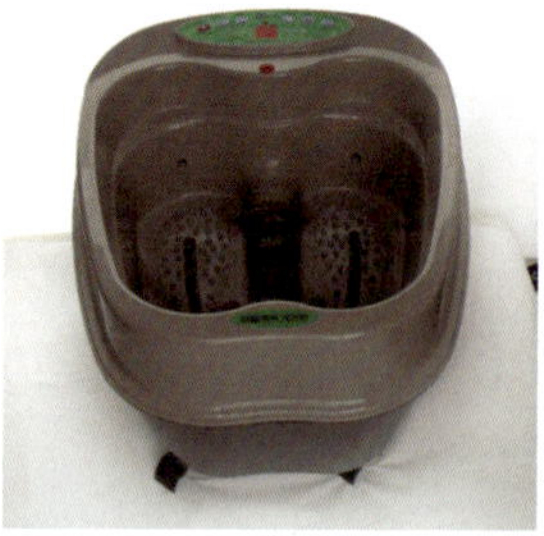

각탕기

페디큐어를 할 때 발의 큐티클이나 각질을 불려주는 역할을 한다. 소독제를 물에 풀어 소독을 함께 진행할 수 있다.

2. 손톱의 기본 형태

고객의 손 모양, 손가락 길이와 굵기, 큐티클 생김새 등을 살피고 고객의 직업과 관련하여 네일의 모양을 권하며 고객이 원하는 것을 결정하게 한다.

스퀘어(Square)

① 손톱 끝을 많이 사용하는 사람에게 적당함
② 사무직, 컴퓨터 종사자
③ 다른 모양의 네일에 비해 튼튼하고 도시적이며 개성적인 이미지를 준다.

오프스퀘어(Off Square)

① 손톱이 약한 사람에게 적당함
② 스퀘어 네일과 비슷하나 양 모서리를 둥글게 다듬는다.

라운드(Round)

① 남성 고객들이 즐겨하는 모양으로 프리에지 부분이 각이 없이 둥근 모양
② 파일링 시 사이드 부분은 너무 깊게 파지 않는다. 파고드는 원인이 될 수 있다.

오벌(Oval)

① 여성들이 선호하는 네일 모양
② 둥근 네일보다 길게 해서 양쪽 모서리를 더 많이 둥글게 처리한 것
③ 손의 노출이 많은 직업의 여성들이 선호한다.

포인트(Point)

① 손가락이 가늘고 길어 보이는 장점이 있음
② 양 가장자리를 너무 많이 갈아 내면 네일 넓이가 좁아져 부러지기 쉬운 단점이 있다.

코핀(Coffin)

① 보통 아트 작품을 제작할 때 주로 사용하며 포인트의 형태에서 끝만 일자형태로 조정한다.
② 끝이 잘 부러지는 포인트의 단점을 보완한 형태이다.

3. 파일링 방법

네일의 길이와 모양을 균일하게 하기 위해 우드파일을 이용하여 파일링한다. 파일링을 할 때에는 손목의 힘을 뺀 후 파일의 끝을 잡고 한쪽 방향으로 네일을 조정하고 모양을 잡는다.

손톱 커브로 인해 파일링의 각도에 따라 네일 모양이 만들어지며, 자연 네일의 손상을 방지하기 위해 한쪽 방향으로 파일링한다.

스퀘어(Square)

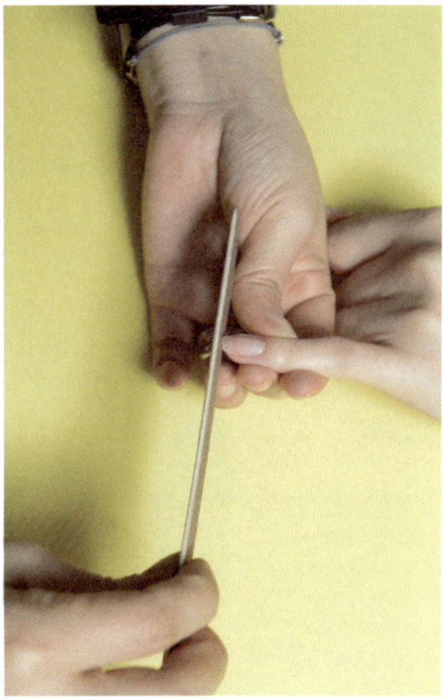

• 파일을 90˚ 각도로 파일링한다.

오프스퀘어(Off Square)

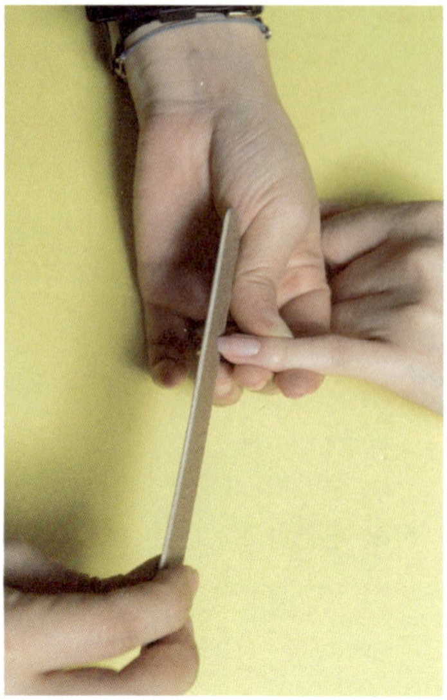

• 스퀘어 네일에서 파일을 75˚ 각도로 파일링한다.

라운드(Round)

• 파일을 45˚ 각도로 파일링한다.

오발(Oval)

• 파일을 15˚ 각도로 파일링한다.

포인트(Point)

• 가운데를 중심으로 양쪽 사이드 네일을 오벌형보다 많이 삭제해 준다.

스틸레토(Stiletto)

• 끝이 뾰족한 형태가 될 수 있도록 양쪽 사이드를 많이 삭제해 준다.

4. 컬러링 종류 및 바르는 방법

네일 폴리시의 색상 선택은 의상, 립스틱, 아이섀도 등 전체적인 코디를 고려하여 선정한다. 모든 컬러링은 베이스코트를 얇게 도포하고 색상을 칠하며 광택감을 주고 컬러링을 보호해 주는 탑코트를 발라 마무리한다.

1. 컬러링 종류

풀코트(Full Coat)

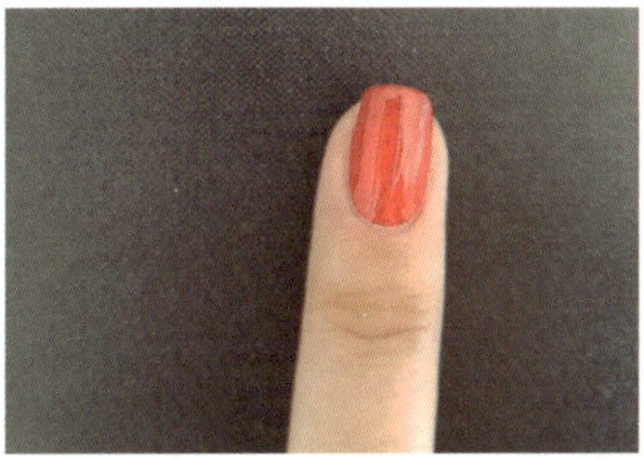

손톱전체에 폴리시를 도포한다.

프렌치(French)

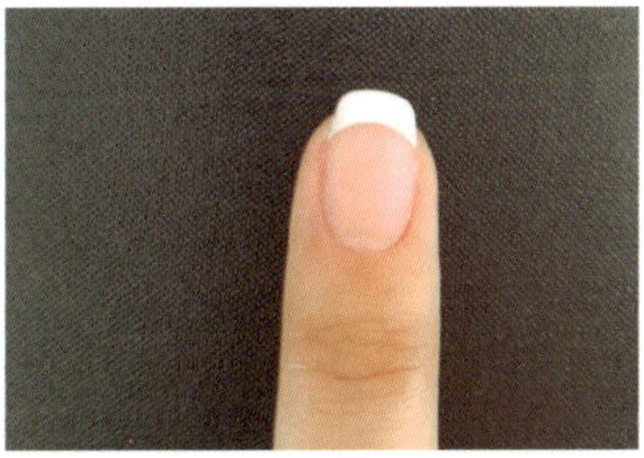

손톱 전체에 바르지 않고 손톱에 여백을 두고 도포한다.

딥프렌치(Deep French)

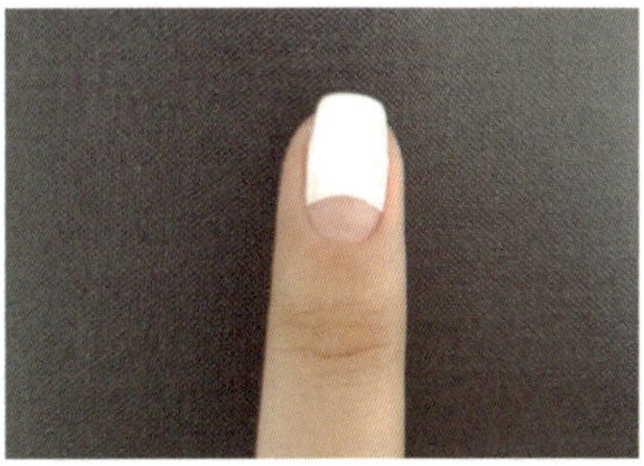

손톱의 반 이상을 깊게 폴리시를 바른다.

그라데이션(Gradation)

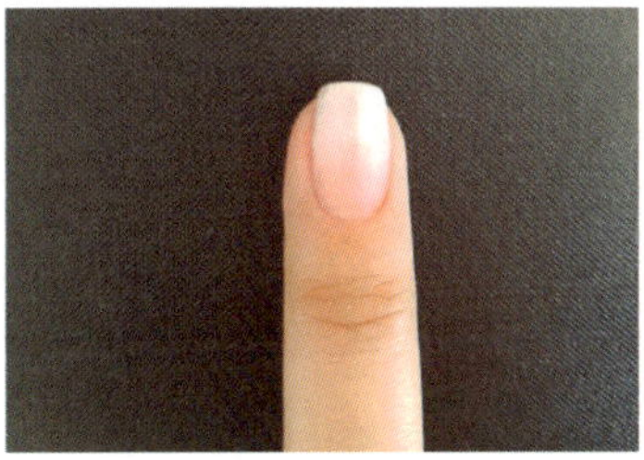

스폰지를 사용하여 프리에지로 갈수록 진한 컬러로 그라데이션 한다.

슬림라인(Slim Line)

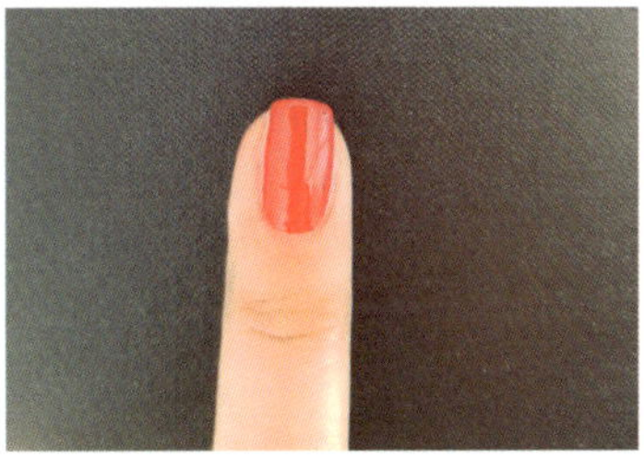

손톱을 좁고 가늘게 보이도록 손톱 양옆을 많이 비워두고 바른다.

헤어라인 팁(Hairline Tip)

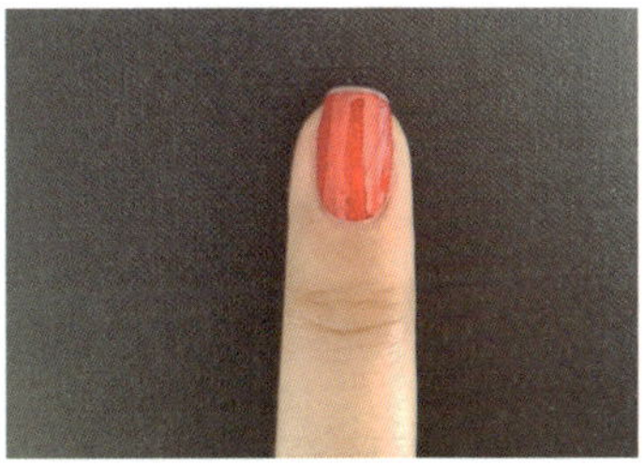

풀코트를 한 다음 프리에지 부분만 지운다.
손톱 끝에서부터 컬러링이 빨리 벗겨지는 것을 방지한다.

2. 컬러링 방법

(1) 풀코트 도포방법(Red)

① 브러시를 45° 각도로 세우고 끝을 둥글게 만들어 큐티클라인을 정리한다.
② 오른손잡이는 왼쪽 사이드를 채운 후 칼라를 가볍게 오른쪽으로 몰아가며 도포한다.
③ 오른쪽 사이드가 비어 있지 않고 그루브 쪽에 넘치지 않도록 컬러링한다(2 코트).
④ 프리에지 끝까지 도포해 준다.

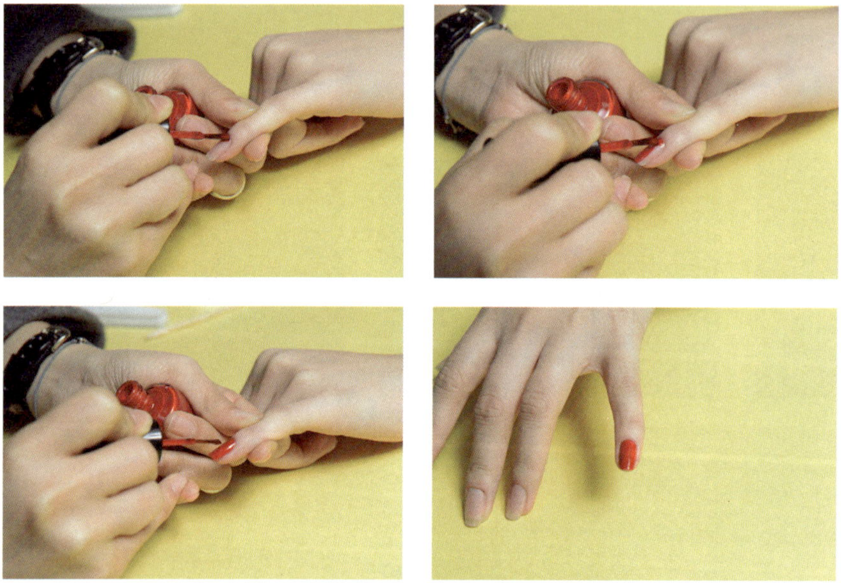

(2) 프렌치 도포방법(White)

① 스트레스 포인트 부분부터 브러시의 각도를 45°로 유지하여 컬러를 오른쪽으로 몰아가며 스마일라인을 만들어준다.
② 브러시 자국이 남지 않도록 프렌치를 바를 양만큼 컬러 양을 조절한 후 컬러링한다(2 코트).
③ 프리에지 끝까지 도포해 준다.

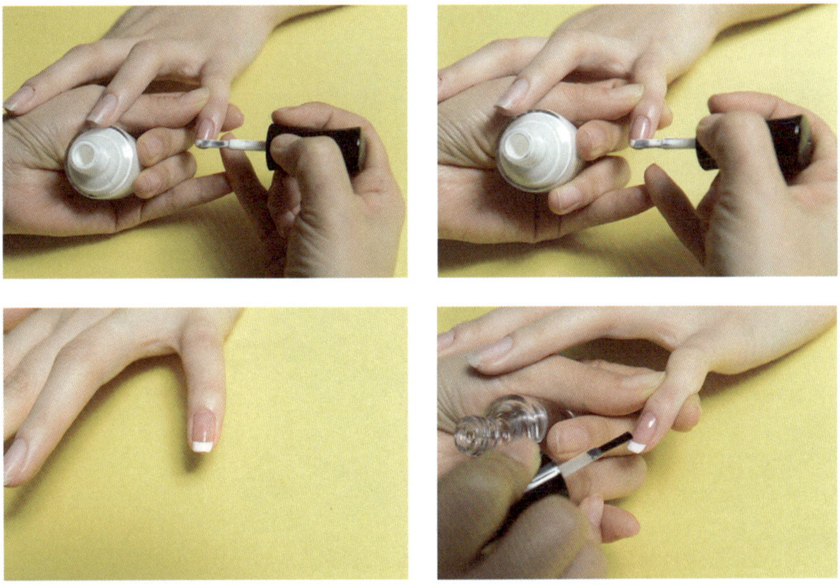

(3) 딥 프렌치 도포방법(White)

① 손톱의 2분의 1 이상을 올려 도포하는 방법으로 프렌치와 컬러링 방법은 동일하다.
② 프리에지 끝까지 도포해 준다.

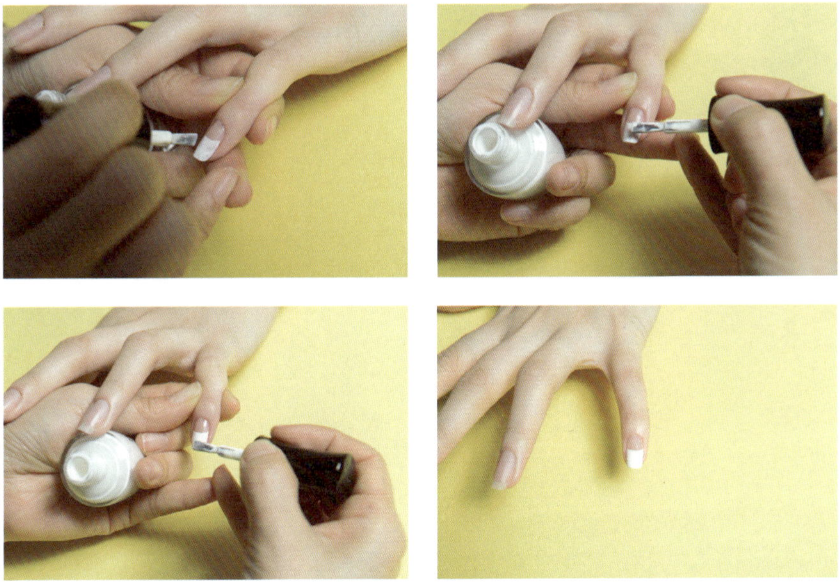

(4) 그라데이션 도포방법(White)

① 스폰지에 흰색컬러와 베이스코트를 손톱의 2분의 1 정도의 넓이로 도포하여 블렌딩시킨다.
② 손톱의 각도에 따라 스폰지의 각도를 맞춰 위아래로 찍어가며 왼쪽에서 오른쪽으로 찍어 간다.
③ 두 번 반복한다.

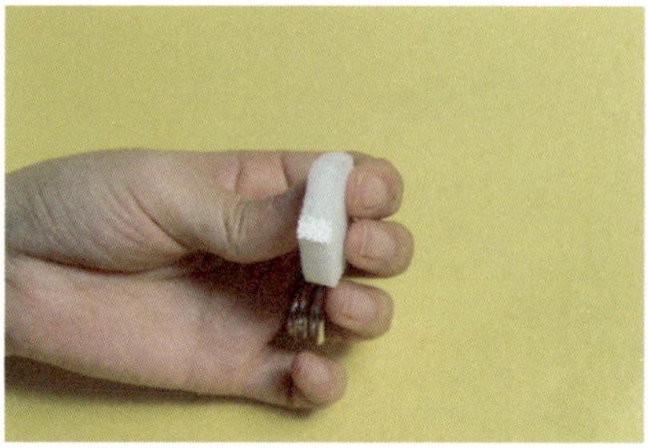
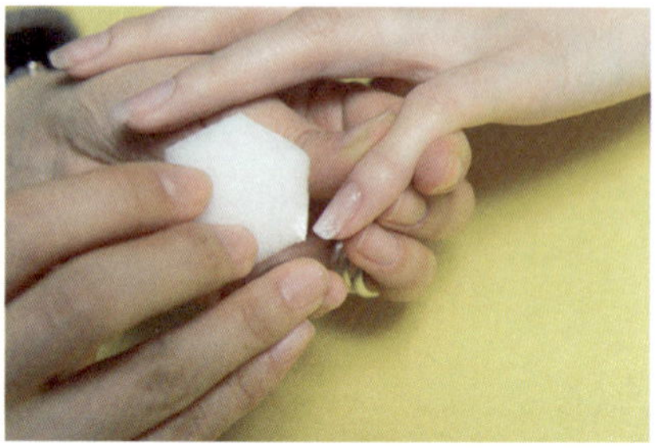
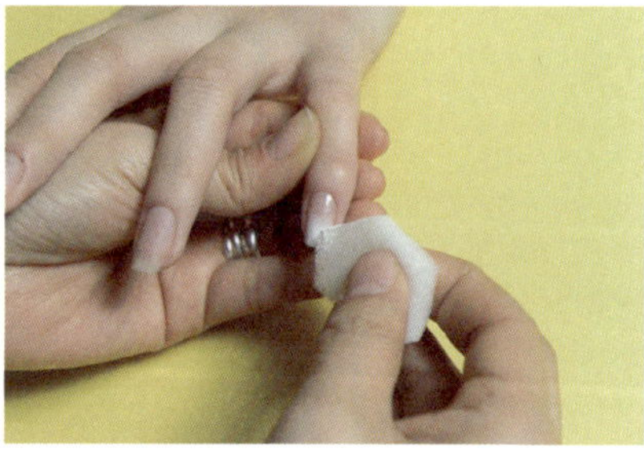

5. 마사지

마사지는 고객에게 편안함과 휴식을 주는 서비스로, 근육을 이완시켜 손가락과 손목의 피로를 풀어준다. 또한 혈액순환을 원활하게 하는 효과가 있다.

로션이 피부에 흡수되어 윤기가 나고 부드러워진다. 대부분의 숍에서는 손목까지 마사지를 하는데 특별히 팔꿈치까지 하는 곳도 있다. 마사지가 끝난 후에는 따끈한 타월을 이용하여 마사지 효과를 높인다. 마사지는 항상 왼손과 왼발을 먼저 서비스한다.

1. 손바닥 지압점

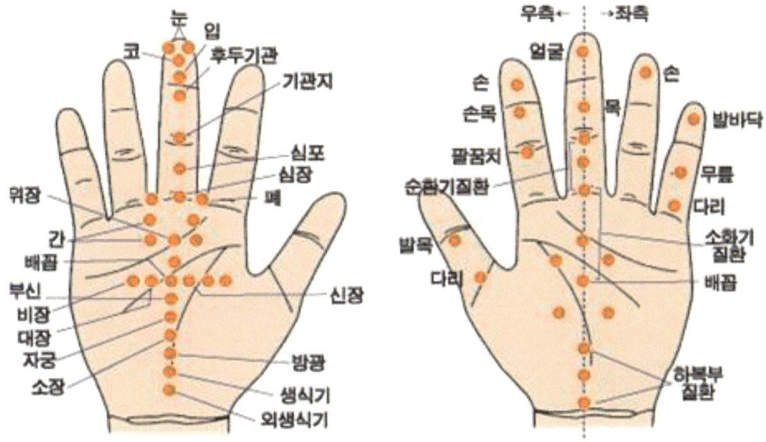

2. 재료 및 사전준비

• 타월	• 솜	• 고객용 팔 받침 쿠션
• 핫 타월	• 소독제	• 핸드 로션

도구는 반드시 소독처리하여 사용한다.

3. 마사지 시술 절차

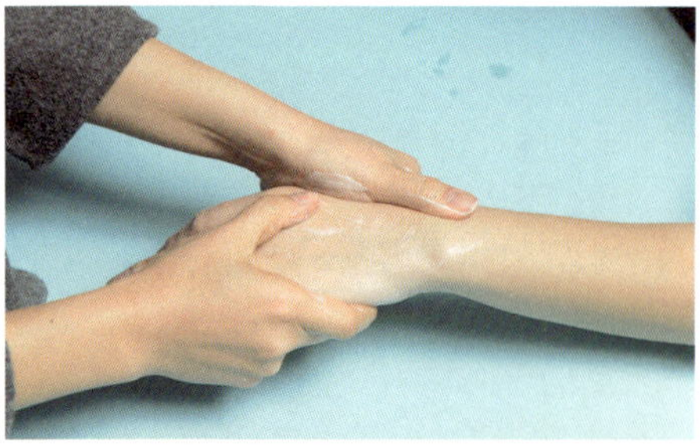

로션도포

적당량의 로션을 고객의 손등, 손바닥, 손목 등에 골고루 도포한다.

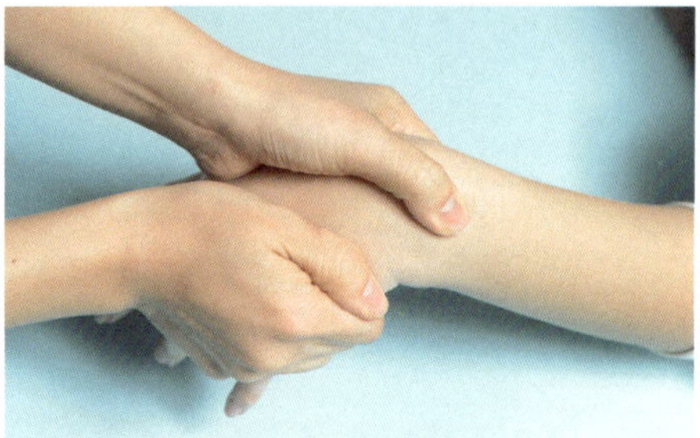

손목관절 마사지

고객의 손목을 아래쪽으로 젖혀 스트레칭 한 후 손목을 엄지손가락을 이용하여 마사지한다.

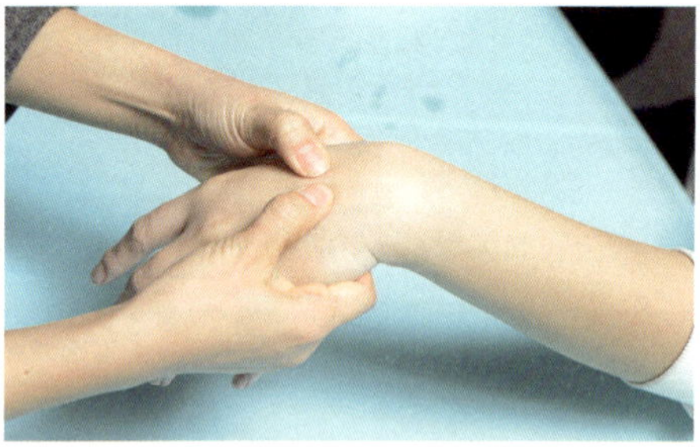

손등 마사지

고객의 손등을 양쪽 엄지손가락을 이용하여 뼈 사이사이를 마사지하고 손등을 문지르며 마사지한다.

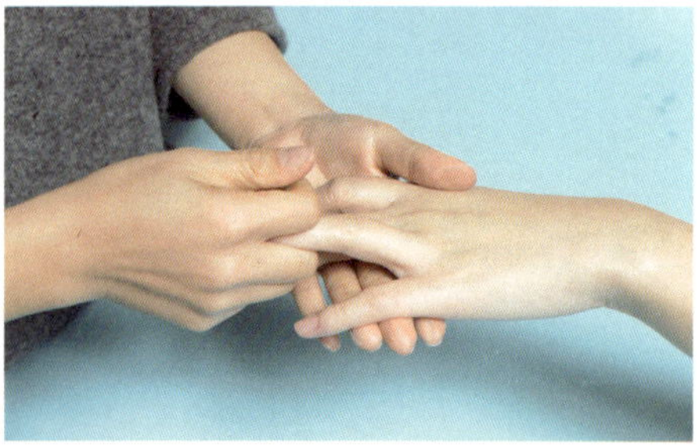

손가락 관절 운동

손가락의 마디부분을 검지와 중지 사이에 끼워 눌러서 돌려주거나 잡아 빼 주는 동작을 반복하여 마사지한다.

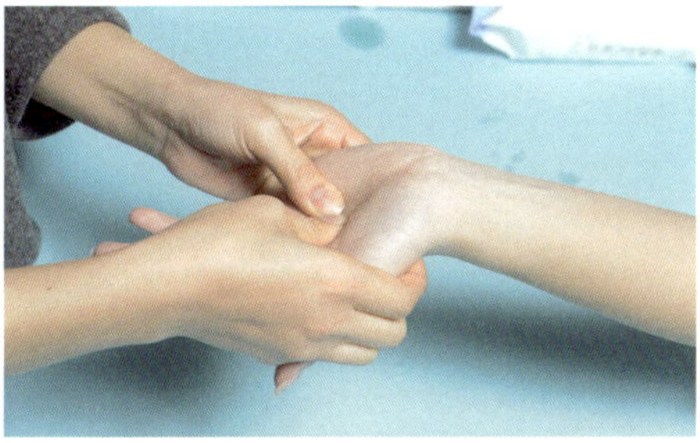

손바닥 마사지

손등이랑 동일하게 엄지손가락을 이용하여 손바닥 전체를 누르며 마사지한다.

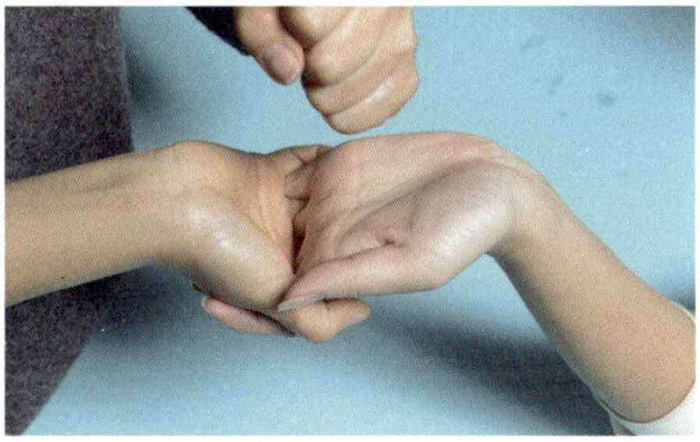

마무리

손목과 손가락을 스트레칭해 주고 가볍게 두들겨 주면서 마지막으로 손을 가볍게 쥐어 손가락 끝까지 가볍게 눌러 쓸어 준다.

6. 습식매니큐어(손톱)

(1) 습식매니큐어 정의

매니큐어란 손과 손톱을 가꾸고 손질해 주며 큐티클 정리, 마사지, 컬러링 등의 총체적인 손 관리를 의미한다.

(2) 매니큐어의 종류

① 핫 오일 매니큐어(Hot oil manicure)

핫 오일 매니큐어는 습식 매니큐어 과정과 동일하다. 핑거볼 대신에 핫 오일 워머기에 손을 담그는 차이가 있다. 이 서비스는 미온수 대신 오일을 사용하기 때문에 건조하고 갈라지는 손톱, 물어뜯는 손톱(오니코파지)에 필요하며, 여름철보다는 겨울철에 효과적이다. 이 서비스는 손톱주변의 피부 상태를 부드럽고 유연하게 증진시켜 준다.

② 파라핀 매니큐어

파라핀은 왁스 자체에 콜라겐 성분과 비타민 E(Tocopherol), 유칼립투스(Eucalyptus), 맨톨(Menthol), 식물성 오일 등을 첨가하여 거친 피부나 굳은 큐티클을 부드럽게 해주고 뛰어난 보습력과 영양 침투력으로 피부에 충분한 영양과 수분을 공급하여 준다. 관절에 이상 징후가 있는 사람이나 노화된 피부를 재생하는 치료효과와 혈액순환을 촉진시켜 손과 발의 피로를 풀어주고 건조한 손과 발에 이상적인 관리방법이다.

(3) 테이블 세팅

① 테이블을 소독한다.

② 위생 처리된 타월을 깔고, 페이퍼타월을 그 위에 깔아 준다.

③ 핑거볼에 미온수를 채우고 아로마 오일이나 역성비누를 넣어 준다.

④ 습식소독기의 바닥에 솜을 깔고 소독액을 넣어 철제 도구를 담가 둔다.

⑤ 제품을 적당한 크기의 트레이(Tray)안에 진열한다.

⑥ 테이블의 한쪽에 일회용 비닐 주머니나 쓰레기통을 테이블 가까이에 놓고 작업 중 나오는 쓰레기는 바로 버린다.

(4) 재료 및 사전준비

도구는 반드시 소독처리하여 사용한다.

- 타월
- 솜
- 소독액
- 니퍼
- 화이트 폴리시
- 핸드로션
- 오렌지 우드스틱
- 샤이닝 파일
- 큐티클 오일
- 디스크패드
- 탑코트
- 고객용 팔 받침 쿠션
- 리무버
- 소독용기
- 푸셔
- 레드 폴리시
- 지혈제
- 페이퍼타월
- 핑거볼
- 베이스코트
- 클리퍼

(5) 습식매니큐어 시술 절차

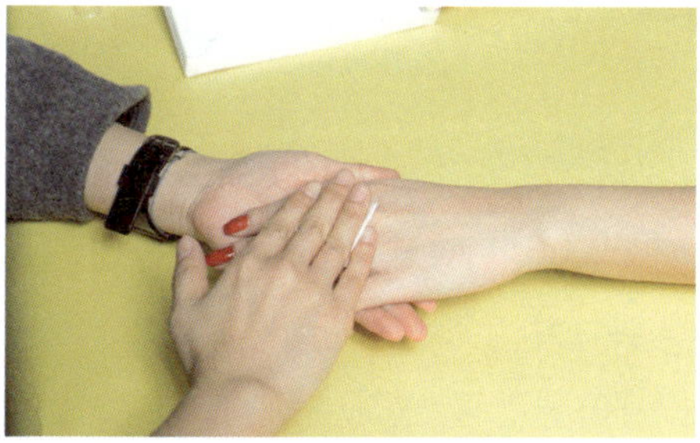

1. 손 소독

항균 소독제를 솜에 묻혀 시술자와 고객의 손을 소독한다.

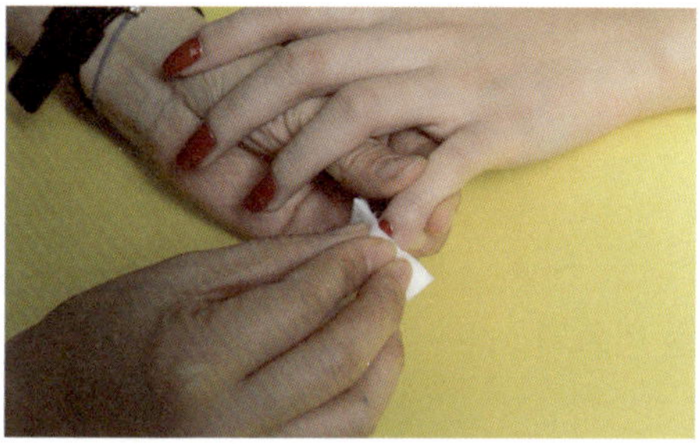

2. 에나멜 제거

솜에 리무버를 묻혀 고객의 손톱에 남아있는 에나멜과 이물질을 닦아낸다.

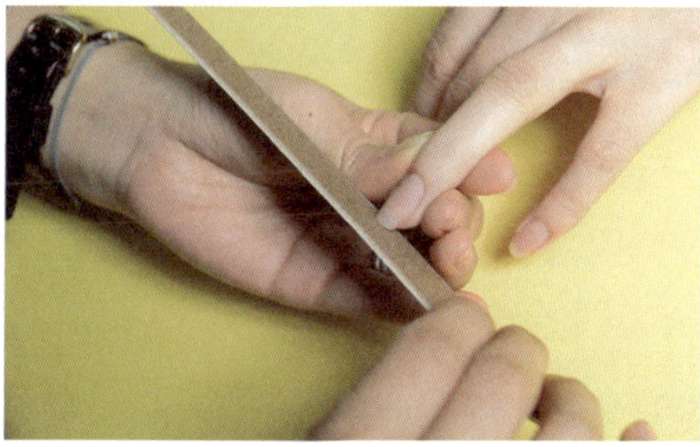

3. 손톱 모양잡기

우드파일을 이용하여 고객이 원하는 모양의 네일을 만들어 준다.

파일링을 할 때는 고객의 손톱이 손상되지 않도록 한쪽 방향으로 파일링한다.

4. 라운드 패드

파일링으로 형태를 잡은 뒤 프리에지 밑 부분의 거스러미를 라운드 패드를 이용하여 제거한다.

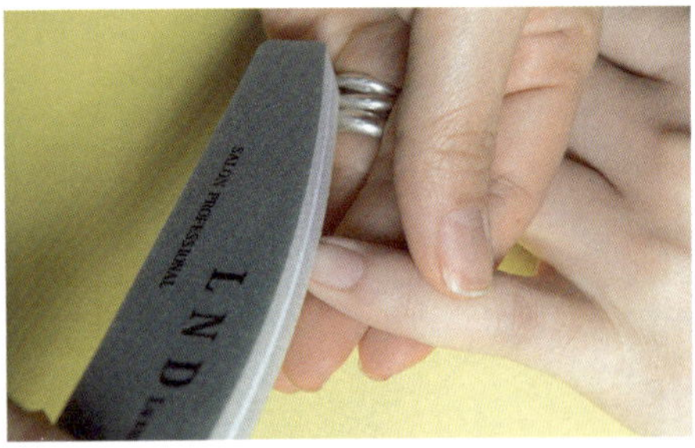

5. 표면정리

손톱의 거친 표면을 부드럽게 샌딩을 이용하여 정리한다.

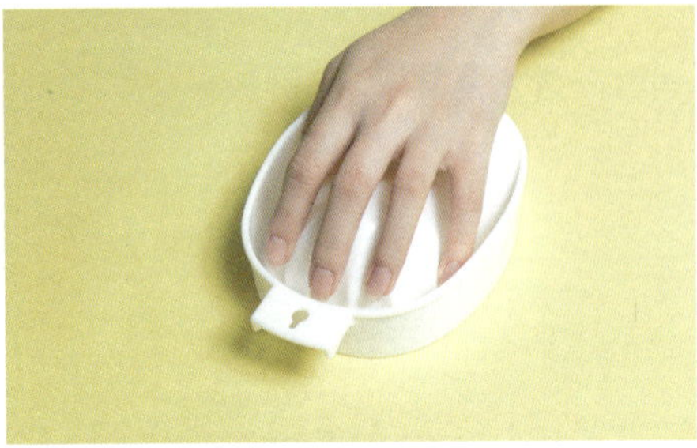

6. 핑거볼에 손 담그기

따뜻한 항균 비눗물이 담긴 핑거볼에 손을 담그고 큐티클을 유연하게 하는 동안 다른 한 손을 2~5번 시술을 진행 한다.

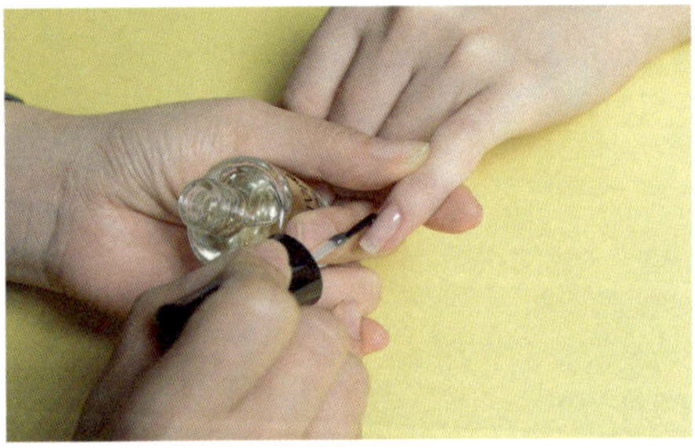

7. 큐티클 오일 바르기

유연해진 큐티클이 마르지 않도록 큐티클오일을 도포하여 촉촉하게 유지시켜 준다.

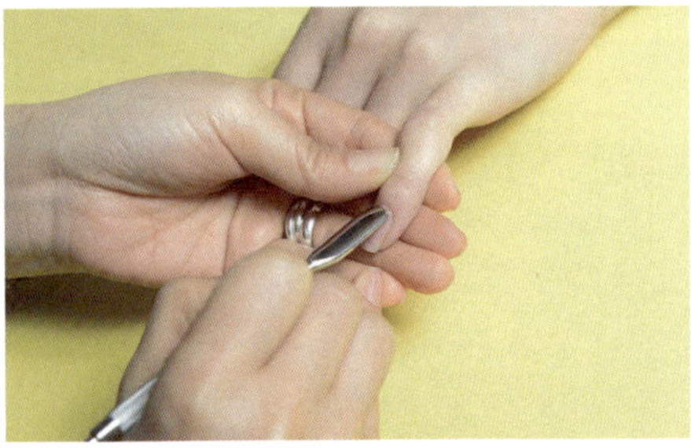

8. 큐티클 밀기

푸셔를 이용하여 손톱에 밀착되어있는 큐티클을 밀어 올려주어 큐티클 제거가 용이하도록 만들어 준다.

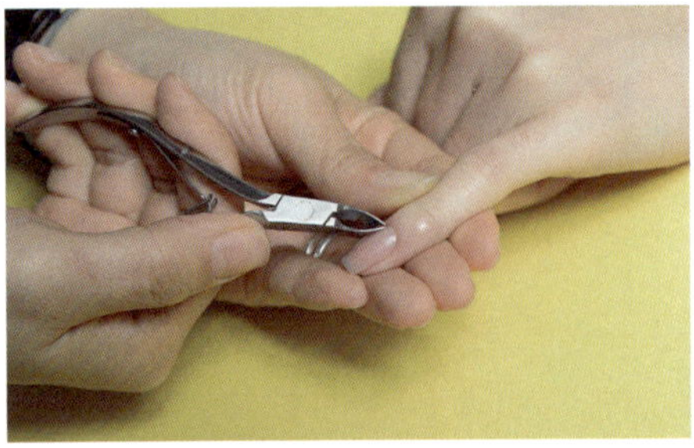

9. 큐티클 제거

니퍼를 이용하여 큐티클을 잘라낸다.

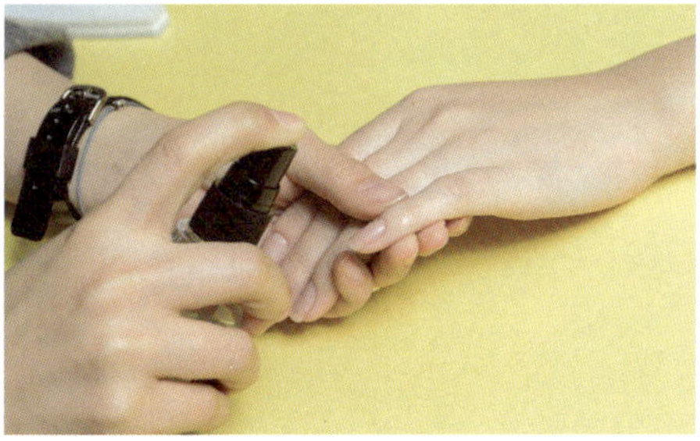

10. 중간 소독

미세한 상처를 통해 세균 감염이 될 수 있으므로 큐티클 정리가 끝난 후 소독제를 이용하여 한 번 더 소독해 준다.

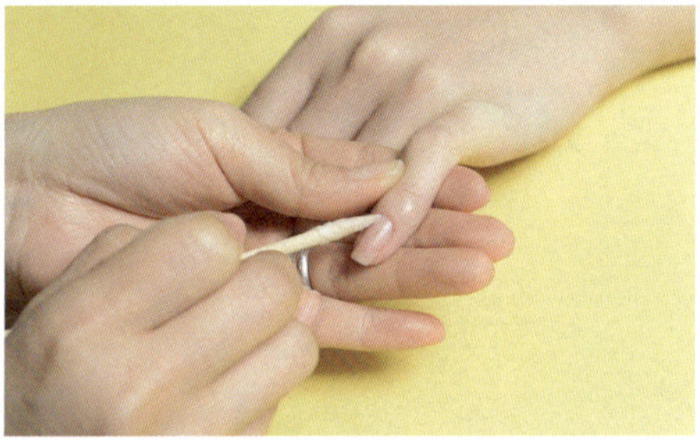

11. 손톱 유분제거

오렌지 우드스틱에 솜을 말아 손톱 표면의 큐티클오일과 유분기를 닦아 컬러링 시 밀착력과 지속력을 높여 준다.

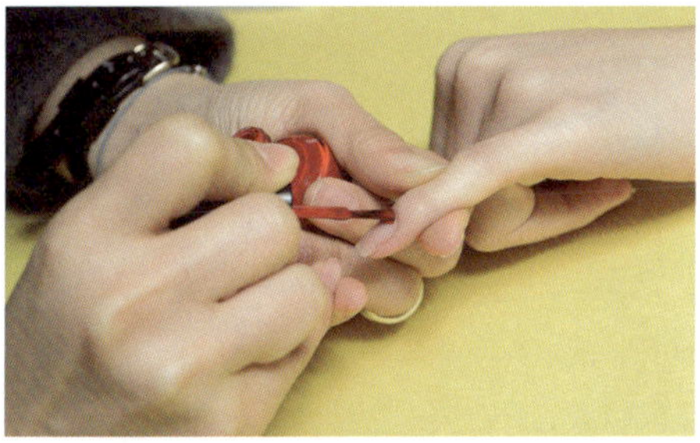

12. 컬러링

고객이 원하는 컬러링을 진행한다.

13. 마무리

컬러링 후 손톱 주변에 묻은 폴리시를 닦아내고 마무리 한다.

7. 페디큐어

(1) 페디큐어의 정의

페디큐어란 발톱 길이를 정리하고 파일로 매끄럽게 갈아준 뒤 마사지와 컬러링을 하는 전체적인 발 관리를 일컫는다.

겨울보다는 노출이 많은 여름철에 고객들이 많이 관리를 받으며 잘 정돈된 발은 깨끗한 이미지와 발톱이 한층 아름답게 보여질 수 있다.

페디큐어란 라틴어에서 유래한 페디스(Pedis)와 큐라(Cura)의 합성어로 발과 발톱을 가꾸고 손질해 주며 큐티클 정리, 마사지, 컬러링 등의 발 관리를 의미한다.

(2) 재료 및 사전준비

도구는 반드시 소독처리하여 사용한다.

• 타월	• 오렌지 우드스틱	• 고객용 팔 받침 쿠션	• 지혈제
• 솜	• 샤이닝 파일	• 리무버	• 페이퍼타월
• 소독액	• 큐티클 오일	• 소독용기	• 핑거볼
• 니퍼	• 디스크패드	• 푸셔	• 베이스코트
• 화이트 폴리시	• 탑코트	• 레드 폴리시	• 클리퍼
• 핸드로션	• 토세퍼레이터		

(3) 페디큐어 시술 절차

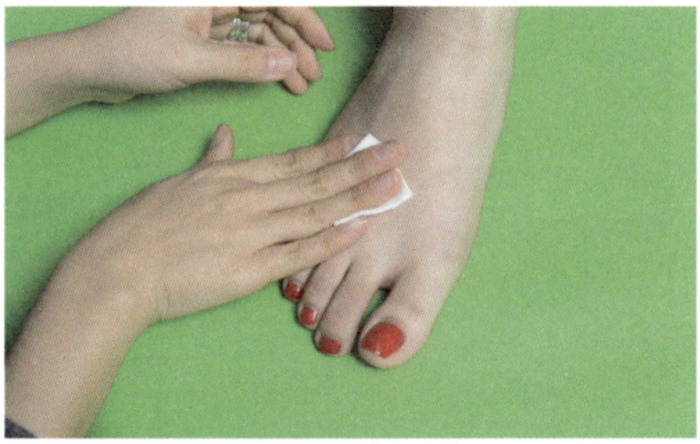

1. 발 소독

항균 소독제를 솜에 묻혀 시술자의 손과 고객의 발을 소독한다.

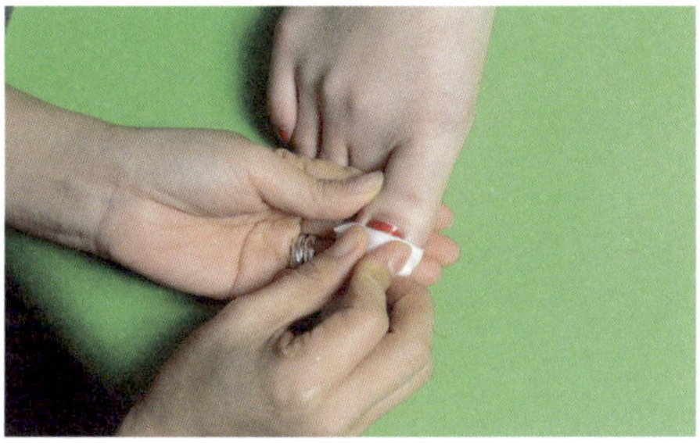

2. 폴리시 제거

솜에 리무버를 묻혀 고객의 발톱에 남아있는 폴리시와 이물질을 닦아낸다.

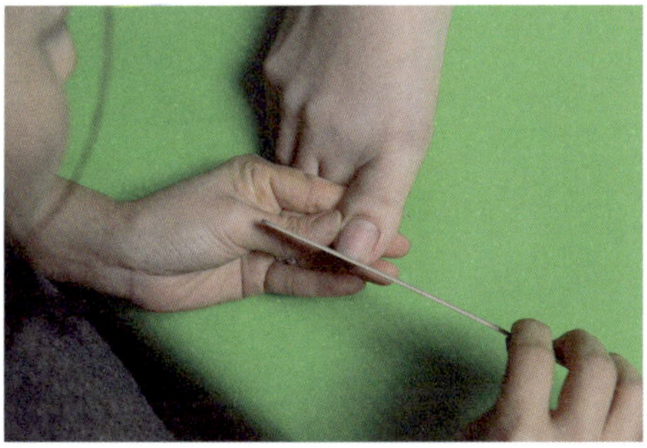

3. 발톱 모양잡기

우드파일을 이용하여 고객이 원하는 모양의 네일을 만들어 준다.

파일링을 할 때는 고객의 발톱이 손상되지 않도록 한쪽 방향으로 파일링한다.

4. 라운드 패드 – 표면정리

파일링으로 형태를 잡은 뒤 프리에지 밑 부분의 거스러미를 라운드 패드를 이용하여 제거해 준다.

발톱의 거친 표면을 샌딩을 이용하여 부드럽게 정리해 준다.

5. 발에 물 분무하기

따뜻한 항균 비눗물이 담긴 각탕기에 발을 담그거나 물을 분무하여 큐티클을 유연하게 하는 동안 다른 한쪽 발을 2~4번 시술을 진행한다.

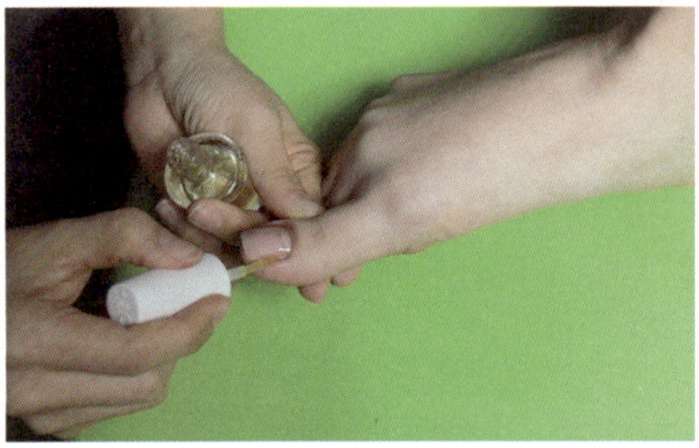

6. 큐티클 오일 바르기

유연해진 큐티클이 마르지 않도록 큐티클 오일을 도포하여 촉촉하게 유지시켜 준다.

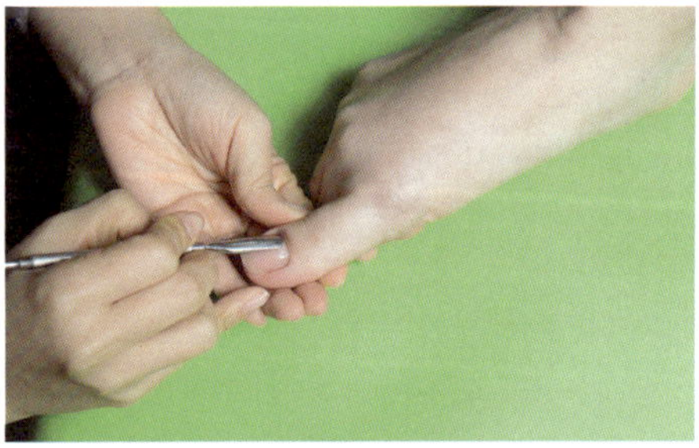

7. 큐티클 밀기

푸셔를 이용하여 발톱에 밀착되어 있는 큐티클을 밀어 올려주어 큐티클 제거가 용이하도록 만들어 준다.

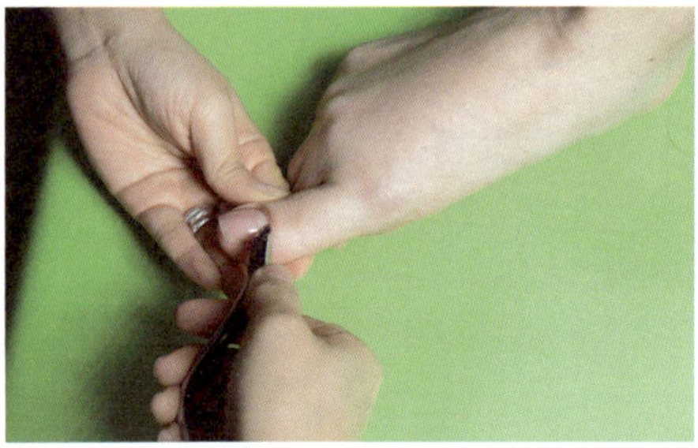

8. 큐티클 제거

니퍼를 이용하여 큐티클을 잘라낸다.

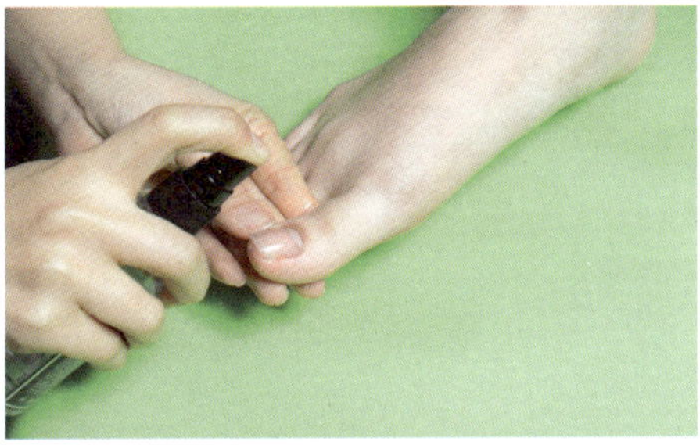

9. 중간 소독

미세한 상처를 통해 세균 감염이 될 수 있으므로 큐티클 정리가 끝난 후 소독제를 이용하여 한 번 더 소독해 준다.

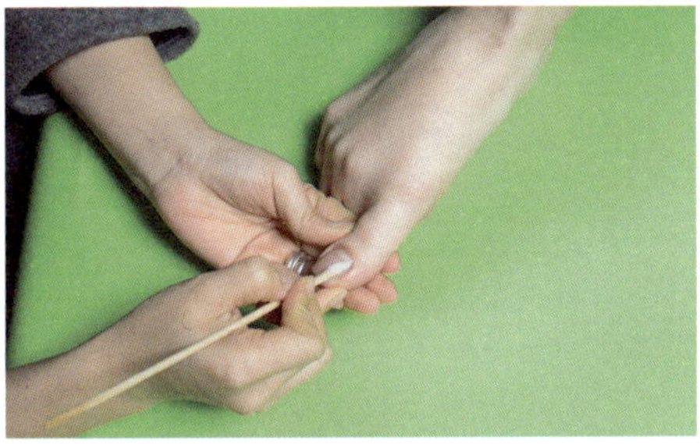

10. 발톱 유분제거

오렌지 우드스틱에 솜을 말아 발톱 표면의 큐티클 오일과 유분기를 닦아 컬러링 시 밀착력과 지속력을 높여 준다.

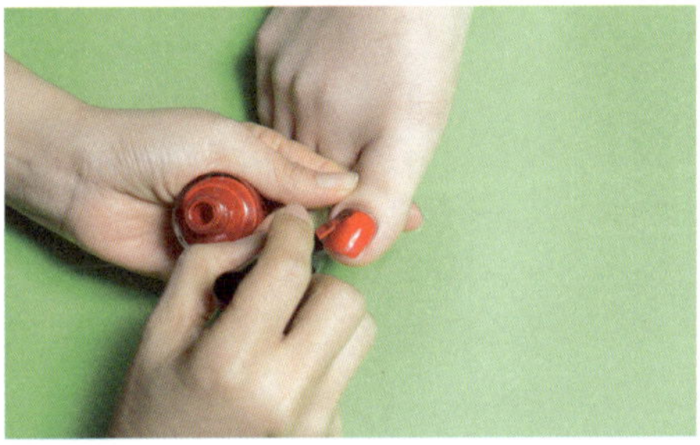

11. 컬러링

고객이 원하는 컬러링을 진행한다.

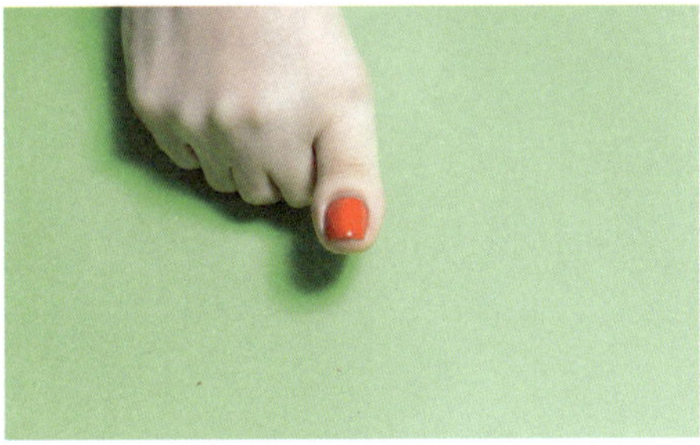

12. 마무리

컬러링 후 발톱 주변에 묻은 폴리시를 닦아내고 마무리한다.

PART Ⅲ

기초 인조 네일 실기

1. 인조 네일 사전지식
2. 인조 네일 파일링
3. 프레퍼레이션
4. 팁 익스텐션
5. 실크 익스텐션
6. 팁 위드 랩

1. 인조 네일 사전지식

1. 재료 및 도구

(1) 파일류

파일은 소독이나 살균 처리가 불가능하여 개인전용으로 사용하거나 일회용 소모품으로 사용 후 폐기처분해야 한다.

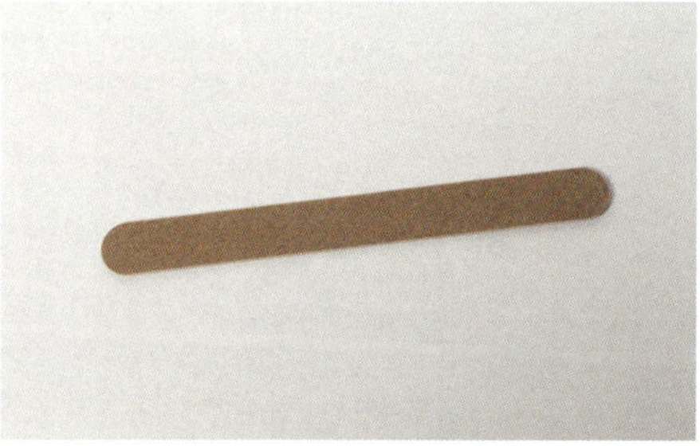

1. 우드 파일

주로 자연 네일의 모양을 잡을 때 사용한다.

2. 오일 파일

큐티클라인의 루즈스킨 제거 시 사용한다.

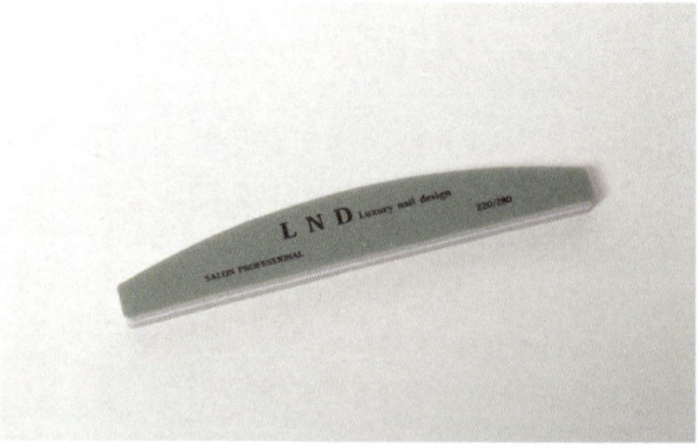

3. 샌딩

손톱 표면의 거친 부분을 정리하고 매끄럽게 만들 때 사용한다.

4. 샤이닝 파일

거칠기가 다른 2~4면으로 되어있으며 네일표면의 광택을 내는 데 사용한다.

---

(2) 접착 재료

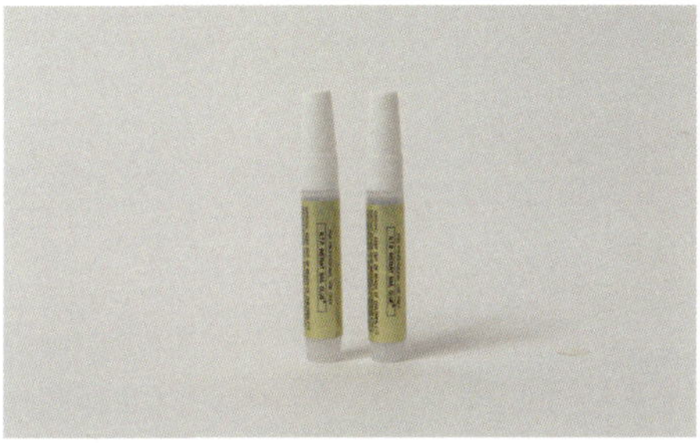

1. 라이트 글루

랩이나 네일팁을 접착하거나 샌딩을 이용하기 전에 네일 표면에 전체적으로 도포할 때 사용하는 네일 전용 접착제이다.

2. 필러

찢어지거나 깨진 네일을 수정하고 인조팁이 갈라지거나 떨어져 나간 부분을 채울 때 라이트 글루와 함께 사용한다.

3. 젤 글루

젤 타입의 글루로 라이트 글루보다 강하고 브러시로 도포할 수 있다.

4. 글루드라이어

글루를 빨리 건조시켜 준다. 너무 가까이에서 뿌리면 인조 네일의 투명도가 떨어지고 백탁 현상이 나타날 수 있으므로 분사 시 15~20cm 거리를 유지한다.

(3) 인조 팁

플라스틱, 나일론, 아세테이트 재질로 이미 모양이 만들어진 인조 손톱이다.

- 웰(Well) : 자연 네일과 팁이 접착되는 약간 턱이 있는 부분
- 포지션(Position) : 웰(Well)의 경계선

1. 레귤러 팁

손톱에 올라가는 웰 부분이 얇고 좁아 시술 시 편하다.

2. 풀 팁

웰 부분이 손톱 전체를 덮을 수 있는 인조 팁

3. 하프 팁

웰부분이 손톱의 2/1을 덮는 팁이다.

4. 프렌치 팁

컬러가 다양하고 웰부분은 레귤러 팁과 같다.

(4) 아크릴릭

1. 아크릴릭 리퀴드

에틸렌 글리콜 디메타크릴레이트(ethylen glycol demethacrylate)성분으로 되어있으며 아크릴릭 네일을 만들 때 파우더와 믹스하여 사용하는 액체 제품이다.

2. 아크릴릭 파우더

에틸 메타크릴레이트(Ethl Methacrylate(EMA), 메틸 메타크릴레이트 (Methl Methacrylate), 성분으로 아크릴릭 네일을 만들 때 리퀴드와 믹스하여 사용하는 가루타입 제품이다.

3. 브러시 클리너

아크릴릭 시술 시 브러시에 남아있는 아크릴릭 잔여물을 세척해 주는 용도로 사용한다.

4. 프라이머

손톱 표면의 단백질을 화학작용으로 살짝 녹여줌으로써 아크릴릭 네일이 리프팅 되는 것을 최소화 시켜주는 제품이다.
산성제품으로 피부에 닿지 않도록 소량 발라준다.

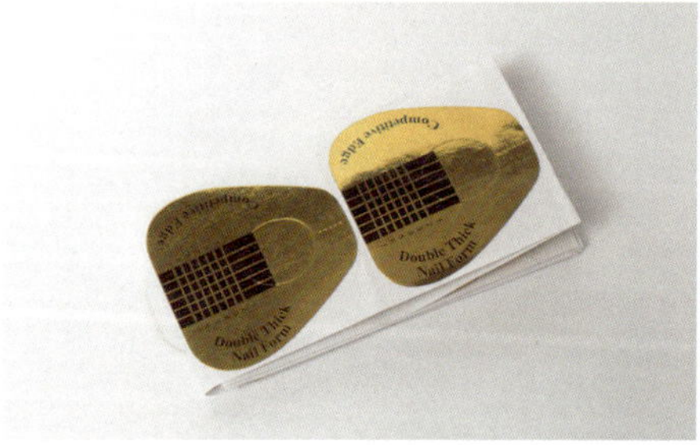

5. 네일 폼

스컬프쳐 네일 시술 시 자연 네일과 밀착시켜 끼운 후 인조 네일의 모양을 잡아준다.

---

(5) 젤

1. 하드 젤

길이를 연장하거나 오버레이에 많이 사용된다. 쏙오프가 되지 않는 제품으로 시술 시 질감이 딱딱하고 강하다.

---

2. 소프트 젤

일반적으로 많이 사용되는 젤로 질감이 가볍고 부드럽다. 쏙오프가 가능함

3. 베이스 젤

자연 네일과 젤의 밀착력을 높여주고 컬러 젤이 균일하게 도포될 수 있도록 하는 제품이다.

4. 탑 젤

컬러젤이 벗겨지는 것을 방지하고 표면에 광택을 주는 제품으로 최근에는 무광타입의 젤도 있다.

5. 젤 클렌저

미경화 젤을 닦아낼 때 사용하는 액체 제품이다.

6. 젤 폴리시

폴리시 타입의 젤로 컬러링에 많이 사용하며 초보자들도 쉽게 바를 수 있다.

2. 인조 네일 도구

(1) 브러시-아크릴릭 브러시, 젤 브러시

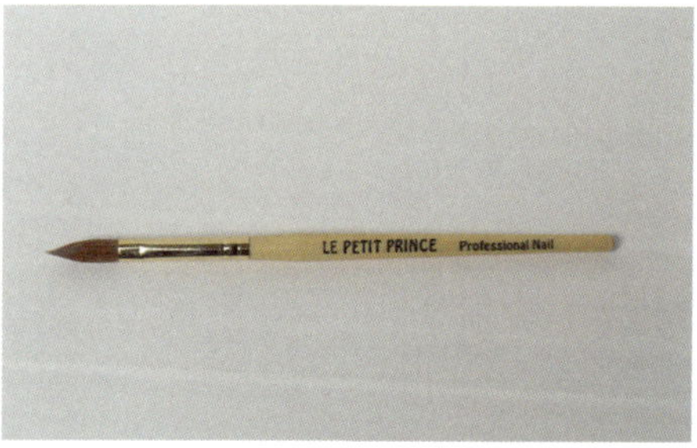

1. 아크릴릭 브러시

아크릴릭 연장 시 사용하는 브러시로 크기는 보통 2가지로 나누어진다.
연장과 같이 볼을 크게 만들 수 있도록 크기가 큰 브러시를 사용하고 꽃을 만들거나 3D 작품을 만들 시, 미세한 작품을 할 때에는 작은 브러시를 이용한다.

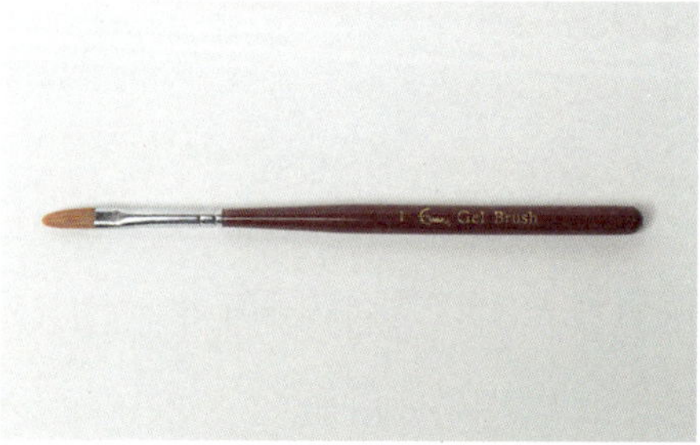

2. 젤 브러시, 젤 라이너

젤을 덜어 도포할 때 사용하는 브러시로 스퀘어, 라운드, 오벌 모양으로 다양한 길이와 형태가 있다.

(2) 다펜디시

아크릴릭 리퀴드를 덜어 쓰는 용기로 뚜껑이 있고 화학물질에도 녹지 않는 재질의 용기를 사용한다.

(3) 네일 클립

아크릴릭 시술 시 핀칭을 잡아주는 도구이다. 균일한 힘을 지속적으로 가해 아크릴릭의 형태를 잡아줄 때 사용한다.

(4) 랩가위

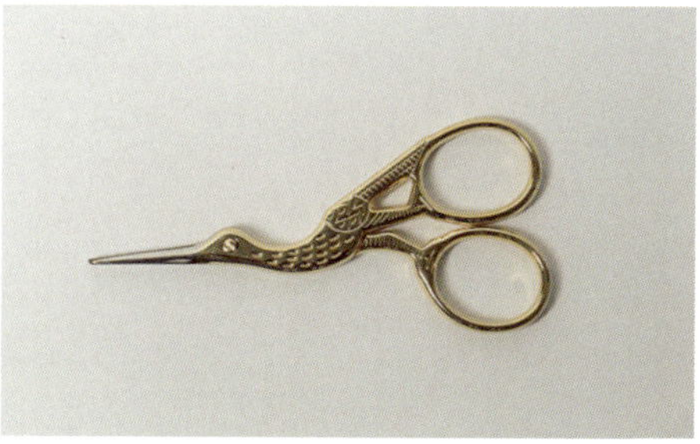

천으로 만들어진 랩을 재단하는 데 사용한다.

3. 기구

(1) 젤 램프

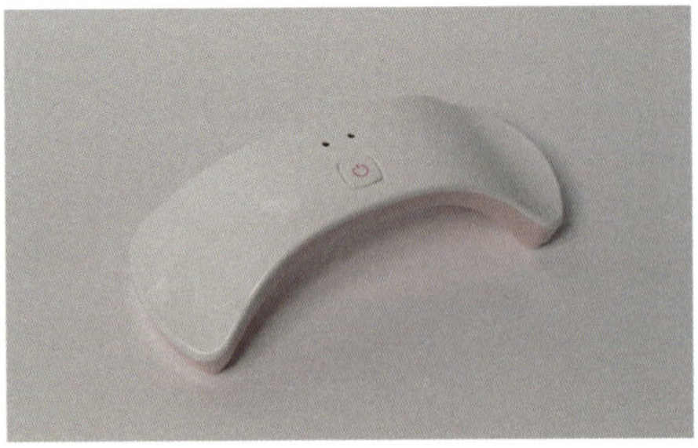

젤 네일을 경화시키는 램프로 UV, LED 램프가 있다.

(2) 흡진기

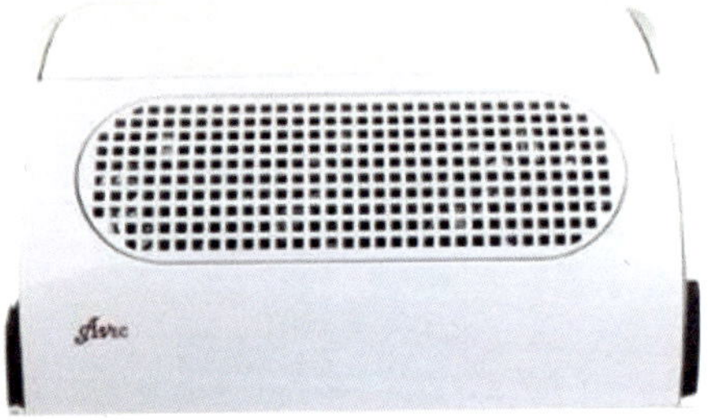

파일링 시 인조 네일에서 나오는 먼지를 흡입하는 기계이다.

2. 인조 네일 파일링

(1) 파일의 그릿(Grit) 수에 적절한 사용방법

거칠기의 정도를 그릿(Grit) 수로 구분한다. 수가 많을수록 부드러운 파일이다.

100~150G	인조 네일의 제거와 두께, 길이 조절
150~180G	팁턱 제거 및 전체 표면정리
180~240G	자연 네일 파일링, 부드럽게 표면정리
샤이닝 버퍼	표면 광택

1. 프리에지 파일링

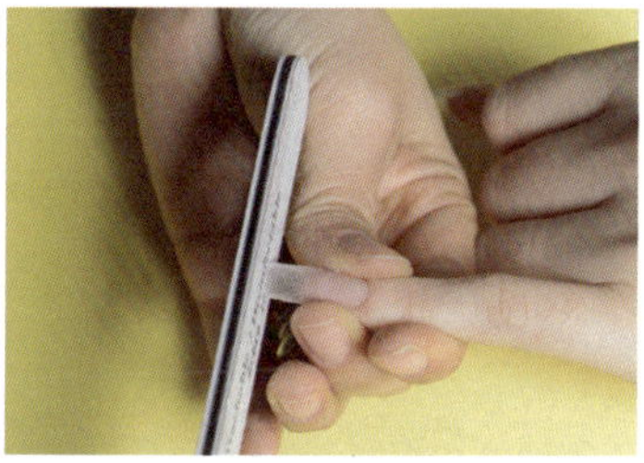

프리에지 부분의 모양을 원하는 형태로 잡아준다.

2. 사이드 파일링

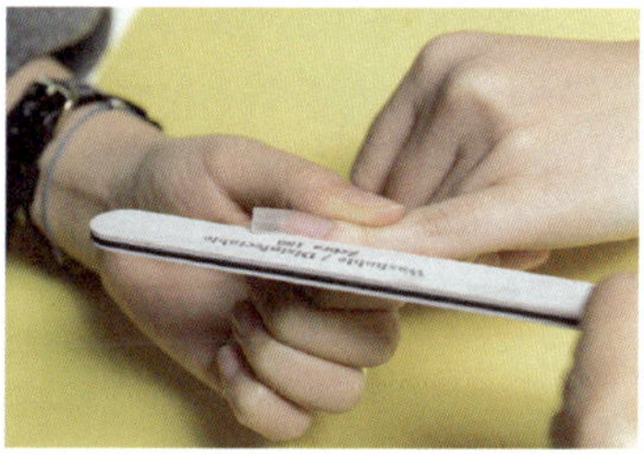

양쪽 사이드를 11자 형태가 되도록 파일링 한다.

3. 세로 파일링

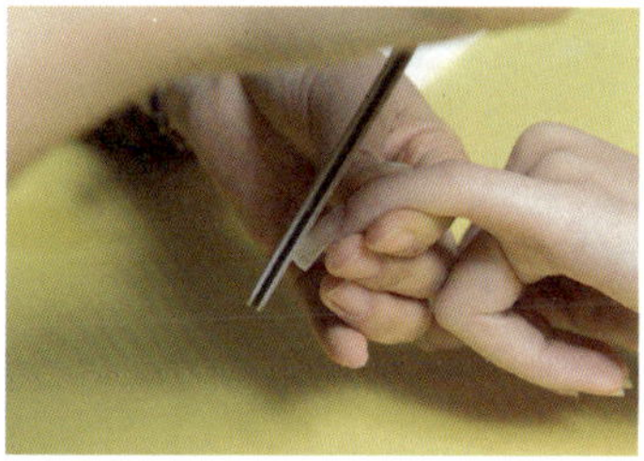

하이포인트를 시작으로 C커브의 두께를 고려하여 균일하게 정리한다.

4. 가로 파일링

큐티클라인과 사이드 월 부분을 정리한다. 하이포인트 부분과 큐티클을 자연스럽게 연결한다.

5. 사선 파일링

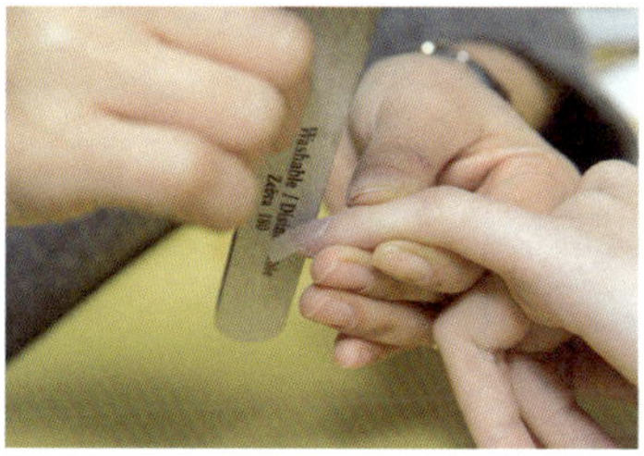

양쪽 사이드를 사선으로 파일링 하여 프리에지까지 자연스럽게 연결한다.

6. 전체 파일링

전체적인 형태를 고려하여 큐티클 라인부터 프리에지까지 자연스럽게 연결되도록 파일링해 준다.

3. 프레퍼레이션

인조 네일 시술에 앞서 반드시 시술하여야 하는 준비과정이 바로 프레퍼레이션 과정이다. 이 전처리 과정은 인조 네일의 유·수분을 제거하여 세균의 번식을 억제하고 인조 네일이 들뜨거나 부러지고 벗겨지는 현상을 방지하기 위한 작업이다.

인조 네일의 지속력과 접착력을 높여주기 위해서는 반드시 프레퍼레이션 작업을 꼼꼼하게 해줘야 한다.

(1) 프레퍼레이션 순서

1. 소독하기

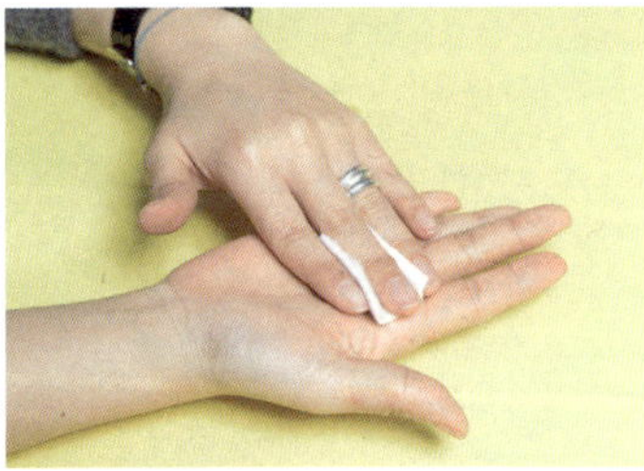

솜에 알코올을 적셔 시술자와 고객의 손을 소독한다.

2. 형태잡기

우드파일을 이용하여 라운드로 형태를 정리한다.
이때 길이는 0.1cm정도로 짧게 조절한다.

3. 푸셔

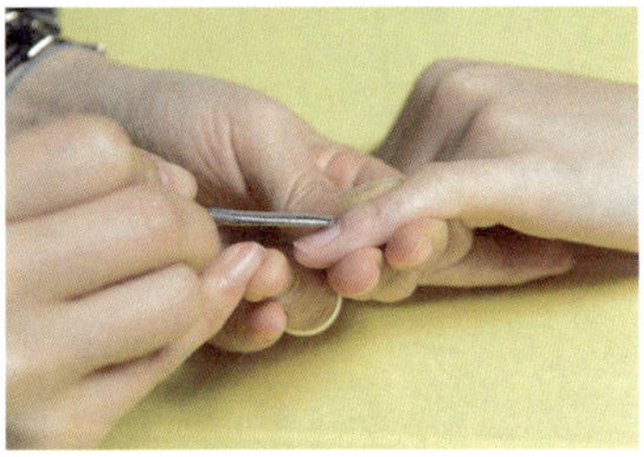

푸셔를 이용하여 손톱에 밀착되어 있는 큐티클을 밀어 올려주고 손톱에 남아있는 루즈 스킨을 제거한다.

4. 큐티클 정리

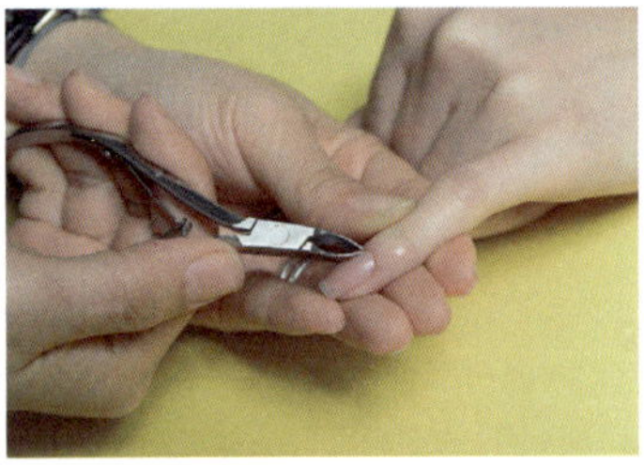

큐티클을 깨끗하게 정리한다.

5. 표면정리

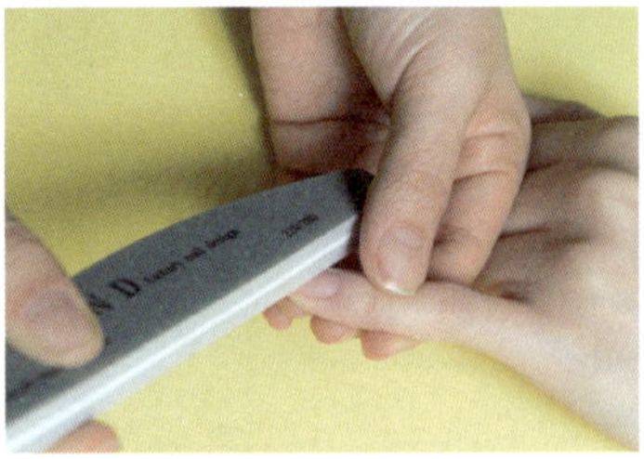

샌딩을 이용하여 손톱 표면의 유분과 광택을 제거한다.

5. 더스트 제거

손톱에 남아있는 먼지나 잔여물을 털어낸다.

4. 팁 익스텐션

팁을 이용해서 길이를 연장해주는 시술로, 모양이 만들어진 인조 손톱을 글루나 필러를 이용하여 자연 네일에 붙여 오버레이해주는 시술 방법이다.

(1) 도면

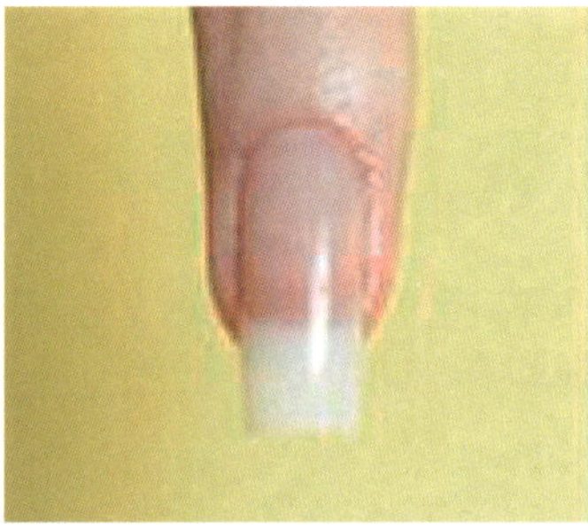

11자 형태, 팁턱 제거

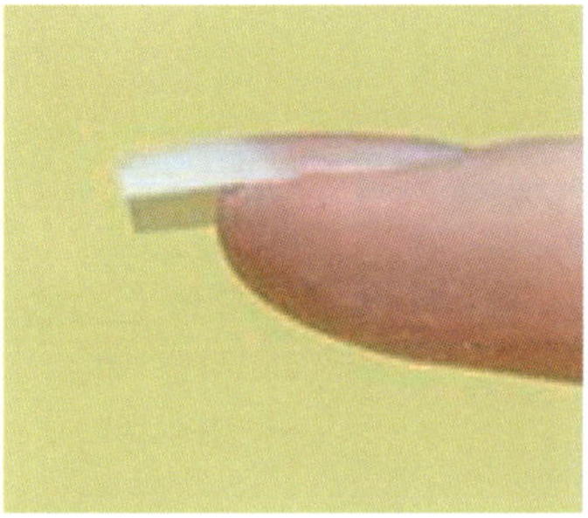

하이포인트,
사이드 스트레이트, 자연스러운 능선

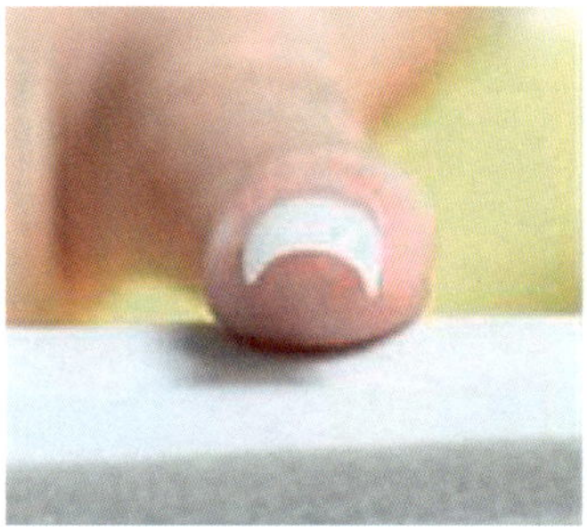

30%~40% C커브

(2) 재료 및 사전준비

도구는 반드시 소독처리하여 사용한다.

- 타월
- 솜
- 레귤러 팁
- 3-way 파일
- 파일
- 팁커터
- 젤 글루
- 고객용 팔 받침 쿠션
- 소독제
- 라이트 글루
- 우드파일
- 글루드라이
- 샌딩

(3) 팁 익스텐션 시술 절차

1. 프레퍼레이션

자연 네일의 길이 조정 및 모양을 잡고 큐티클 정리, 유·수분 및 광택, 먼지를 제거하여 팁 익스텐션 시술 후 지속력을 높인다.

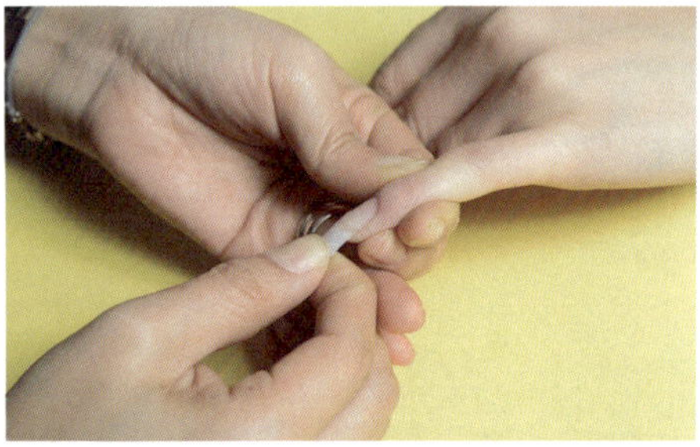

2. 팁 붙이기

레귤러 팁을 젤 글루나 라이트 글루를 이용하여 팁의 웰 라인과 자연 네일의 프리에지 라인이 맞아서 틀어지지 않도록 붙여 준다.

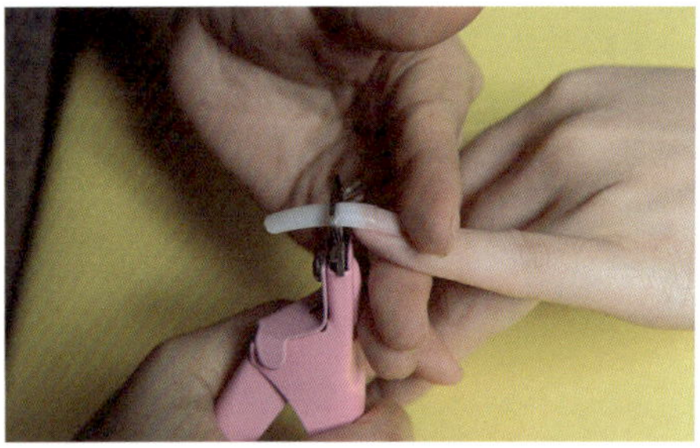

3. 팁 커팅

팁 커터를 이용하여 원하는 길이보다 조금 길게 잘라낸다.

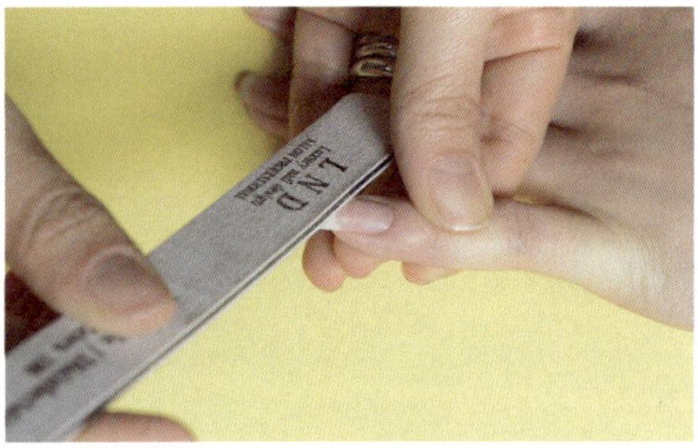

4. 팁턱 제거

자연 네일과 팁의 웰이 자연스럽게 연결될 수 있도록 파일을 이용하여 팁턱을 갈아내 준다. 이때 자연 네일이 손상되지 않도록 조심히 파일링한다.

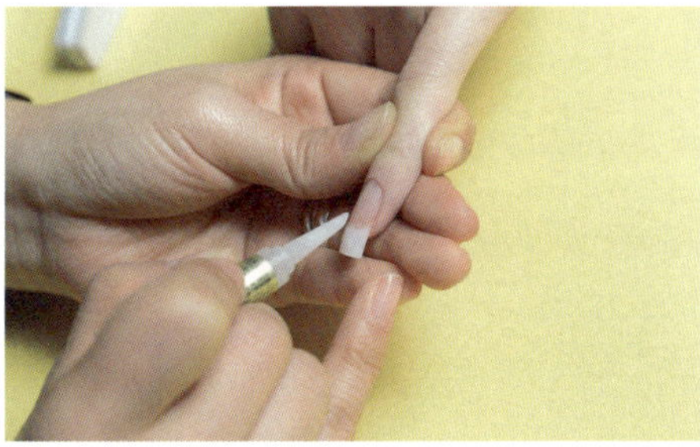

5. 라이트 글루 도포

손톱과 연장된 인조 네일 전체에 라이트 글루를 꼼꼼하게 도포한다.

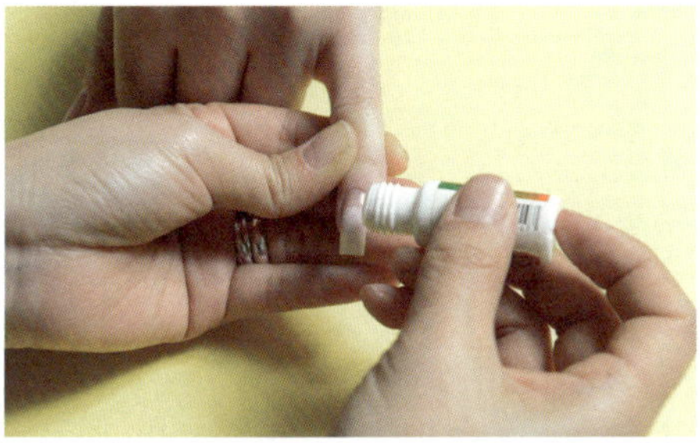

6. 필러 뿌리기

필러를 인조 네일과 자연 네일이 연결된 부분에 집중적으로 뿌려주고 위 아래가 자연스럽게 그라데이션될 수 있도록 한다.

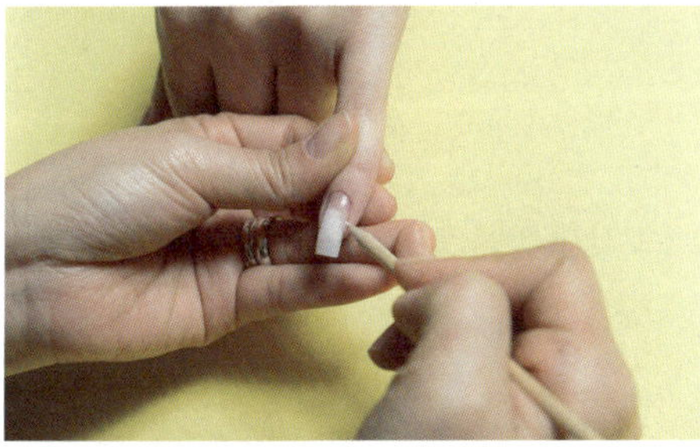

7. 필러 정리

필러를 뿌리고 그루브에 들어간 필러를 오렌지 우드스틱을 이용하여 제거해 준다.

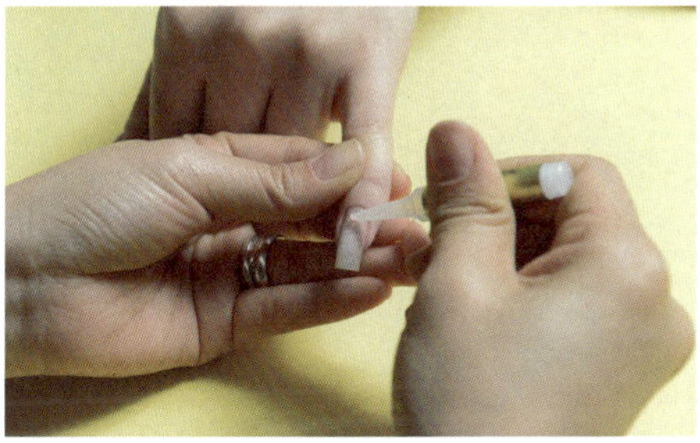

8. 글루 도포

라이트 글루가 필러에 스며들 수 있도록 글루를 도포한다. 원하는 두께가 되도록 2~3회 반복한다.

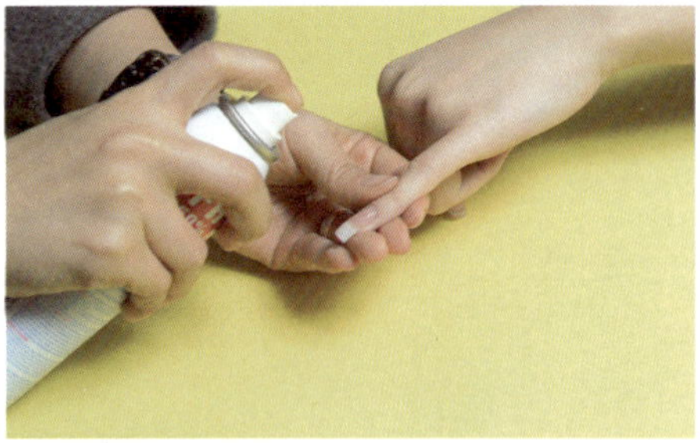

9. 글루드라이

빠른 작업을 위해 글루드라이를 이용하여 글루를 굳혀 준다.
15~20cm로 거리를 두고 소량 분사한다. 가까이서 많이 분사할 경우 빠른 냉각반응으로 인해 투명도가 떨어지고 백탁현상의 원인이 된다.

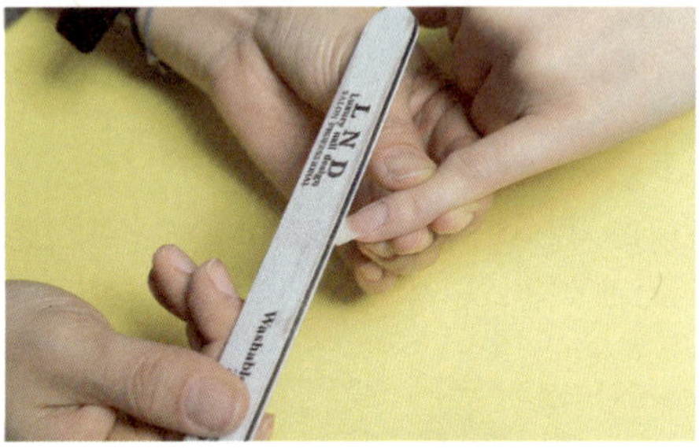

10. 파일링

파일로 표면을 정리한다.

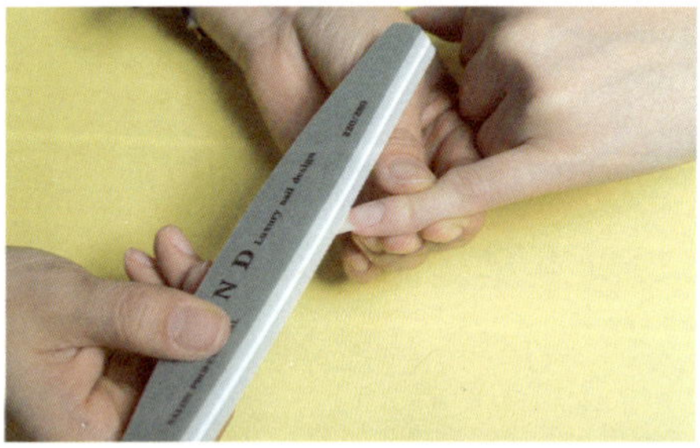

11. 버핑

샌딩으로 표면을 매끄럽게 정리한다.

12. 광내기

3-way 파일로 표면에 광을 낸다.

5. 실크 익스텐션

실크 랩을 이용하여 손톱길이를 연장해 주는 시술 방법으로 천의 짜임으로 인해 찢어지는 것을 방지할 수 있다. 랩의 종류는 파이버 글라스나 리넨 등 여러 종류가 있으나 현재는 가장 자연스럽고 시술이 편한 실크를 많이 사용하고 있다.

(1) 도면

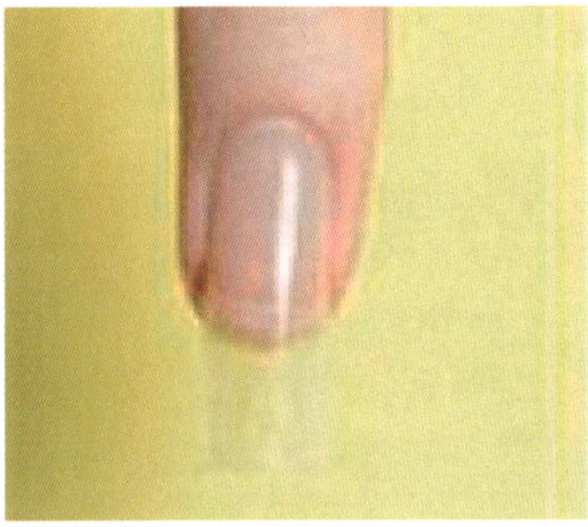

11자 형태

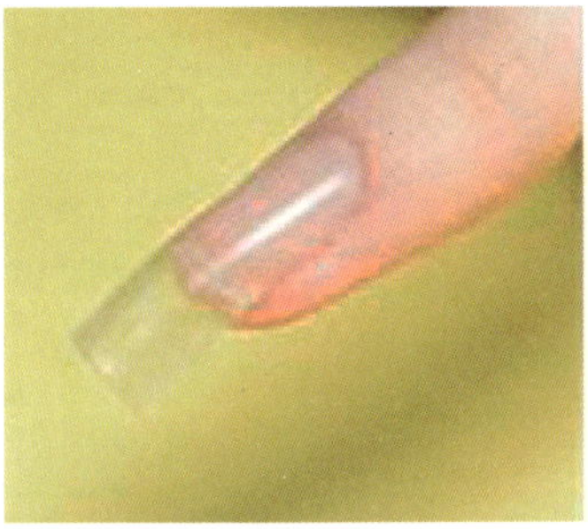

사이드 스트레이트, 하이포인트, 자연스러운 능선

30~40% C 커브

(2) 재료 및 사전준비

도구는 반드시 소독처리하여 사용한다.

- 타월
- 실크
- 고객용 팔 받침 쿠션
- 실크가위
- 보안경
- 클리퍼
- 비닐장갑
- 필러
- 마스크
- 페이퍼타월
- 파일
- 버퍼
- 3-Way 파일
- 라이트 글루
- 젤 글루
- 글루드라이

(3) 실크 익스텐션 시술 절차

1. 프레퍼레이션

자연 네일의 길이 조정 및 모양을 잡고 큐티클 정리, 유 · 수분 및 광택, 먼지를 제거하여 실크 익스텐션 시술 후 지속력을 높인다.

2. 실크 재단

실크 익스텐션 시 사이드가 부족하지 않도록 사다리꼴 형태로 실크를 재단한다.
직사각형 형태에서 왼쪽사이드를 먼저 재단한다.

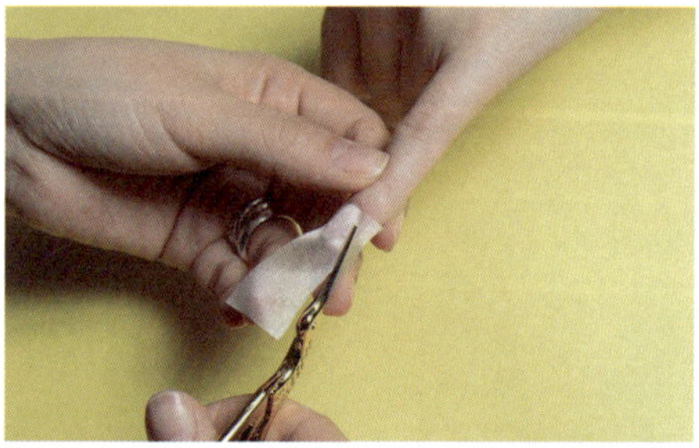

3. 실크 붙이기(오른손 기준)

큐티클라인과 사이드쪽은 0.1 cm 정도의 거리를 두고 왼쪽 라인에 맞춰 실크를 접착하고 오른쪽 부분의 실크를 재단해 준다.

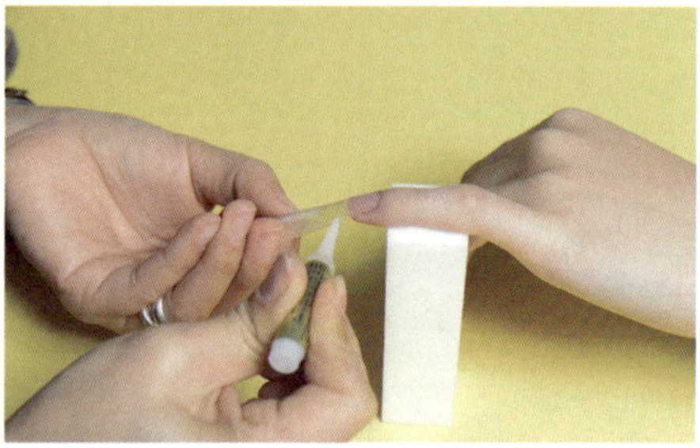

4. 글루 도포 (1차 형태 잡기)

실크에 스며들 수 있도록 전체적으로 라이트 글루를 도포해 준다.
자연스러운 커브가 만들어지도록 실크 형태를 잡아 준다.

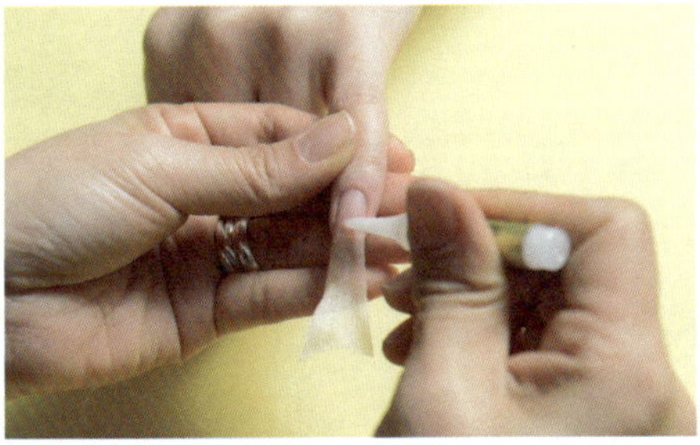

5. 라이트 글루 도포

손톱과 연장된 인조 네일 전체에 라이트 글루를 꼼꼼하게 도포한다.

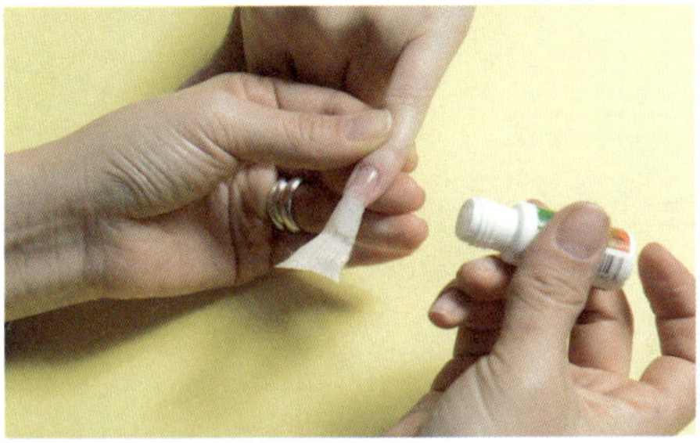

6. 글루-필러-글루

필러를 실크 연장 부분에 뿌려주고 두께감을 만들어 준다. (글루-필러-글루)2~3회 반복한다. 자연 네일과 자연스럽게 연결될 수 있도록 한다.

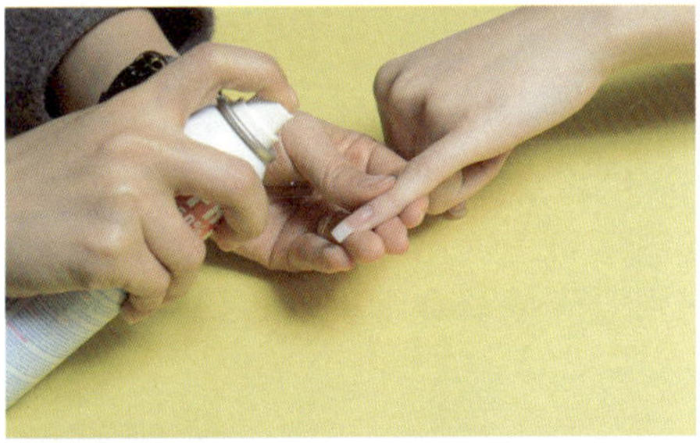

7. 글루드라이

빠른 작업을 위해 글루드라이를 이용하여 글루를 굳혀 준다. 15~20cm로 거리를 두고 소량 분사한다. 가까이서 많이 분사할 경우 빠른 냉각반응으로 인해 투명도가 떨어지고 백탁 현상의 원인이 된다.

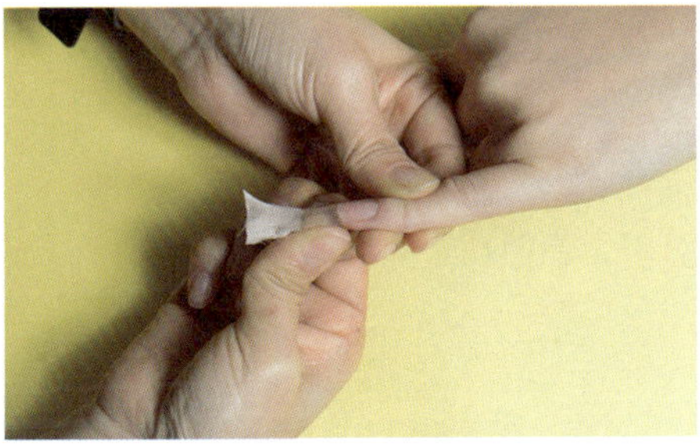

8. C커브 만들기

글루드라이 분사 후 C커브를 형성할 수 있도록 핀칭을 주거나 실크를 잡아당겨 자연스러운 커브를 만들어 준다.

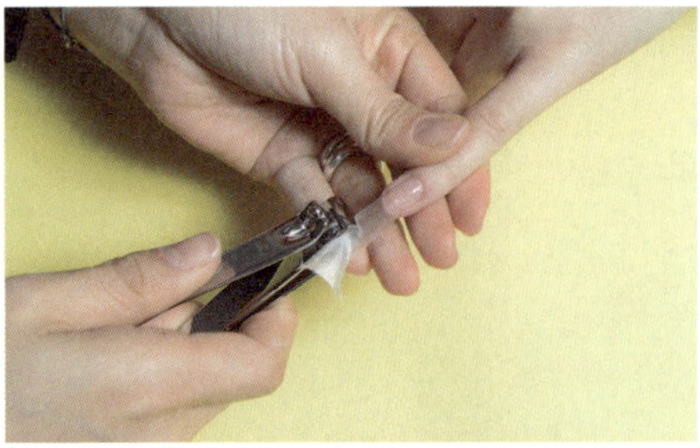

9. 모양 및 사이드 재단

모양과 사이드의 불필요한 부분을 클리퍼로 재단해 준다.

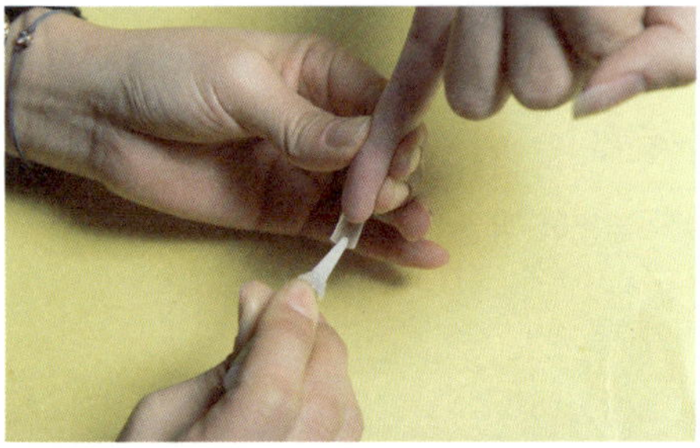

10. 실크 뒷면 글루 도포

실크의 접착제로 인해 이물질이 묻거나 실크가 지저분해질 수 있기 때문에 라이트글루로 실크 뒷면을 코팅해 준다.

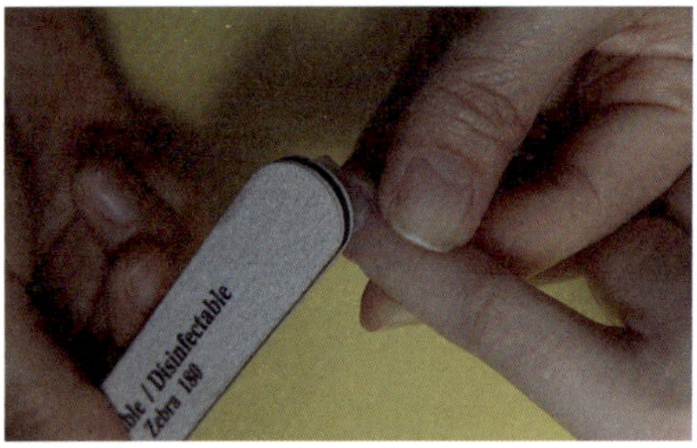

11. 실크 턱선 정리 및 표면 파일링

큐티클라인과 사이드의 실크 턱을 파일링하여 자연 네일과 자연스럽게 연결해 준다.
하이포인트와 전체적인 밸런스를 고려하여 파일링한다.

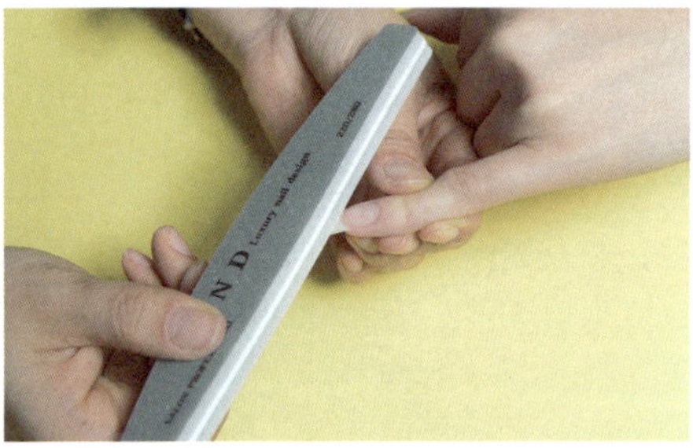

12. 표면정리

샌딩을 이용하여 표면을 매끄럽게 정리한다.

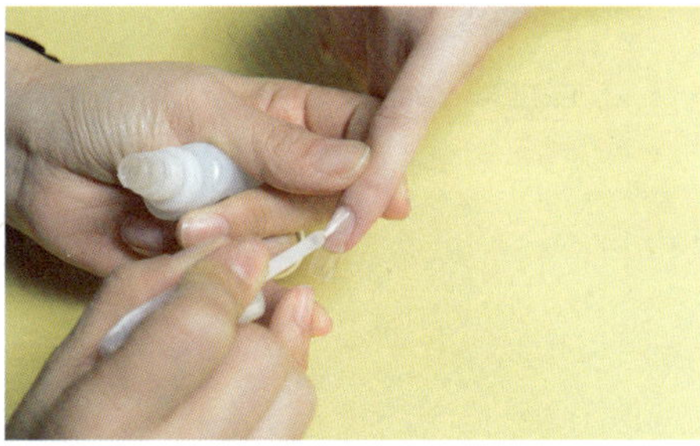

13. 글루 도포

라이트 글루를 도포하여 파일링으로 인한 스크러치를 메워 주고 표면의 부족한 두께감과 강도를 높일 수 있도록 젤 글루를 도포해 준다.

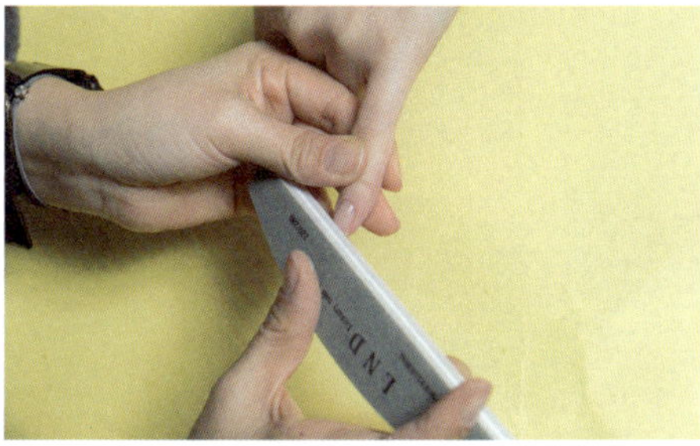

14. 샌딩

샌딩을 이용하여 표면을 매끄럽게 파일링한다.

15. 광 내기

3-way 파일을 이용하여 표면에 광을 낸다.

6. 팁 위드 랩

팁을 이용하여 길이를 연장하고 랩을 위에 덧씌움으로써 튼튼하게 유지시켜 지속력을 높여주는 네일 시술 방법이다.

(1) 도면

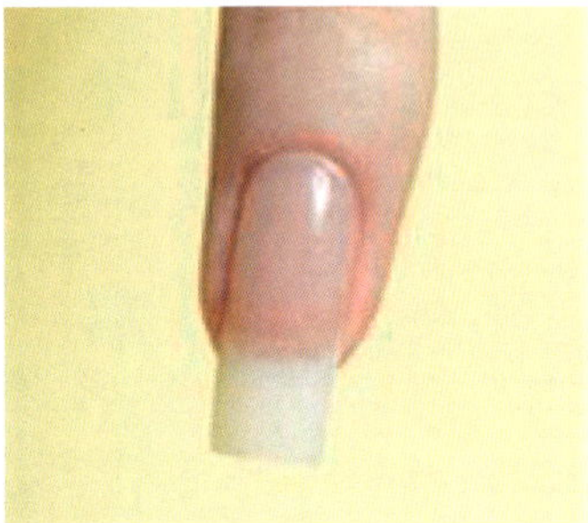

11자 형태

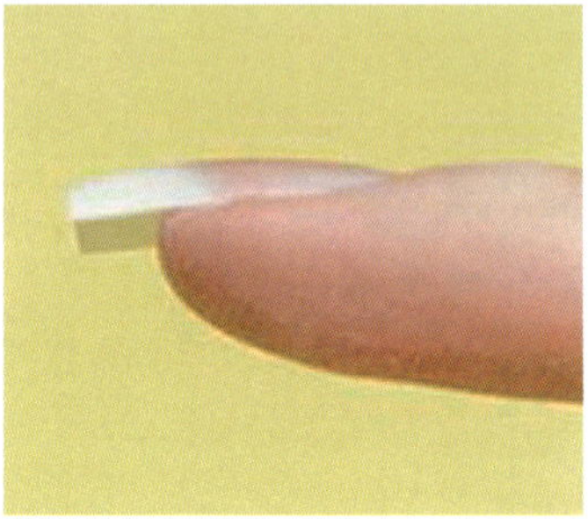

사이드스트레이트,
하이 포인트,
자연스러운 능선

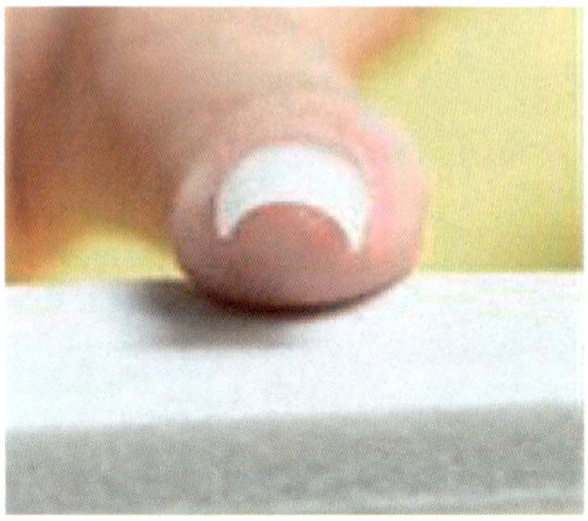

30~40% C커브

(2) 재료 및 사전준비

도구는 반드시 소독처리하여 사용한다.

- 타월
- 실크
- 고객용 팔 받침 쿠션
- 실크가위
- 보안경
- 레귤러 팁
- 비닐장갑
- 필러
- 마스크
- 페이퍼타월
- 파일
- 버퍼
- 3-Way 파일
- 라이트 글루
- 젤 글루
- 글루드라이

(3) 팁 위드 랩 시술 절차

1. 프레퍼레이션

자연 네일의 길이 조정 및 모양을 잡고 큐티클 정리, 유 · 수분 및 광택, 먼지를 제거하여 팁 위드 랩 시술 후 지속력을 높인다.

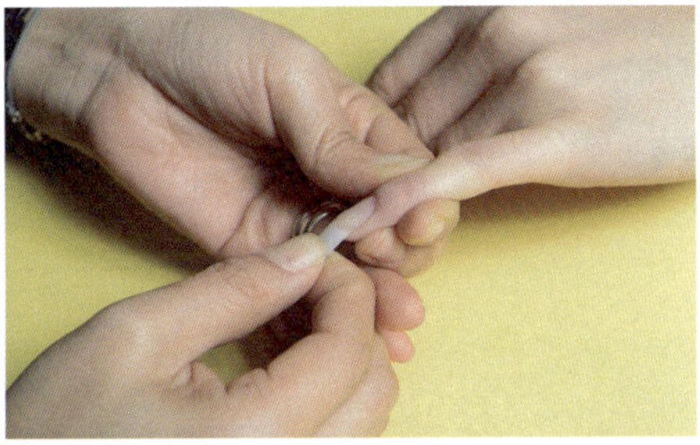

2. 팁 붙이기

레귤러 팁을 젤 글루나 라이트 글루를 이용하여 팁의 웰 라인과 자연 네일의 프리에지 라인이 맞아서 틀어지지 않도록 붙여 준다.

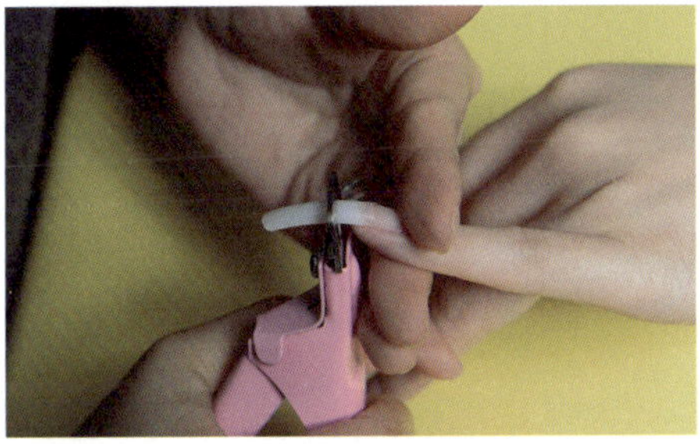

3. 팁 커팅

팁 커터를 이용하여 원하는 길이보다 조금 길게 잘라낸다.

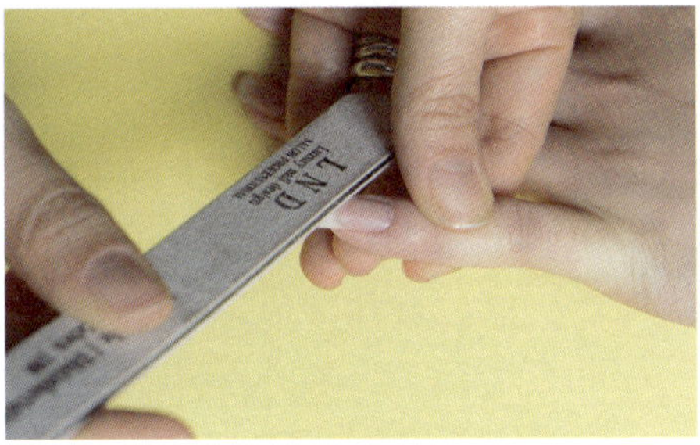

4. 팁턱 제거

자연 네일과 팁의 웰이 자연스럽게 연결될 수 있도록 파일을 이용하여 팁턱을 갈아내 준다. 이때 자연 네일이 손상되지 않도록 조심히 파일링한다.

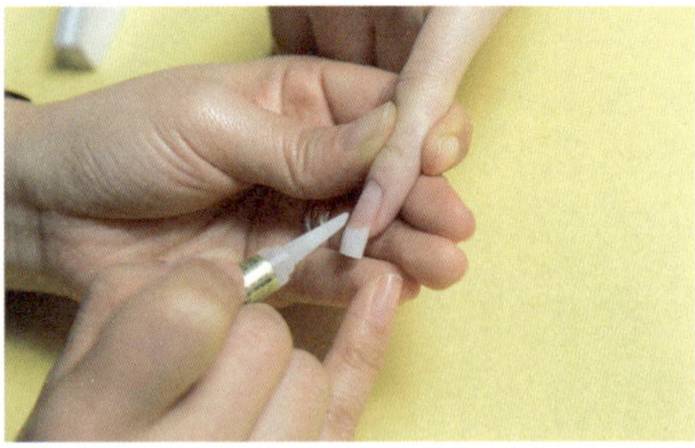

5. 라이트 글루 도포

손톱과 연장된 인조 네일 전체에 라이트 글루를 꼼꼼하게 도포한다.

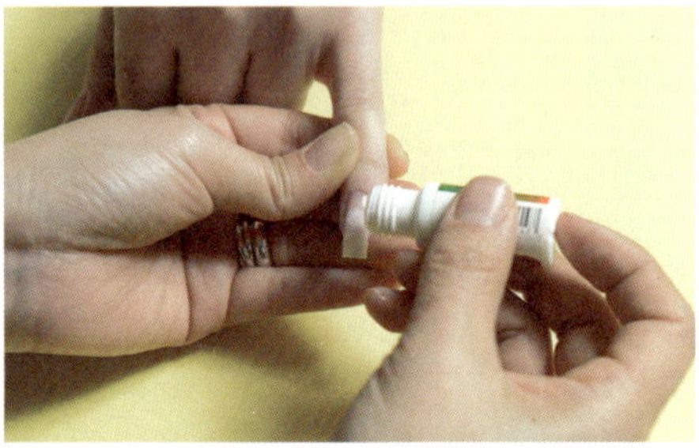

6. 필러 뿌리기

필러를 인조 네일과 자연 네일이 연결된 부분에 집중적으로 뿌려주고 위 아래가 자연스럽게 그라데이션될 수 있도록 한다.

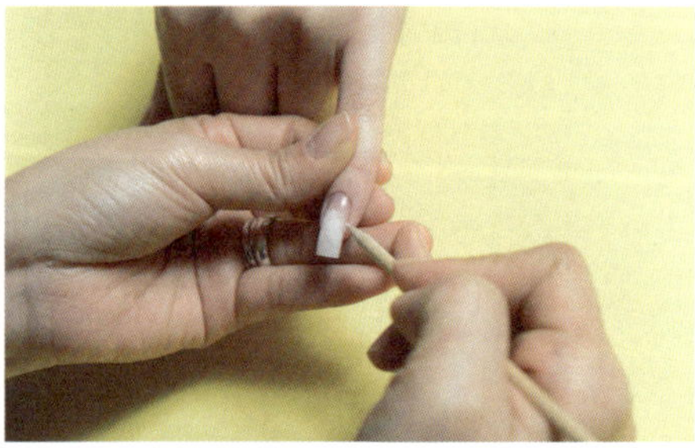

7. 필러 정리

필러를 뿌리고 그루브에 들어간 필러를 오렌지 우드스틱을 이용하여 제거해 준다.

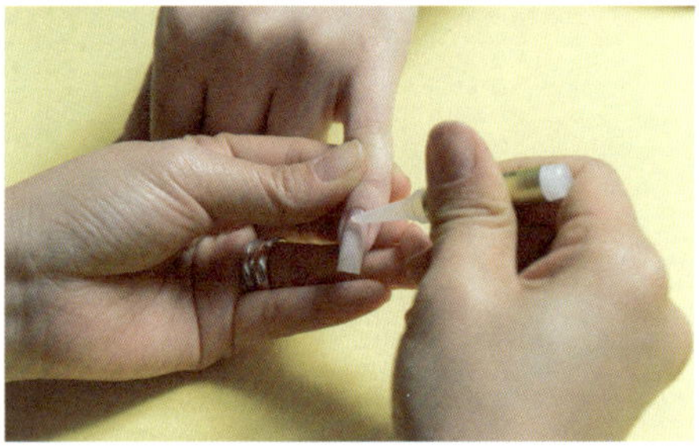

8. 글루 도포

라이트 글루가 필러에 스며들 수 있도록 글루를 도포한다. 원하는 두께가 되도록 2~3회 반복한다.

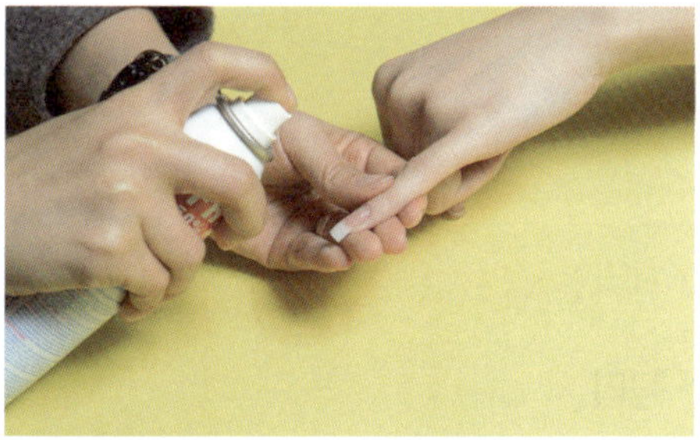

9. 글루드라이

빠른 작업을 위해 글루드라이를 이용하여 글루를 굳혀 준다.
15~20cm로 거리를 두고 소량 분사한다. 가까이서 많이 분사할 경우 빠른 냉각반응으로 인해 투명도가 떨어지고 백탁현상의 원인이 된다.

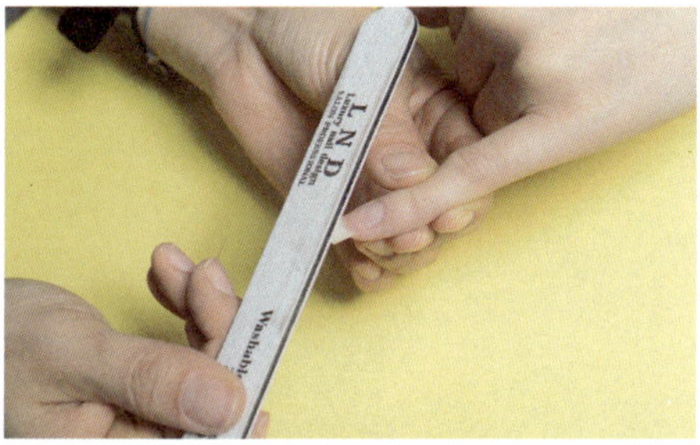

10. 파일링

파일로 표면을 정리한다.

11. 실크 재단

인조 네일 전체를 덮을 수 있도록 실크랩을 재단한다.

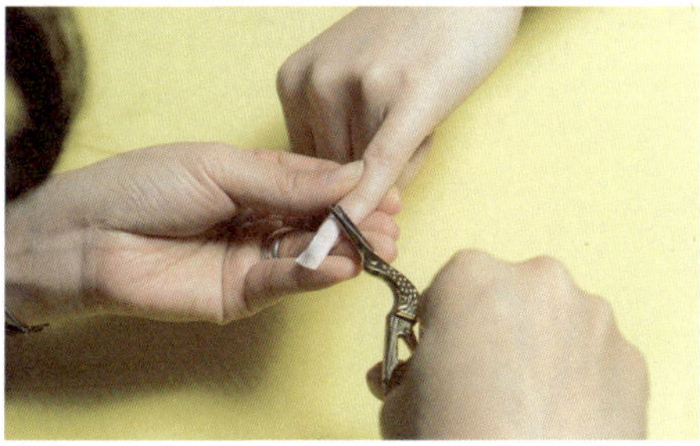

12. 실크 붙이기

큐티클라인과 사이드쪽은 0.1cm 정도의 거리를 두고 실크를 접착하고 인조 네일 크기에 맞게 붙인 상태에서 실크를 재단해 준다.

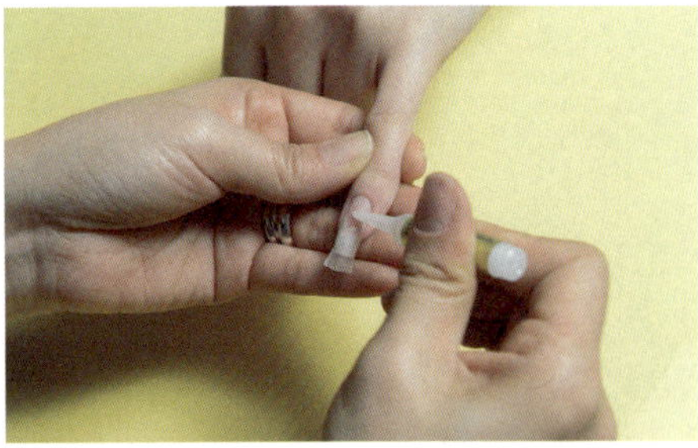

13. 글루 도포

실크에 스며들 수 있도록 전체적으로 라이트 글루를 도포해 준다.

14. 실크 턱선 정리

글루드라이로 굳힌 후 큐티클라인과 사이드의 실크 턱을 파일링하여 자연 네일과 자연스럽게 연결해 준다.

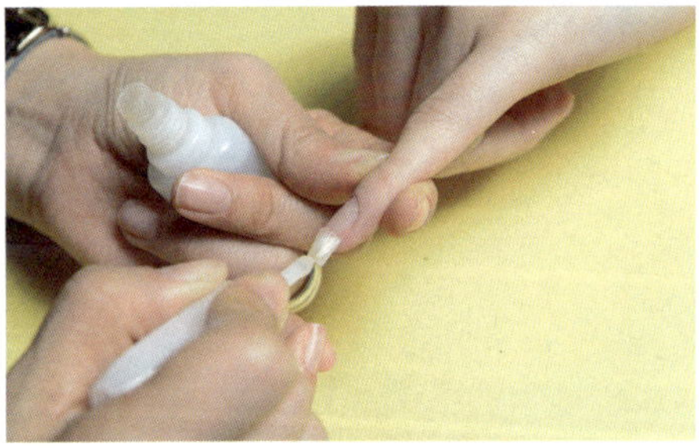

15. 글루 도포

라이트 글루를 도포하여 파일링으로 인한 스크러치를 메워주고 표면의 부족한 두께감과 강도를 높일 수 있도록 젤 글루를 도포해 준다.

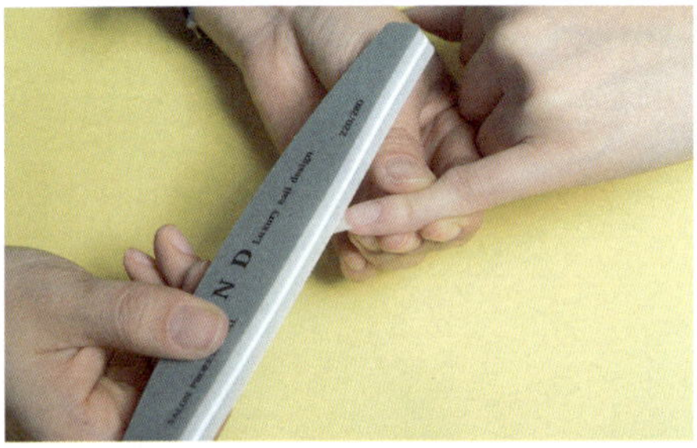

16. 표면정리

샌딩을 이용하여 표면을 매끄럽게 정리한다.

17. 광 내기

3-way 파일을 이용하여 표면에 광을 낸다.

PART Ⅳ

아크릴릭 네일

1. 아크릴릭 네일 사전지식
2. 원톤 스컬프처
3. 팁 위드 아크릴릭
4. 투톤 스컬프처

1. 아크릴릭 네일 사전지식

(1) 아크릴릭 네일의 성분과 재료

① 모노머(Monomer : 단량체)

고분자화합물 등을 구성하는 단위가 되는 저분자량의 물질로 중합체의 출발물질이며 리퀴드 아크릴릭이 모노머 형태에 속한다.

② 폴리머(Polymer : 다량체)

구성 단위를 단량체(單量體)라고 하고, 중합도에 따라 이량체, 삼량체 등이라고 한다. 중합도가 큰 거대 분자를 고중합체라고 하고 접착성이 있는 긴 체인(chain) 모양의 형태로 구성된 것으로 단단한 물질로 변화된다. 완성된 아크릴릭 네일을 폴리머라고 한다.

③ 카탈리스트(Catalyst : 촉매)

물질이 빨리 굳게 해 주는 성분으로, 아크릴릭 제품을 사용할 때 가능하면 모노머와 아크릴릭 파우더는 같은 회사의 제품을 혼합해서 사용하는 것이 좋다. 리퀴드와 파우더를 다른 회사 제품으로 혼합할 경우 너무 빨리 굳는 현상이나 잘 깨지는 부작용이 생길 수 있다.

아크릴릭 서비스는 22.2℃(72℉)에서 가장 효과적이므로 시술 환경의 온도를 유지하고 고객의 손이 너무 뜨겁거나 차가울 경우 손의 온도를 적절히 맞춰 시술을 해야 한다.

아크릴릭 리퀴드와 파우더는 각각 다른 장소에서 직사광선을 피하고 16~27℃(60~80℉)에 보관하는 것이 적당하다. 그렇지 않으면 모노머 냄새가 폴리머로 스며들어가 굳어지게 하기 때문이다. 폴리머가 오염되면 노란빛을 띠며 딱딱해지므로 모노머를 보관할 때는 불투명하고 두꺼운 유리병에 담아 보관해야 한다.

아크릴릭 네일의 성분과 사용방법

재료	성분 및 사용방법
프라이머	프라이머는 산성으로 피부에 닿으면 피부에 자극을 주거나 따가울 수 있으므로 피부에 닿지 않게 적은 양을 손톱 위에만 바를 수 있도록 한다. 만약 피부에 닿았을 경우 알칼리수나 흐르는 물에 씻어 준다. 손톱의 유분과 수분을 제거하고 손톱 표면의 단백질을 살짝 녹여주어 아크릴릭이 잘 접착되도록 바르는 제품으로 아크릴릭 네일 시술 시 프라이머는 2회 도포하면 효과적이다.
아크릴릭 리퀴드	에틸렌 글리콜 디메타크릴레이트(ethylen glycol demethacrylate) 성분으로 되어있으며 의료분야에서는 관절 보철 접착제로 널리 사용되고 있다. 용해제에 대한 내성을 가지고 있으며 아크릴릭 리퀴드가 제품을 튼튼하게 해주고 작업을 쉽게 할 수 있도록 도와준다.
아크릴릭 파우더	에틸 메타크릴레이트(Ethl Methacrylate(EMA), 메틸 메타크릴레이트 (Methl Methacrylate) 성분으로 아크릴릭 네일을 만들 때 리퀴드와 믹스하여 사용하는 가루타입 제품이다.

(2) 폼 접착 방법

폼 중앙의 둥근 시트를 인조 네일이 올라가는 부분의 뒤편에 붙여주어 탄탄하게 힘을 받을 수 있도록 해 준다.

스마일라인 모양에 맞게 가위로 오려 프리에지와 폼 사이에 틈이 생기지 않도록 잘 고정시켜준다. 폼이 맞지 않으면 하이포니키움이 벌어지거나 통증을 유발할 수 있으므로 주의한다. 폼이 끼워진 형태에 따라 인조 네일이 형성되므로 폼이 쳐지거나 들뜨지 않도록 주의한다.

1) 폼 잡는 법

2) 폼 끼우는 순서

① 폼을 잡고 손톱의 중심선을 기준으로 손톱 커브에 맞게 폼을 구부린다.

② 스마일 라인에 맞게 폼을 재단한다.

③ 스마일 라인에 맞춰 끼워주고 손톱과 수평이 되도록 각도를 조 절한다.

④ 중심선과 사이드가 잘 커버되어 있는지 확인한다.

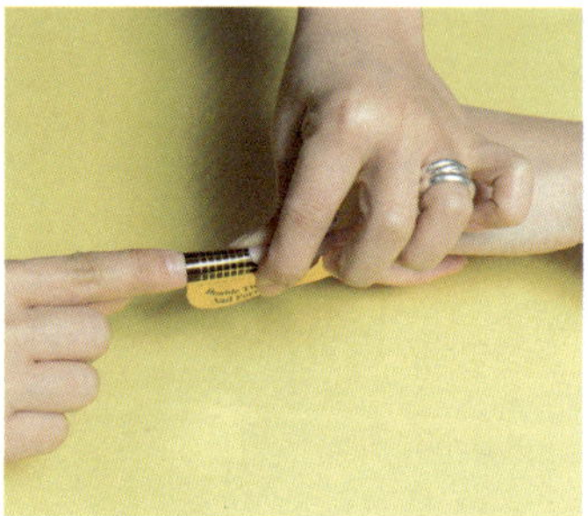

⑤ 폼이 틀어지지 않도록 중심선을 검지손이나 브러시 대로 고정 한다.

⑥ 폼의 양쪽 날개부분을 틀어지지 않도록 접착한다.

(3) 아크릴릭 브러시 사용 및 보관법

1) 브러시 명칭

① Back : 볼을 일정하게 펴주고 길이나 두께를 조절하거나 힘을 주어 표현할 때 사용

② Belly : 볼을 움직여 전체적인 균형이나 형태를 잡아주고 적당한 힘을 주어 눌러 주거나 쓸어줄 때 사용

③ Tip : 볼을 뜨는 부분으로 큐티클라인, 스마일라인, 사이드, 디자인 등의 가장 미세한 작업이 필요할 때 사용

2) 브러시 보관법

① 브러시 사용 후에는 리퀴드에 브러시를 헹구어 아크릴릭이 남아 있지 않도록 페이퍼타월에 여러번 닦아 사용하도록 한다.

② 브러시 끝을 가지런히 모아주고 브러시 뚜껑을 덮어 끝을 아래쪽으로 세워 보관하도록 한다.

③ 브러시 세척 시 브러시 클리너만을 사용하기 보다는 리퀴드와 섞어 사용하거나 리퀴드만을 사용하여 닦아내면 브러시의 수명을 연장시킬 수 있다.

(4) 아크릴릭 볼 만들기

1) 볼 뜨는 순서

① 다펜디시 속 리퀴드에 브러시를 흠뻑 적셔 준다.

② 브러시를 다펜디쉬 입구에서 브러시가 머금고 있는 리퀴드의 양을 조절해 준다.

③ 브러시에 남아 있는 이물질을 페이퍼타월에 한 번 닦아내 준다.

④ 리퀴드의 양을 조절하여 볼을 만든다.

⑤ 리퀴드의 양이 많으면 볼을 뜬 상태에서 페이퍼 타월에 조절하여 사용할 수 있다.

2) 리퀴드와 파우더의 비율

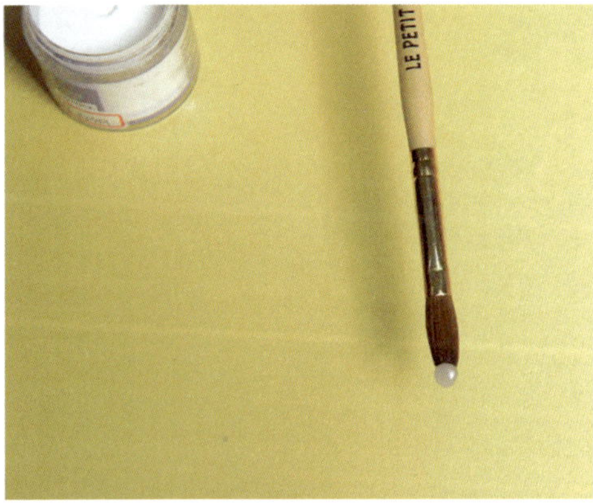

아크릴릭 파우더와 리퀴드의 비율이 잘 배합된 상태이면 표면이 둥글고 매끄럽게 광이 난다.

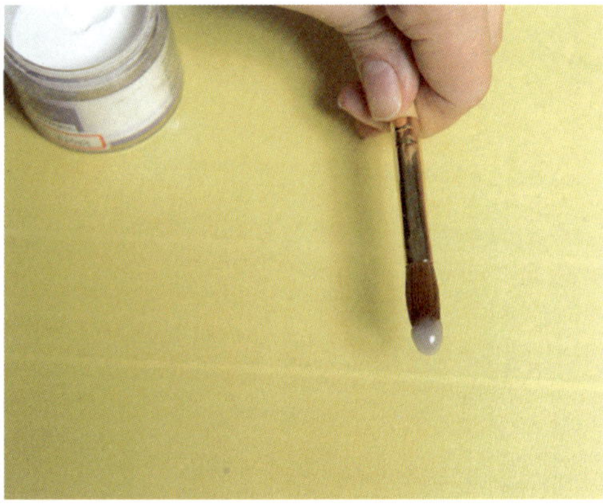

리퀴드와 파우더의 양 조절이 잘못된 상태이면 눈꽃처럼 불투명하고 형태가 퍼져 있어 브러시에서 잘 분리되지 않는다.

2. 원톤 스컬프처

아크릴 네일은 아크릴 리퀴드와 파우더의 적절한 혼합으로 만들어진 인조 네일이다. 이 두 물질을 이용하여 네일 팁과는 또 다른 인조 네일을 만들 수 있다. 손톱의 두께를 보강하고 물어뜯는 네일을 교정하는 등 다양하게 활용이 가능하다. 기형적인 손톱 모양을 교정할 수 있는 매우 단단한 인조 네일로 자연 네일 위에 연장함은 물론 팁 위 시술과 폼을 이용한 익스텐션도 가능하다.

(1) 아크릴릭 원톤 스컬프처 완성 사진

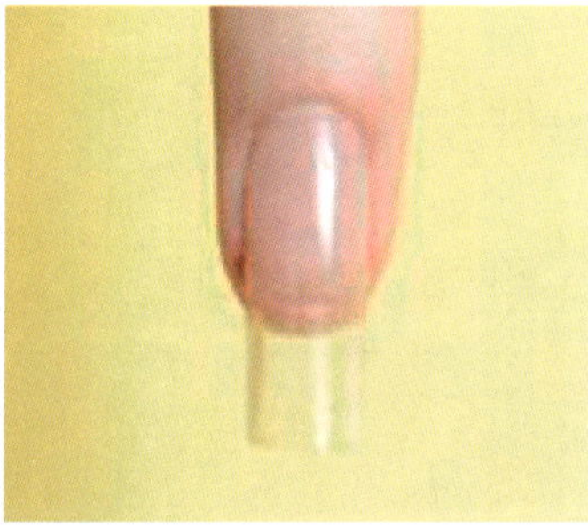

11자 형태

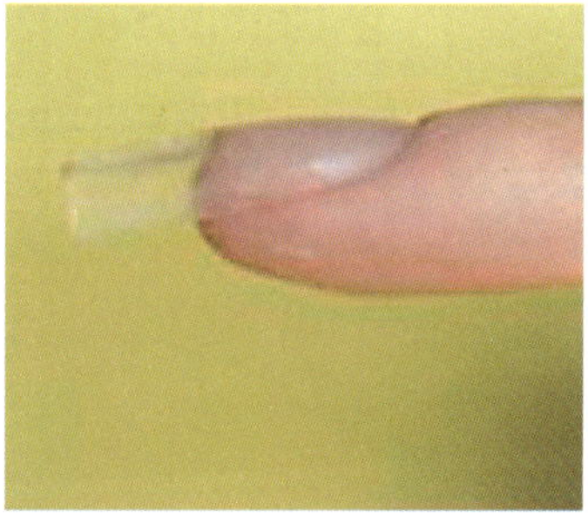

하이포인트,
사이트 스트레이트
자연스러운 능선

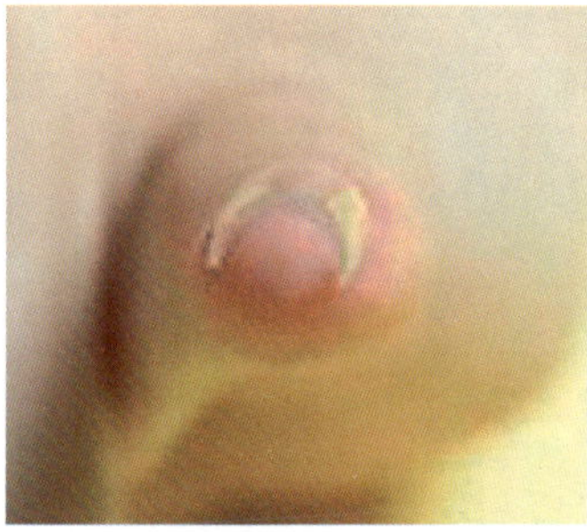

30%~40%의 C커브

(2) 재료 및 사전준비

도구는 반드시 소독처리하여 사용한다.

- 타월
- 프라이머
- 고객용 팔 받침 쿠션
- 아크릴 파우더
- 보안경
- 아크릴 리퀴드
- 비닐장갑
- 아크릴 브러시
- 마스크
- 다펜디시
- 파일
- 네일 폼
- 3-Way
- 페이퍼타월
- 브러시 클리너
- 버퍼

(3) 원톤 스컬프처 시술 절차

1. 프레퍼레이션

자연 네일의 길이 조정 및 모양을 잡고 큐티클 정리, 유·수분 및 광택, 먼지를 제거하여 원톤 스컬프처 시술 후 지속력을 높인다.

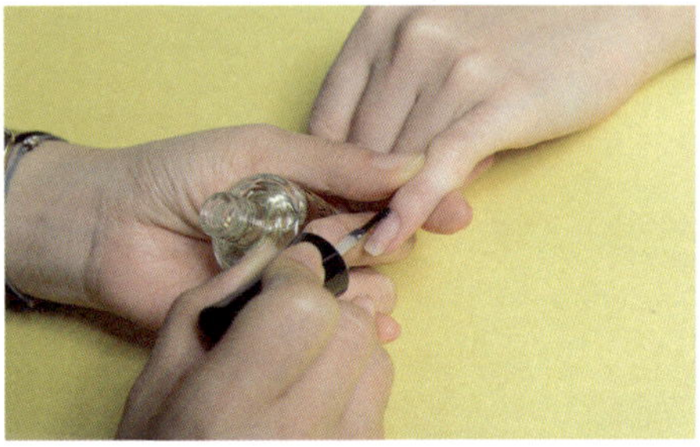

2. 프라이머 바르기

자연 네일에 프라이머를 소량 도포한다.

3. 폼 끼우기

자연 네일의 커브 중심과 네일의 수평, 스마일 라인에 맞게 폼을 끼워 준다.

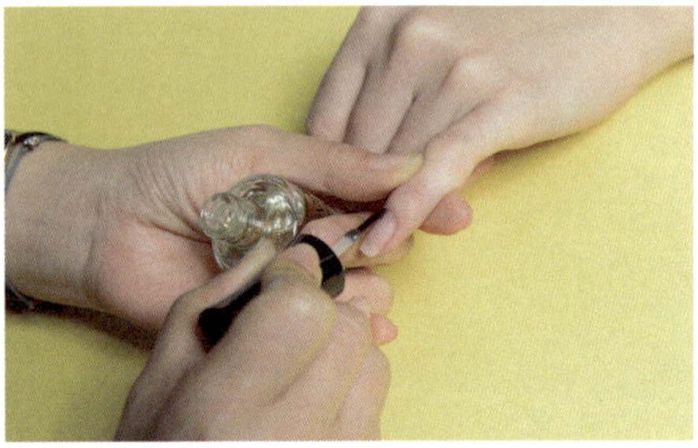

4. 2차 프라이머

아크릴의 접착력을 높이기 위해 프라이머를 한 번 더 도포한다.

5. 첫 번째 볼 올리기 (프리에지)

프리에지 부분에 볼을 올려주고 브러시를 이용하여 길이를 연장한다.

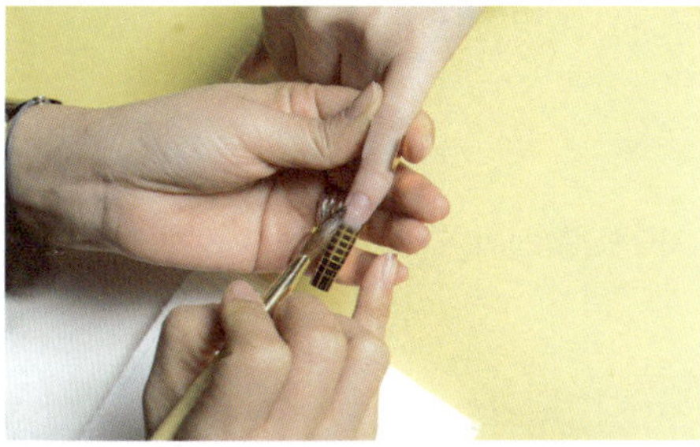

6. 두 번째 볼 올리기 (하이포인트)

네일바디의 중간 지점에 볼을 올려주고 하이포인트와 전체적인 밸런스를 고려하여 프리에지와 연결한다.

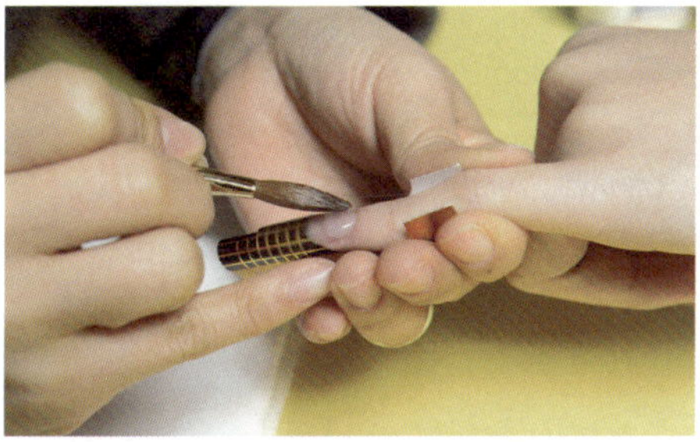

7. 세 번째 볼 올리기 (큐티클라인)

큐티클과 닿지 않도록 볼을 올려주고 큐티클라인 쪽은 브러시를 이용하여 얇게 펴서 전체적으로 자연스럽게 연결한다.

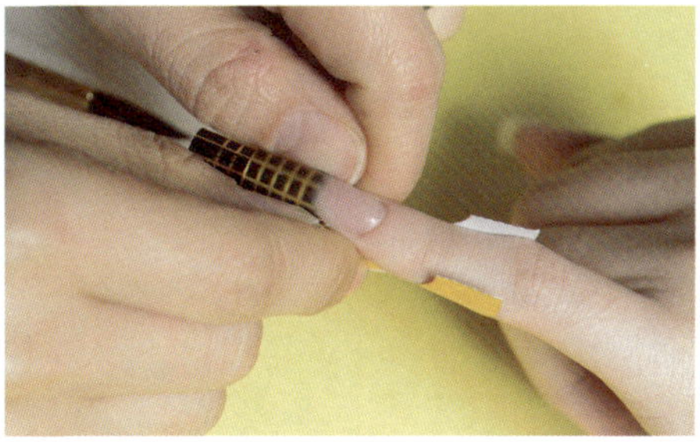

8. 핀칭

아크릴이 굳기 직전에 스트레이트 포인트를 양쪽 엄지손톱으로 눌러주어 퍼져 있거나 틀어져있는 아크릴 네일을 바로잡아 11자 형태로 만들어 준다.

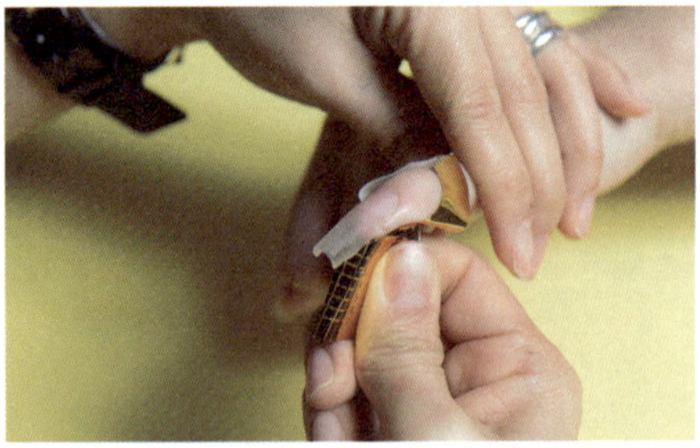

9. 폼 떼어내기

폼을 떼어낼 때는 완성되어있는 아크릴 네일이 찢어지거나 떨어지지 않도록 뒤로 뒤집어서 떼어준다.

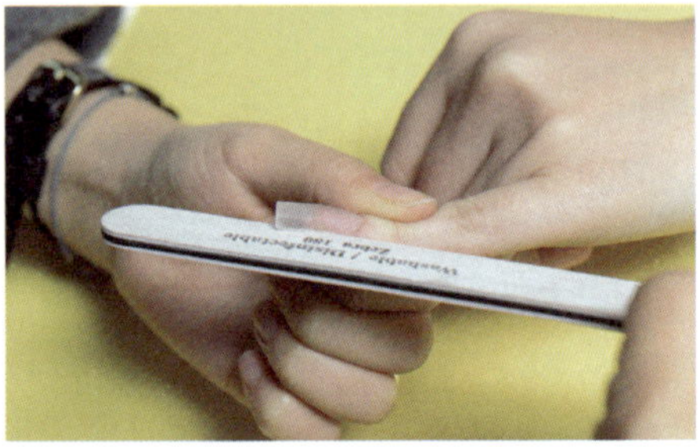

10. 파일링

파일로 모양과 사이드를 정리한 후 표면을 정리해 준다.

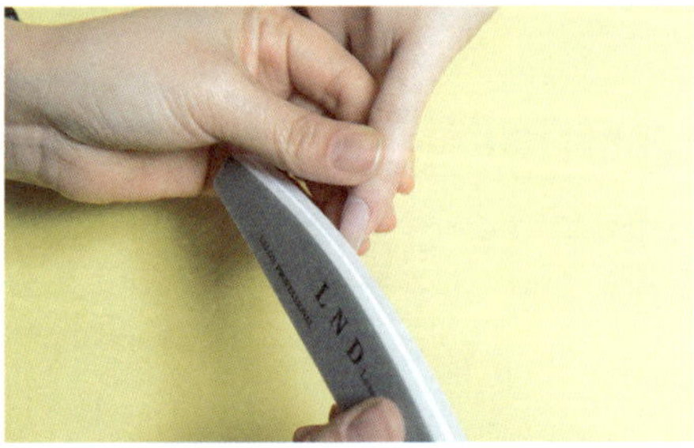

11. 버핑

버퍼로 표면을 매끄럽게 정리한다.

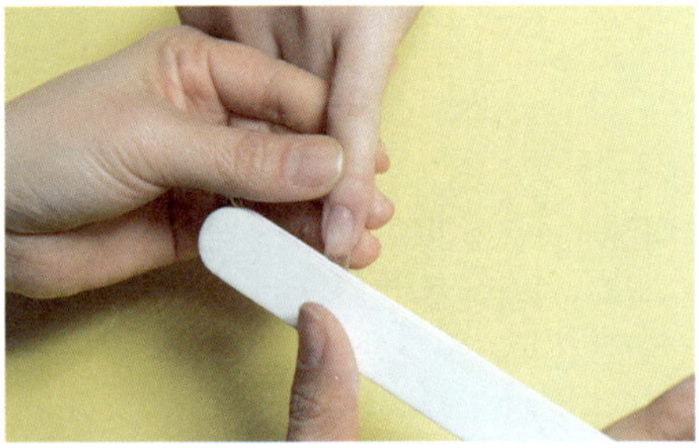

12. 광내기

3-Way 파일을 이용하여 표면에 광을 낸다.

3. 팁 위드 아크릴릭

팁을 이용하여 길이를 연장하고 아크릴을 이용하여 팁 위를 덧씌움으로써 튼튼하게 유지시켜주고 지속력을 높여주는 네일 시술 방법이다.

(1) 도면

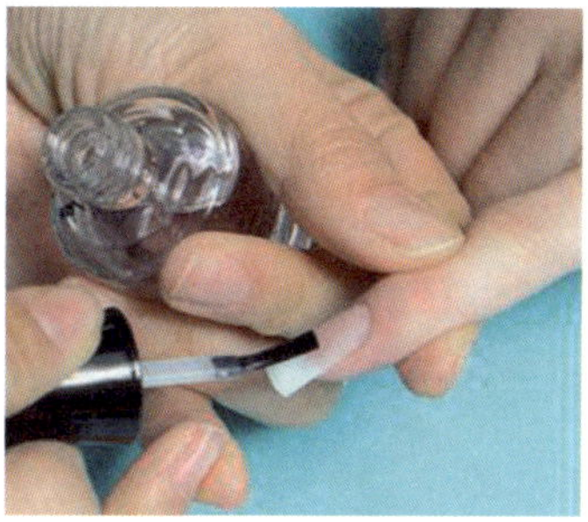

레귤러팁을 붙이고 팁턱 제거를 한 후 네일바디에 프라이머를 바른다.

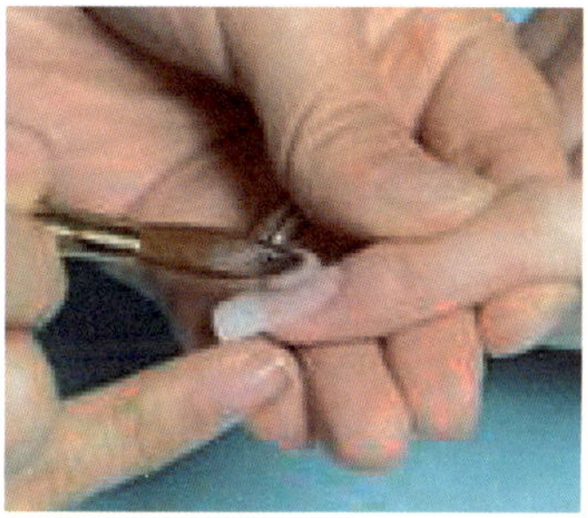

아크릴 볼을 떠서 전체적으로 오버레이해 준다.

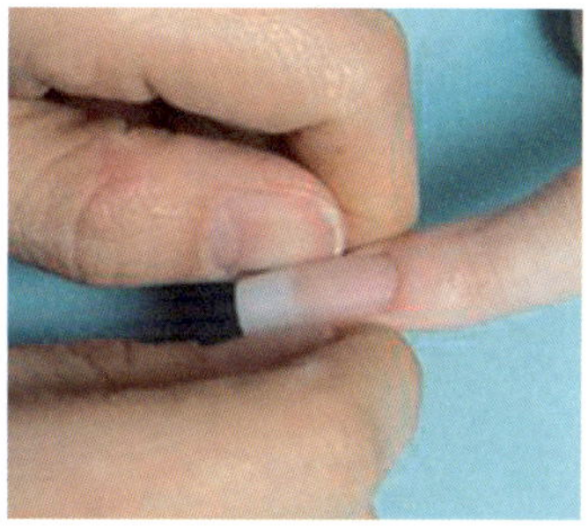

핀칭을 주어 11자 형태를 만들어 준다.

(2) 재료 및 사전준비

도구는 반드시 소독처리하여 사용한다.

- 타월
- 프라이머
- 고객용 팔 받침 쿠션
- 아크릴 파우더
- 보안경
- 아크릴 리퀴드
- 비닐장갑
- 아크릴 브러시
- 마스크
- 다펜디쉬
- 파일
- 네일 폼
- 3-Way
- 페이퍼타월
- 브러시 클리너
- 버퍼
- 레귤러 팁
- 라이트 글루
- 필러
- 젤 글루

(3) 팁 위드 아크릴릭 시술 절차

1. 프레퍼레이션

자연 네일의 길이 조정 및 모양을 잡고 큐티클 정리, 유 · 수분 및 광택, 먼지를 제거하여 팁 위드 아크릴릭 시술 후 지속력을 높인다.

2. 팁 익스텐션

레귤러 팁을 젤 글루를 이용하여 붙이고 팁턱 제거를 해 준다.

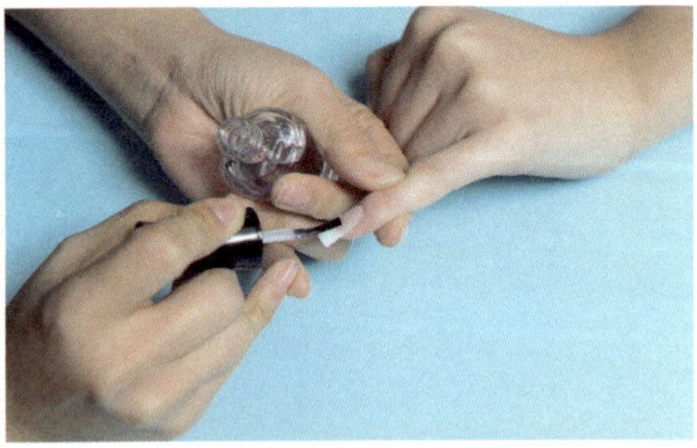

3. 프라이머 바르기

자연 네일에 프라이머를 소량 도포한다.

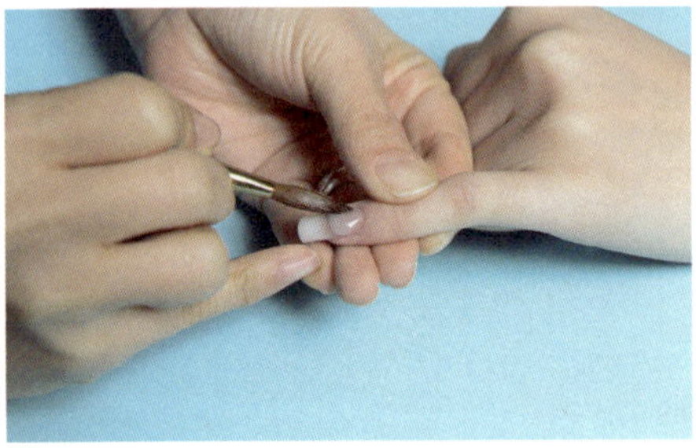

4. 볼 올리기

손톱 전체를 덮을 수 있는 볼을 떠서 하이포인트, 큐티클라인, 사이드, 전체적인 밸런스를 고려하여 오버레이 해 준다.

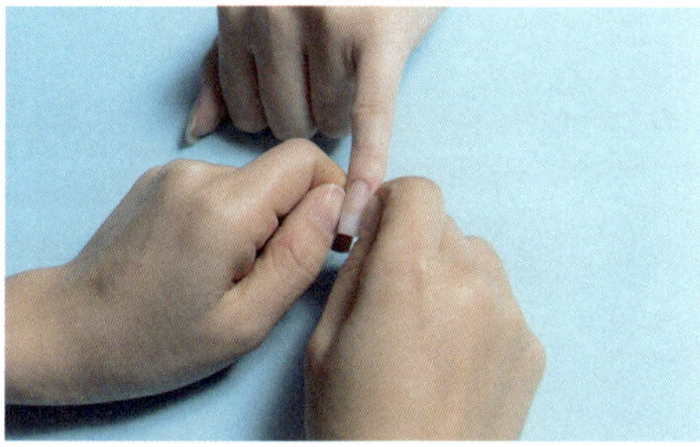

5. 핀칭

아크릴이 굳기 직전에 스트레이트 포인트를 양쪽 엄지손톱으로 눌러주어 퍼져있거나 틀어져있는 아크릴 네일을 바로잡아 11자 형태로 만들어 준다.

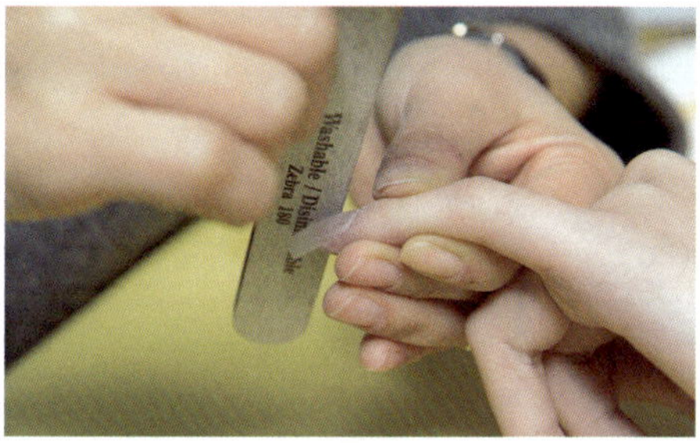

6. 파일링

파일로 모양과 사이드를 정리한 후 표면을 정리해 준다.

7. 버핑

버퍼로 표면을 매끄럽게 정리한다.

8. 광내기

3-Way를 이용하여 표면에 광을 낸다.

4. 투톤 스컬프처

프리에지 부분을 화이트 아크릴릭 파우더로 만들어주고 네일바디 부분을 클리어 파우더로 오버레이해주는 시술 방법이다.

시술 시 자연 네일의 스마일 라인을 덮어주고 스마일 라인을 만들 때에는 일정한 두께와 깔끔한 스마일라인이 나올 수 있도록 만들어 준다. 클리어 아크릴릭 파우더로 오버레이 시 프리에지 부분에 많이 덮이지 않도록 시술해 준다.

(1) 도면

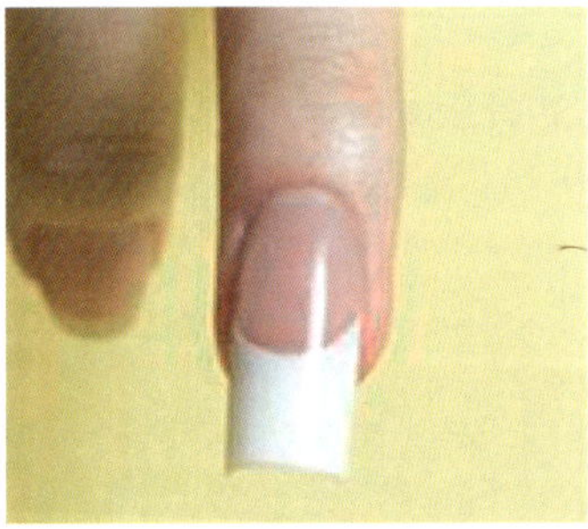

11자 형태, 스퀘어 형태

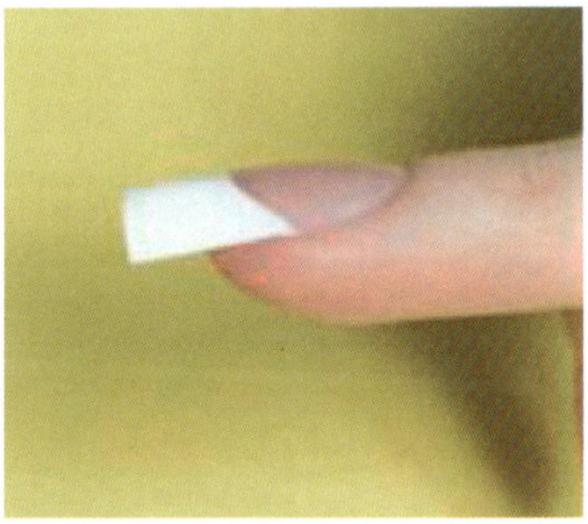

사이드 스트레이트, 하이포인트, 자연스러운 능선

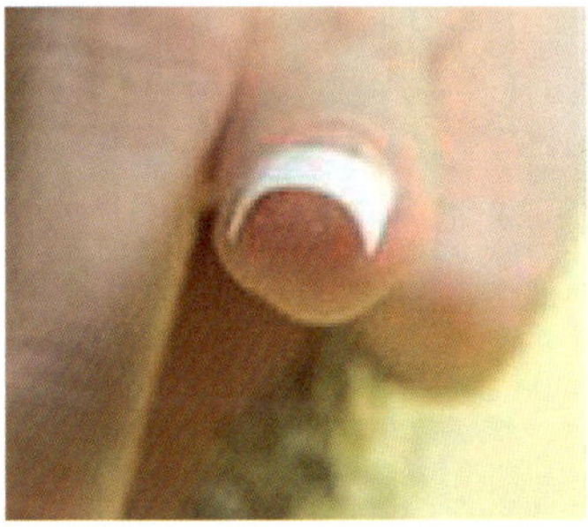

30~40%의 C커브

(2) 재료 및 사전준비

도구는 반드시 소독처리하여 사용한다.

- 타월
- 프라이머
- 고객용 팔 받침 쿠션
- 아크릴 파우더 (화이트, 클리어)
- 보안경
- 아크릴 리퀴드
- 비닐장갑
- 아크릴 브러시
- 마스크
- 다펜디시
- 파일
- 네일 폼
- 3-Way
- 페이퍼타월
- 브러시 클리너
- 버퍼

(3) 투톤 스컬프처 시술 절차

1. 프레퍼레이션

자연 네일의 길이 조정 및 모양을 잡고 큐티클 정리, 유 · 수분 및 광택, 먼지를 제거하여 투톤 스컬프처 시술 후 지속력을 높인다.

2. 프라이머 바르기

자연 네일에 프라이머를 소량 도포한다.

3. 폼 끼우기

자연 네일의 커브 중심과 네일의 수평, 스마일 라인에 맞게 폼을 끼워준다.

4. 2차 프라이머

아크릴의 접착력을 높이기 위해 프라이머를 한 번 더 도포한다.

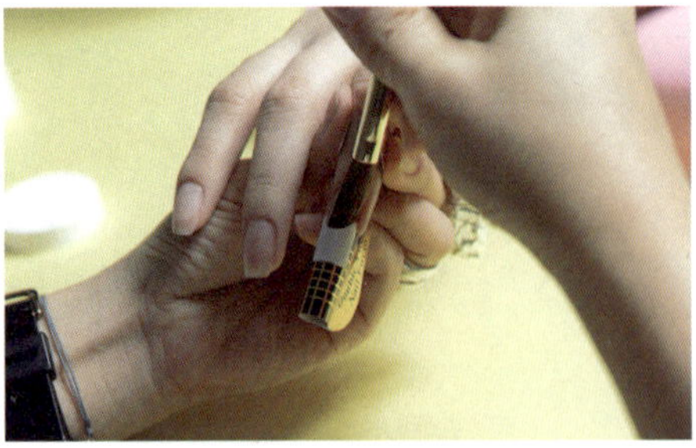

5. 첫 번째 화이트 볼 올리기 (프리에지)

프리에지 부분에 화이트 아크릴 파우더 볼을 올려주고 브러시를 이용하여 스마일 라인을 만들어 길이를 연장한다.

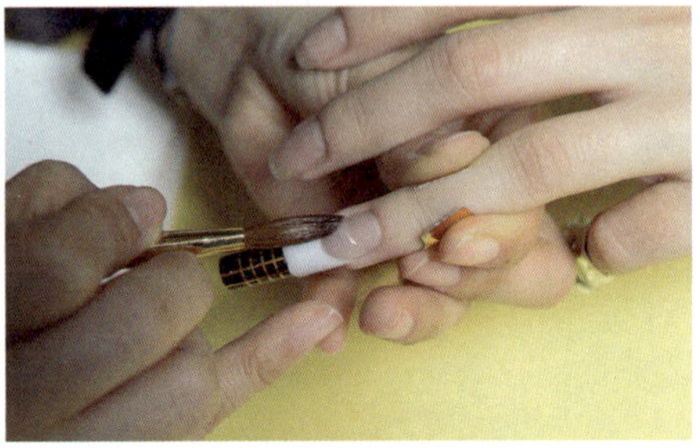

6. 두 번째 클리어 볼 올리기 (하이포인트)

프리에지와 자연 네일의 경계부분에 볼을 올려주고 하이포인트와 전체적인 밸런스를 고려하여 프리에지와 연결한다.

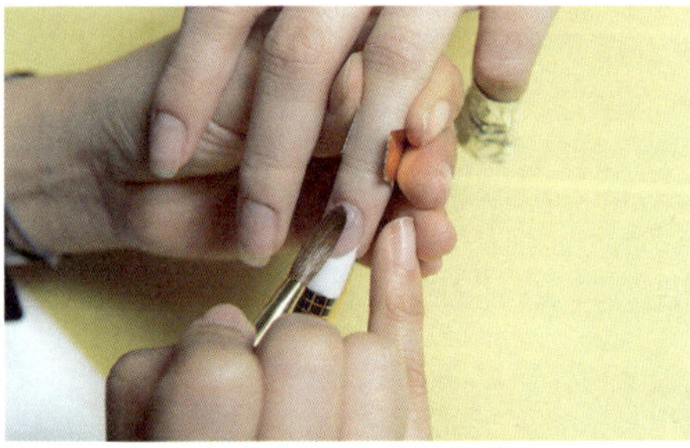

7. 세 번째 클리어 볼 올리기 (큐티클라인)

큐티클과 닿지 않도록 볼을 올려주고, 큐티클라인 쪽은 브러시를 이용하여 얇게 펴서 전체적으로 자연스럽게 연결한다.

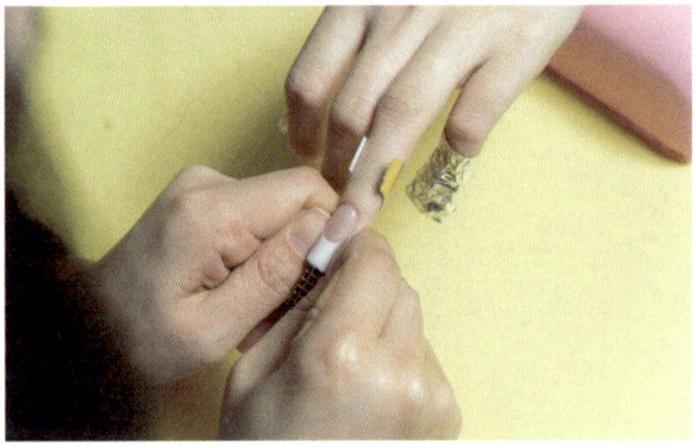

8. 핀칭

아크릴이 굳기 직전에 스트레이트 포인트를 양쪽 엄지 손톱으로 눌러주어 퍼져있거나 틀어져있는 아크릴 네일을 바로잡아 11자 형태로 만들어 준다.

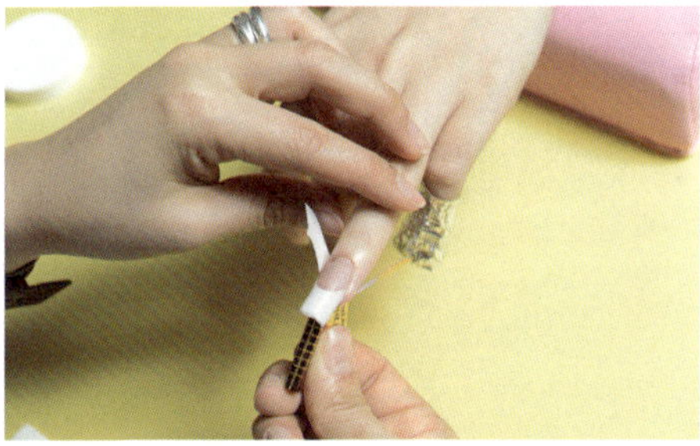

9. 폼 떼어내기

폼을 떼어낼 때는 완성되어있는 아크릴 네일이 찢어지거나 떨어지지 않도록 뒤로 뒤집어서 뗀다.

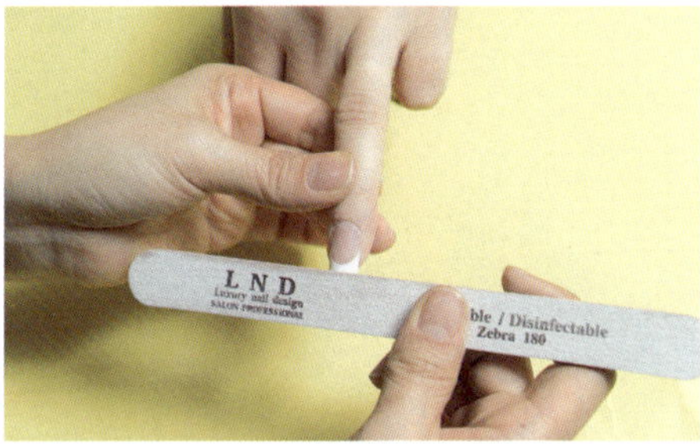

10. 파일링

파일로 형태과 사이드를 정리한 후 표면을 정리해 준다.

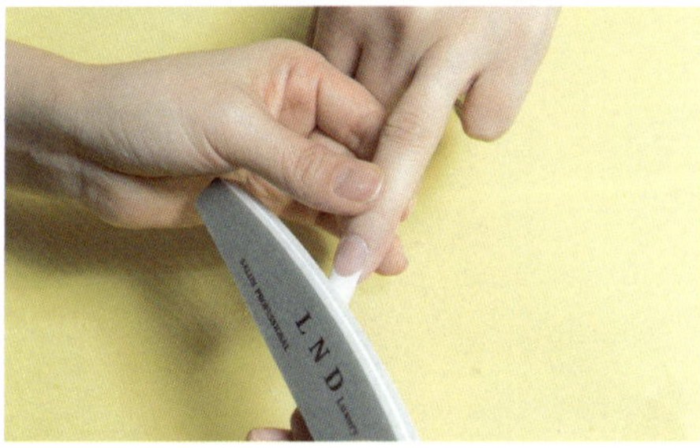

11. 버핑

버퍼로 표면을 매끄럽게 정리한다.

12. 광내기

3-Way를 이용하여 표면에 광을 낸다.

PART V

젤 네일

1. 젤의 이해
2. 젤 원톤 스컬프처
3. 젤 마블링(선)
4. 젤 마블링(부채꼴)

1. 젤의 이해

(1) 젤의 특성

젤 네일은 현재 사용되고 있는 인조 네일 종류 중 가장 강하고 자연스럽고 지속력이 좋다는 장점을 가지고 있다. 시술 시 냄새가 전혀 없고 브러시로 젤을 자유자재로 움직일 수 있다.

(2) 젤의 경화

① **라이트 큐어** : UV, LED 빛에 일정시간 노출시켜 경화하는 방법
② **노 라이트 큐어** : 광선을 사용하지 않고 응고제를 이용한 경화 방법

(3) 젤 네일 시술 시 유의점

① 램프에 오래 경화시키면 변색과 균열이 생기고 쉽게 깨지는 현상이 나타날 수 있다.
② 젤의 양을 적절하게 조절하여 경화시켜야 한다.
③ 1회 경화에 적절하지 않은 젤의 양과 경화시간은 수축과 균열, 기포를 유발하여 내구성을 저하시킨다.
④ 제조회사마다 경화 시간이 다르므로 설명서를 참고한다.
⑤ 젤이 경화되지 않고 피부에 닿았을 때는 알레르기 반응을 일으킬 수 있다.
⑥ 많은 양의 젤을 한 번에 오래 경화할 경우에는 네일과 네일 베드를 결합하는 조직을 태우는 현상이 일어난다.

(4) 젤 네일 관리

약 3~4주에 한번씩 보수관리를 한다면 오래도록 아름다운 젤 네일을 유지할 수 있다. 팁 익스텐션이나 아크릴릭 네일 시술과는 달리 지속기간이 1주 정도 더 길며 젤의 특성상 가볍고 다른 시술에 비해 이물감이 덜하여 고객들에게도 만족감이 높은 시술이다.

① 새로 자라나온 자연 네일과 젤의 경계선을 자연스럽게 표면 정리한다.
② 리프팅이 진행되었을 경우 리프팅 된 인조 네일을 모두 제거한다.
③ 인조 네일이 제거된 자연 네일의 표면을 정리하고 베이스 젤을 도포하여 큐어링 한다.
④ 젤 색상이나 디자인에 맞게 시술 후 탑젤을 도포하여 큐어링 후 마무리한다.

(5) 젤 네일 제거

① 소프트젤 제거 시 아세톤에 의해 큐티클 피부가 건조해지는 것을 방지하기 위해 큐티클 주변에 오일을 바른다.
② 아세톤을 묻힌 솜을 네일 표면에 얹어 포일로 감싼 뒤 10~15분 정도 기다린다.
③ 젤 제조회사에 따라 쏙오프 되는 시간이 다르므로 설명에 따라 시간을 지킨다.
④ 일정 시간이 지나면 포일을 벗기고 오렌지 우드스틱으로 큐티클 라인에서 프리에지 방향으로 젤을 밀면서 떼어 낸다.
⑤ 샌딩 블록으로 네일 표면을 마무리한다.
⑥ 하드젤 시스템은 리무버에 녹지 않으므로 거친 파일로 파일링하여 하드젤 표면을 제거해야 한다.
⑦ 파일링을 하지 않고 드릴 머신을 이용하면 제거 시간을 훨씬 단축시킬 수 있다. 단, 자연 네일이 상하지 않도록 주의해야 한다.
⑧ 젤 제거 후에는 큐티클과 네일 표면에 큐티클 오일을 바르고 건조해진 큐티클 부분을 마사지하여 손톱 표면을 매끄럽게 다듬어 준다.

2. 젤 원톤 스컬프처

젤 네일은 현재 사용되고 있는 인조 네일 종류 중 가장 강하고 자연스럽고 지속력이 좋다는 장점을 가지고 있다. 시술 시 냄새가 전혀 없고 젤 브러시를 이용하여 젤을 적당한 두께로 고루 펴 바르면 젤의 응집력에 의해 표면 파일링을 하지 않아도 될 만큼 정리된다.

(1) 도면

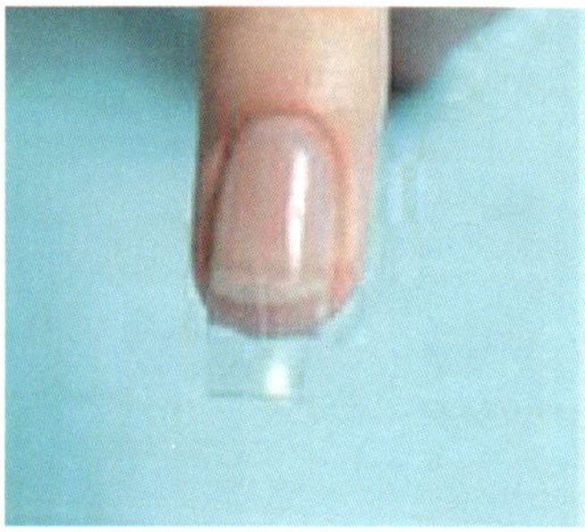

11자 형태

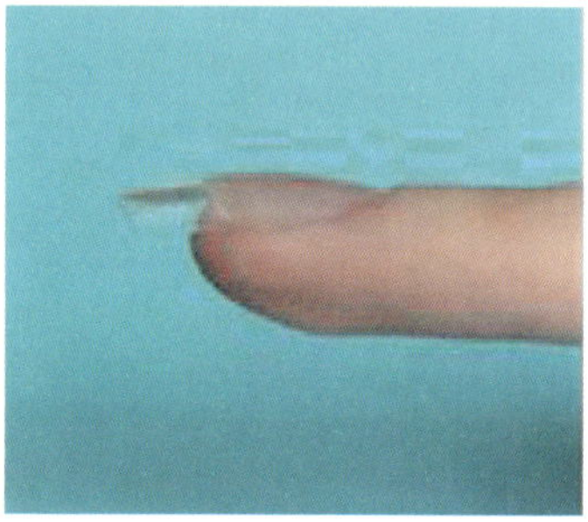

하이포인트,
사이트 스트레이트

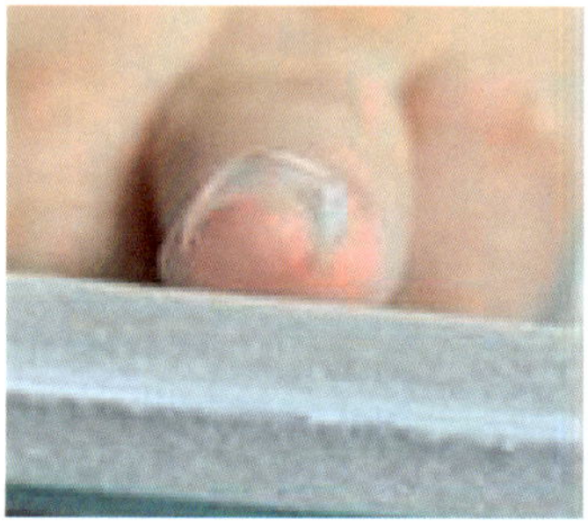

30~40%의 C커브

(2) 재료 및 사전준비

도구는 반드시 소독처리하여 사용한다.

- 타월
- 클리어 젤 또는 스컵처 젤
- 고객용 팔 받침 쿠션
- 프라이머
- 와이퍼
- 베이스 젤
- 젤 리무버
- 탑 젤
- 페이퍼타월
- 파일
- 젤 오발 또는 스퀘어 브러시
- 큐티클 오일
- UV 램프 또는 LED 램프 기기
- 젤 폼

(3) 젤 원톤 스컬프처 시술 절차

1. 프레퍼레이션

자연 네일의 길이 조정 및 모양을 잡고 큐티클 정리, 유 · 수분 및 광택, 먼지를 제거하여 젤 원톤 스컬프처 시술 후 지속력을 높인다.

2. 폼 끼우기

자연 네일의 커브와 스마일 라인의 모양에 맞춰 폼을 재단 후 네일의 중심과 수평선을 맞춰 폼을 끼운다. 폼이 틀어지거나 쳐지지 않도록 주의한다.

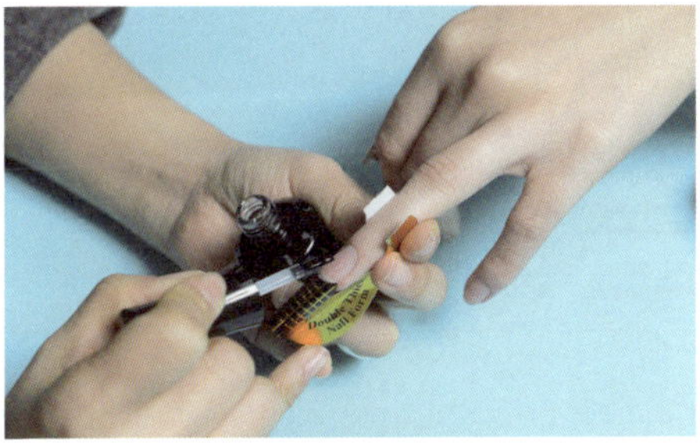

2. 프라이머 또는 본더 바르기

자연 네일의 표면의 유분과 수분을 제거하고 손톱 표면의 단백질을 살짝 녹여 젤의 접착성을 높여주는 단계로 젤의 지속력과 밀접한 관계가 있다. 흘러내리지 않게 소량만 손톱에 도포한다.

3. 베이스젤 도포→큐어링

젤 램프를 이용하여 베이스 젤을 경화시킨다.

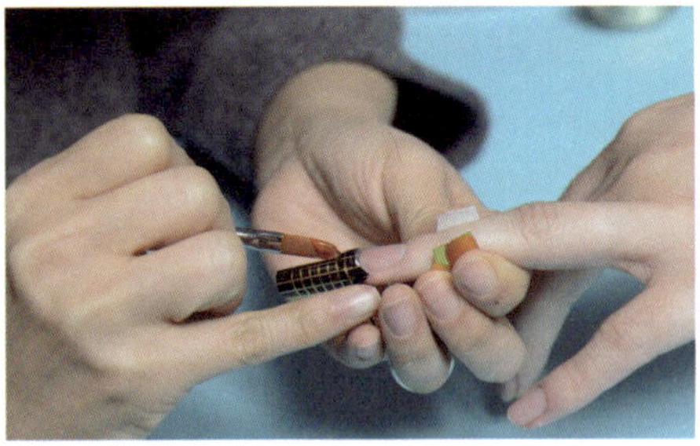

4. 클리어 젤1 (프리에지) → 큐어링

프리에지 라인에 젤을 올리고 길이를 연장한다.
이때 젤의 특성상 손의 커브로 인해 젤이 옆으로 흘러내려 작업이 어려워질 수 있으므로 빠른 시간 내에 시술을 끝내도록 한다.
고루 잘 펴 바른 뒤 큐어링한다.

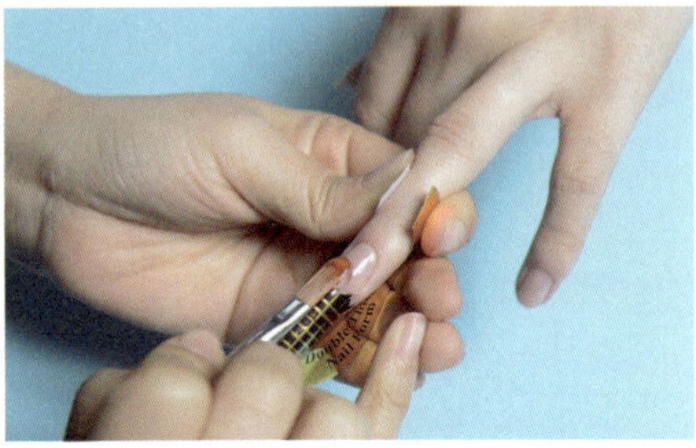

5. 클리어 젤2 (하이포인트) → 큐어링 15초

클리어 젤1과 연결하여 손톱의 하이포인트가 될 수 있도록 양을 조절하여 올려주고 15초 큐어링한다. 이때 손톱이 퍼지는 것을 방지하지 위해 경화가 조금 진행되었을 때 중간에 핀칭을 주고 다시 큐어링한다.

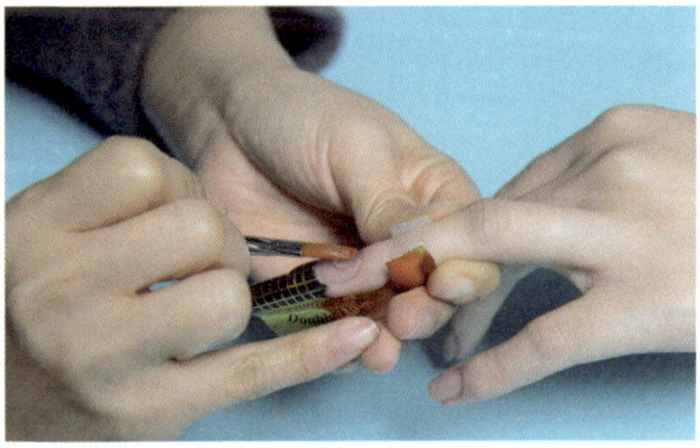

6. 클리어 젤(큐티클 라인) → 큐어링 → 미경화 젤 닦아내기

클리어 젤2와 연결하고 젤이 큐티클 부분에 닿지 않도록 얇게 고루 펴 도포하고 큐어링한다.
남아있는 미경화 젤을 닦아 준다.

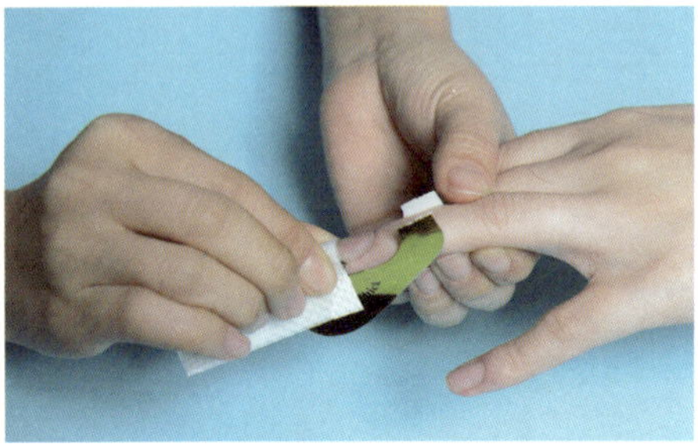

6. 미경화 젤 닦아내기 → 폼 떼어내기

남아있는 미경화 젤을 닦아줄 때 젤 리무버를 적신 와이퍼로 닦아주면서 사이드에 핀칭을 준다.
젤이 남아 있지 않도록 깨끗하게 닦아 주고 폼을 떼어 낸다.

7. 파일링

완벽한 형태가 될 수 있도록 모양과 사이드 스트레이트를 만들어 주고 전체적으로 파일링을 해 준다.
젤은 다른 인조 네일 재료에 비해 부드러워 파일링 시 잘 갈린다.

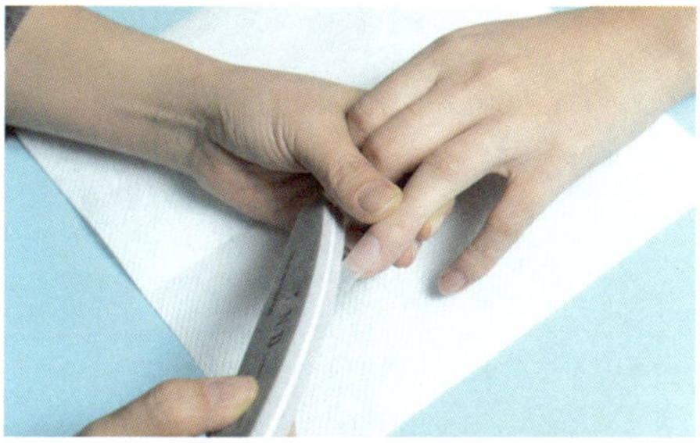

8. 샌딩

거칠어진 표면을 버퍼를 이용해 매끄럽게 만든다.

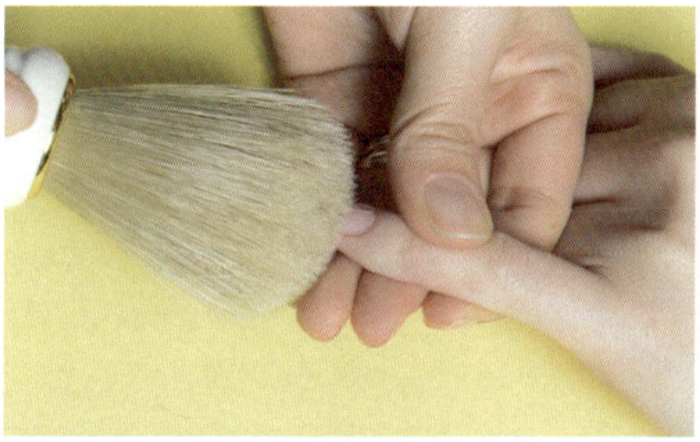

9. 먼지·이물질 제거

남아있는 먼지나 이물질을 더스트 브러시로 제거한다.

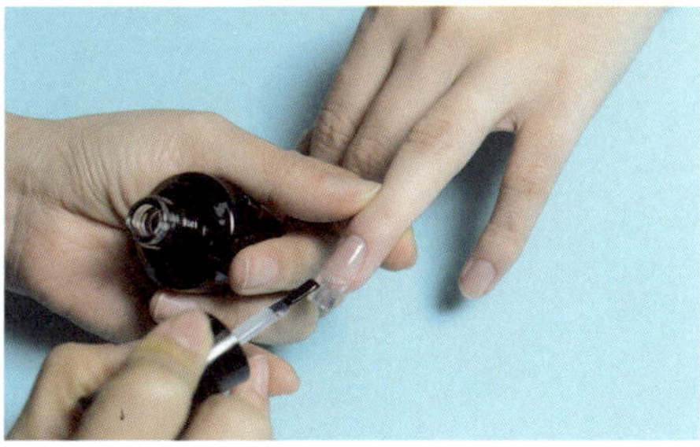

10. 탑젤 → 미경화 젤 닦고 마무리

탑젤을 바르고 큐어링 후 미경화 젤을 닦아내고 마무리한다.

3. 젤 마블링(선)

(1) 기초이론

마블링은 우연에서 얻어지는 독특한 효과로 반복적인 작업에도 동일한 패턴이 나타나지 않는 특성 때문에 시각적인 즐거움과 다양성, 창의적인 작품 표현이 가능하며, 이렇게 얻어진 마블링 형태는 쓰이는 재료의 흐름에 따라 예측할 수 없는 우연성에 의해 패턴이 만들어진다. 마블링 문양은 완전히 인위적인 것은 아니지만 작가의 의도가 적극적으로 개입되어 어느 정도는 계획적·의도적으로 도구를 사용해 무늬를 만들 수 있다는 특징이 있다. 젤의 등장과 함께 마블링 또한 다양한 패턴과 방법들로 발전하고 있다.

(2) 도면 및 설명

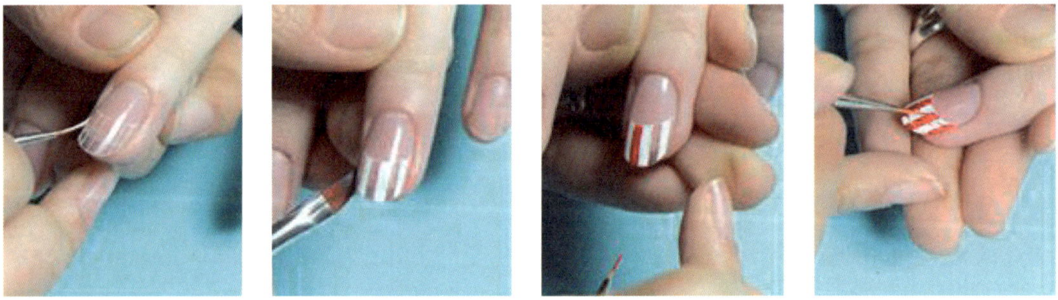

- 8 등분의 면을 화이트 젤과 레드 젤을 교차로 도포한다.
- 가로 5선을 간격이 같도록 오른쪽 3선 왼쪽 2선을 그어준다.

(3) 재료 및 사전준비

도구는 반드시 소독처리하여 사용한다.

• 타월	• 램프	• 베이스 젤
• 레드 젤	• 젤 리무버	• 샌딩
• 고객용 팔 받침 쿠션	• 젤 파레트	• 탑젤
• 화이트 젤	• 라이너 브러시	• 소독제
• 와이퍼	• 파일	

(4) 젤 마블링 시술 절차

1. 프레퍼레이션

자연 네일의 길이 조정 및 모양을 잡고 큐티클 정리, 유·수분 및 광택, 먼지를 제거하여 젤 마블링 시술 후 지속력을 높인다.

2. 베이스 젤

네일 바디와 프리에지 부분에 베이스 젤을 꼼꼼하게 도포한다.

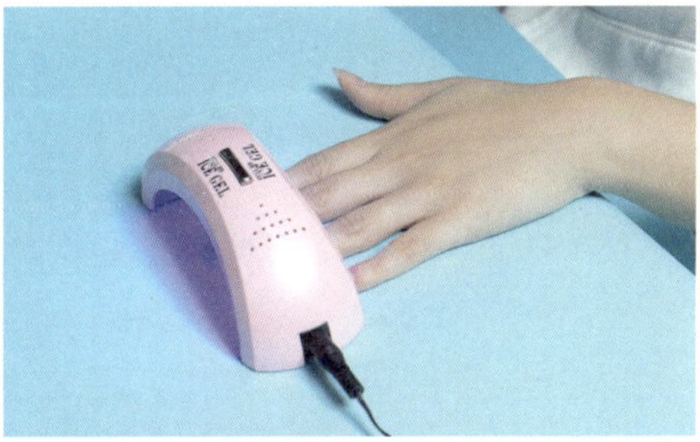

3. 큐어링

제조회사의 큐어링 시간을 지키고 젤 램프를 이용하여 베이스 젤을 경화시킨다. 큐어링 후 번짐의 원인이 되는 미경화 젤은 닦아 준다.

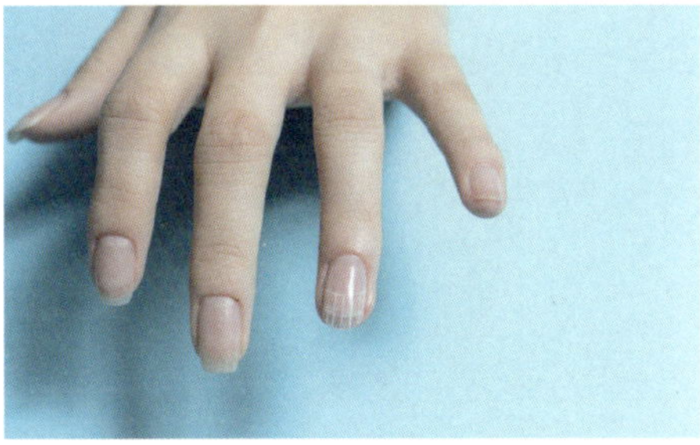

4. 가이드 선 그리기

화이트 젤을 이용하여 손톱 표면에 사진과 같이 가이드 선을 그린다.

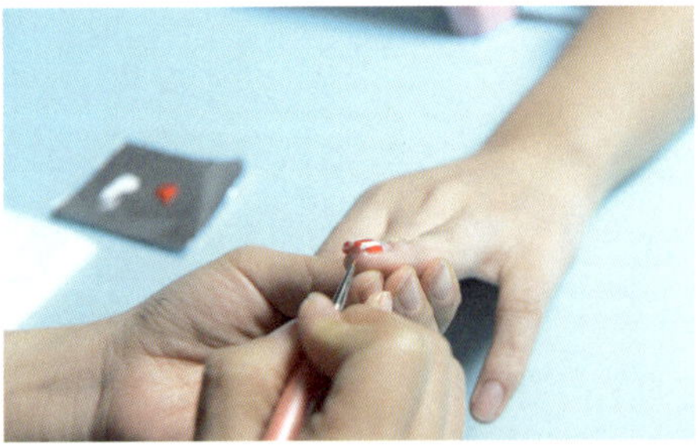

5. 화이트 젤과 레드 젤 교차 도포

화이트 젤과 레드 젤을 8 등분의 칸에 교차로 도포한다. 이때 프리에지 끝 부분까지 선을 연장하여 도포해 준다.

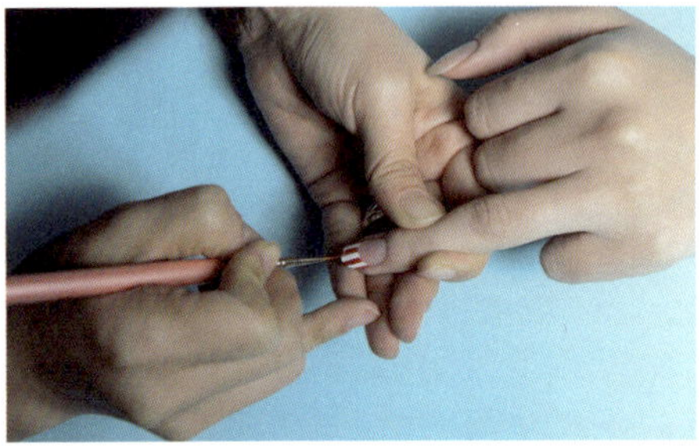

6. 가로 오른쪽 방향 3선 마블링

첫 번째 선은 위의 라인을 쓸어내 주면서 마블링한다. 나머지 두 선은 등분을 계산하여 도면과 같이 마블링한다.

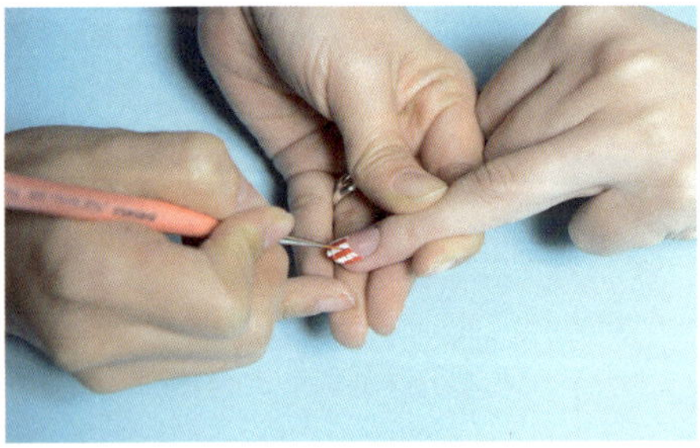

7. 가로 왼쪽 방향 2선 마블링

오른쪽 방향 중앙에 오는 선을 중심으로 2등분된 면에 왼쪽 방향으로 두 선을 그려 마블링 한다.

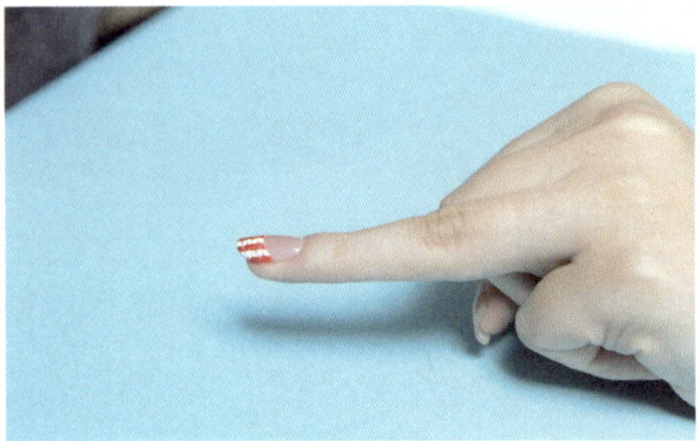

8. 큐어링 → 탑젤 → 큐어링 → 미경화 젤 닦기

큐어링 후 탑젤을 도포하면 표면의 굴곡이 매끄럽고 광택감을 준다. 탑젤 큐어링 후 남아있는 미경화 젤을 닦고 마무리한다.

4. 젤 마블링(부채꼴)

부채꼴 형태의 마블을 만든다.

(1) 도면 및 설명

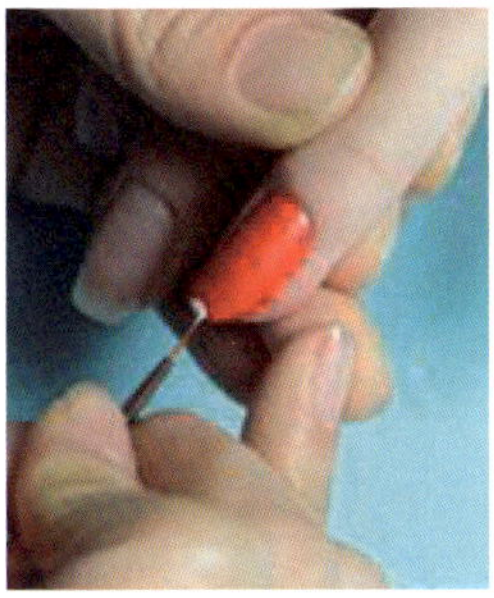
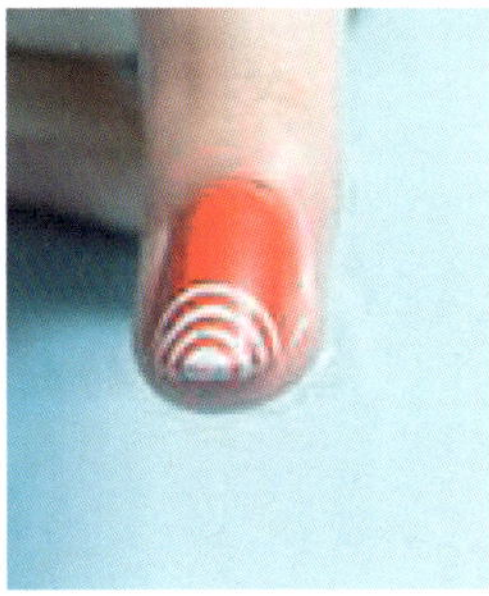
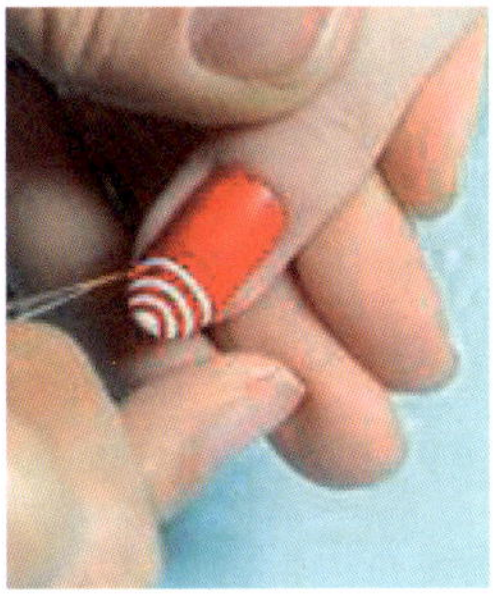
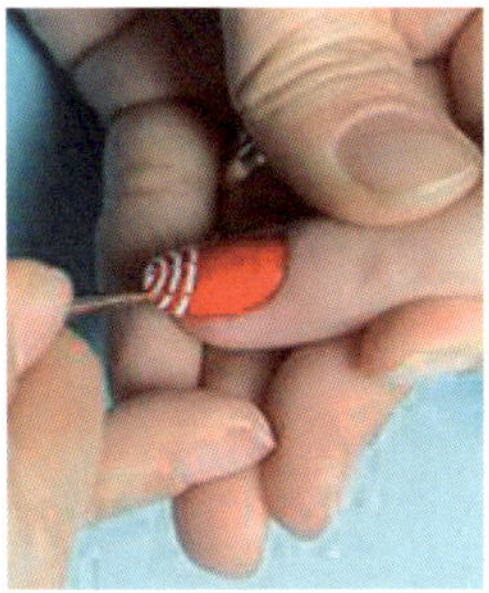

화이트 선은 도면과 같이 반원의 형태로 간격을 일정하게 유지하며 4개의 선을 그려준다. 세로선은 중심선을 처음 그려준 후 등분이 일정할 수 있도록 중심선을 뺀 6개의 선을 맨 아래의 화이트선이 8 등분으로 나누어지도록 가운데를 향해 사선을 그려 준다.

---

(2) 재료 및 사전준비

도구는 반드시 소독처리하여 사용한다.

- 타월
- 레드 젤
- 고객용 팔 받침 쿠션
- 화이트 젤
- 와이퍼
- 램프
- 젤 리무버
- 젤 파레트
- 라이너 브러시
- 파일
- 베이스 젤
- 샌딩
- 탑젤
- 소독제

(4) 부채꼴 마블링 시술 절차

1. 프레퍼레이션

자연 네일의 길이 조정 및 모양을 잡고 큐티클 정리, 유 · 수분 및 광택, 먼지를 제거하여 젤 마블링 시술 후 지속력을 높인다.

2. 베이스 젤

네일 바디와 프리에지 끝 부분에 베이스 젤을 꼼꼼하게 도포한다.

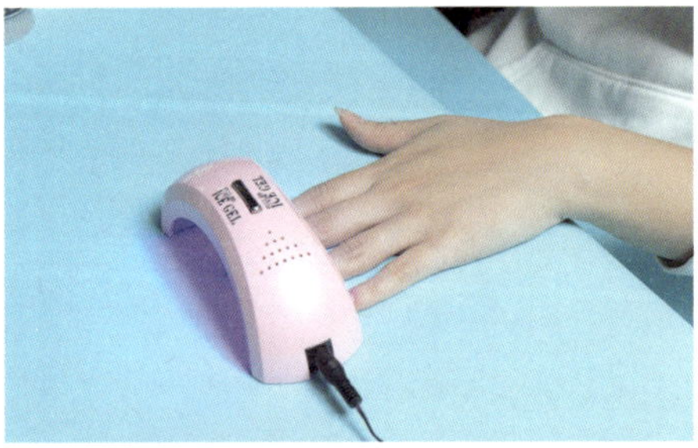

3. 큐어링

제조회사의 큐어링 시간을 지키고 젤 램프를 이용하여 베이스 젤을 경화시킨다.

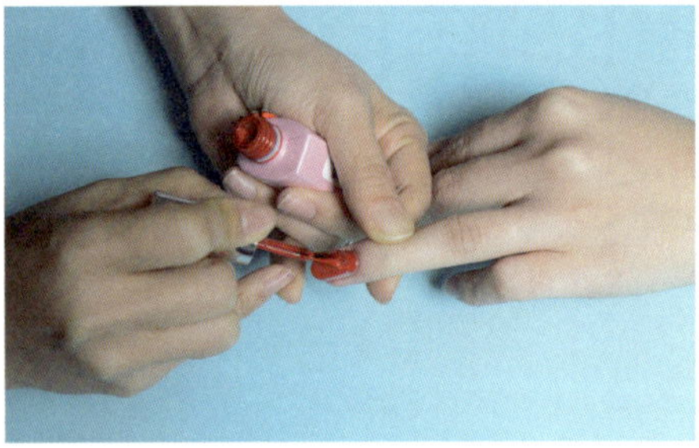

4. 레드 풀코트

레드 젤을 이용하여 손톱 표면과 프리에지 끝 부분에 꼼꼼히 풀 컬러링한다.

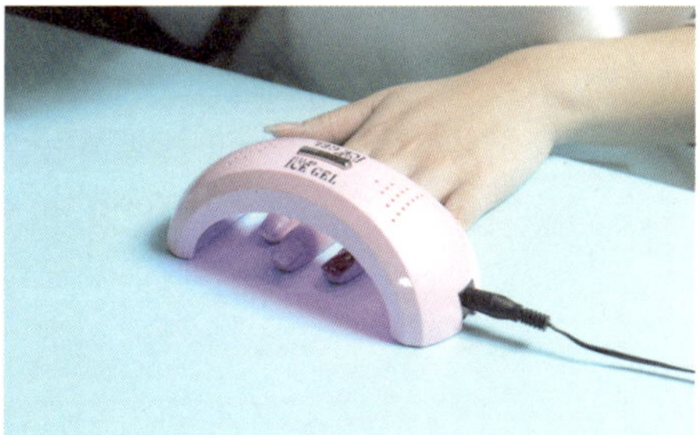

5. 큐어링

제조회사의 큐어링 시간을 지켜서 젤 램프를 이용하여 베이스 젤을 경화시킨다.

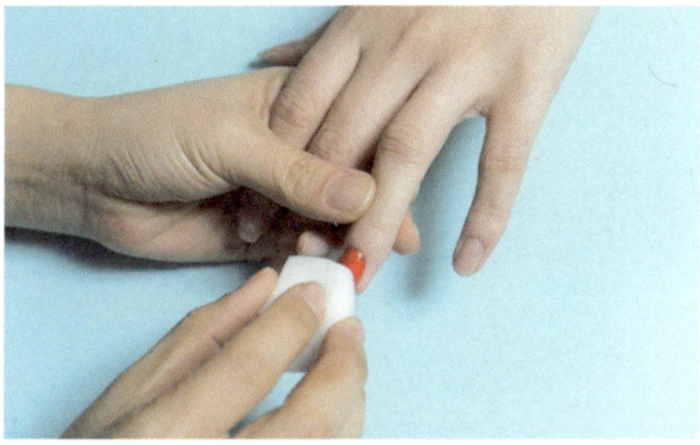

6. 미경화 젤 닦기

레드 젤의 미경화 젤로 인해 화이트 선이 오염되고 선이 퍼질 수 있으므로 미경화 젤을 닦아내고 다음 작업을 한다.

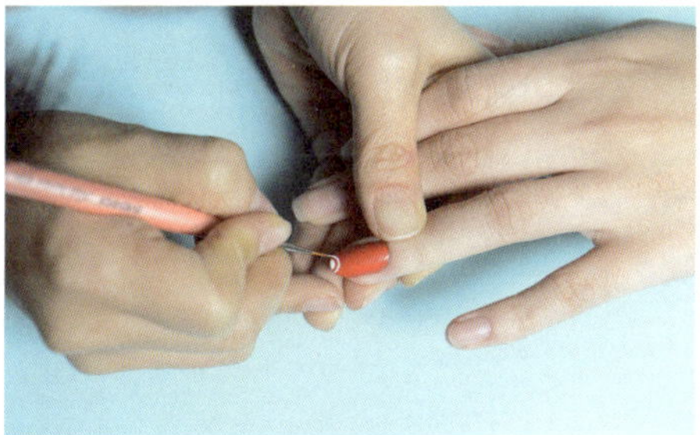

7. 화이트 4선 반원의 형태로 그리기

화이트 4선을 반원의 형태로 두께와 간격이 같게 그려 준다. 이때 프리에지 부분까지 선이 연결될 수 있도록 그려 준다.

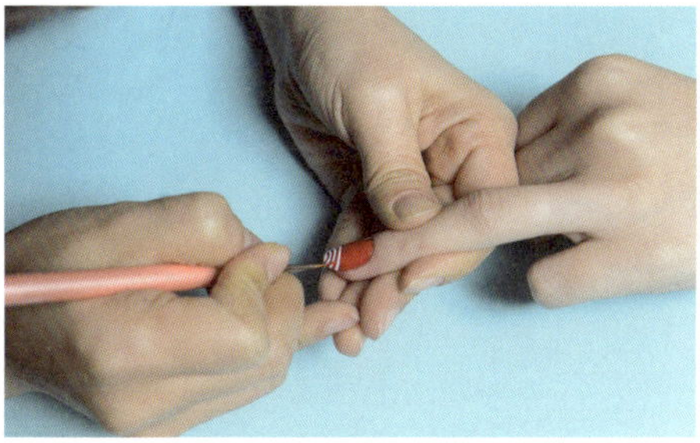

8. 화이트 선 사이에 레드 컬러 채워 주기

화이트 선 사이에 레드 젤을 서로 닿지 않도록 그려 준다. 두 선이 만나면 선이 틀어지거나 번지는 원인이 되기 때문이다.

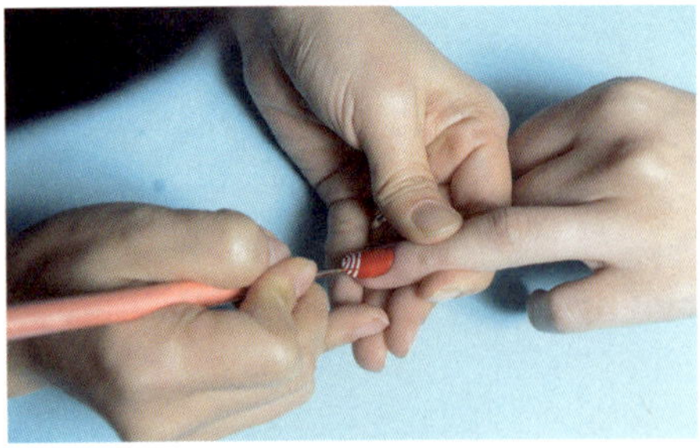

9. 세로 중심을 기준으로 7선 그어주기

브러시에 레드 젤을 소량 묻혀 화이트 선 밖에서부터 중심선을 그려준다. 2등분된 두면을 6 선을 이용하여 각각 4등분씩 총 8등분 한다.

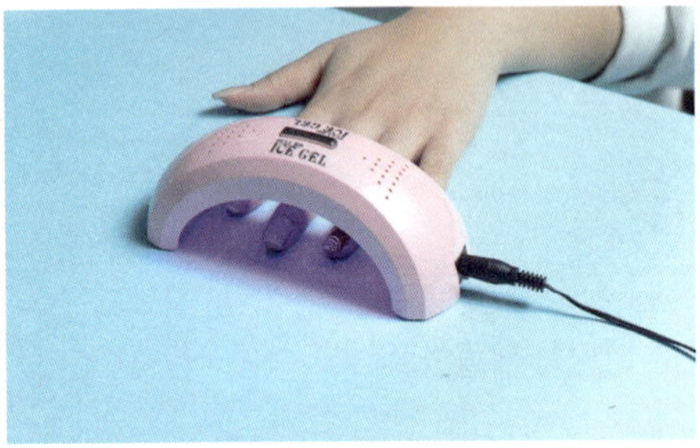

10. 큐어링

제조회사의 큐어링 시간을 지키고 젤 램프를 이용하여 베이스 젤을 경화시킨다.

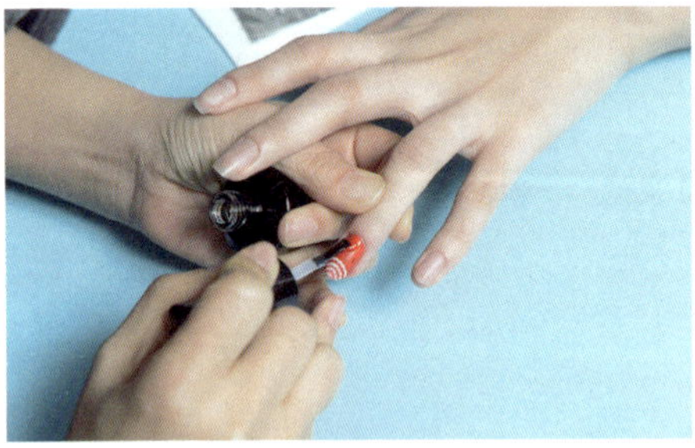

11. 탑젤 → 큐어링 → 미경화 젤 닦기

큐어링 후 탑젤을 도포하면 표면의 굴곡이 매끄럽고 광택감을 준다.

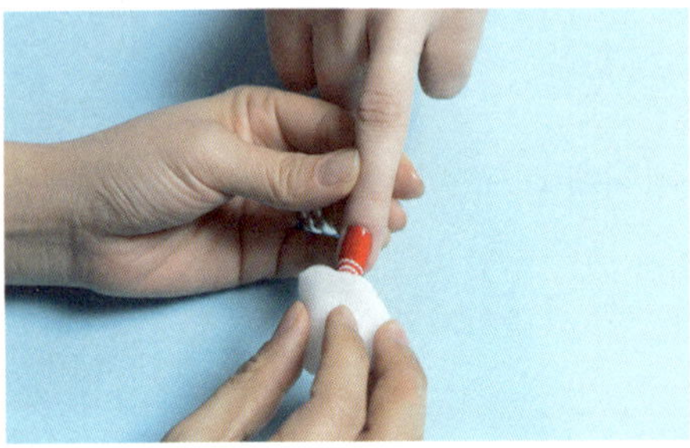

12. 미경화 젤 닦기

탑젤 큐어링 후 남아 있는 미경화 젤을 닦고 마무리한다.

부 록

1. 미용사(네일) 실기시험 과제구성
2. 실기시험 변경 내역
3. 수험자 지참 재료 목록
4. 국가기술자격 실기시험 문제
5. 공개문제 관련 Q&A

1. 미용사(네일) 실기시험 과제구성

미용사(네일) 실기시험 과제구성

미용사(네일) 과제 유형 (2시간 30분)

과제 유형	제1과제(60분)		제2과제 (35분)	제3과제 (40분)	제4과제 (15분)
	매니큐어 및 페디큐어		젤 매니큐어	인조네일	인조네일 제거
셰이프	라운드 셰이프 (매니큐어)	스퀘어 셰이프 (페디큐어)	라운드 셰이프	스퀘어 셰이프	3과제 선택된 인조네일 제거
대상부위	오른손 1~5지 손톱	오른발 1~5지 발톱	왼손 1~5지 손톱	오른손 3, 4지 손톱	오른손 3지 손톱
세부과제	①풀코트 레드	①풀코트 레드	①선 마블링	①내추럴 팁 위드랩	인조네일 제거
	②프렌치 스마일라인넓이 0.3~0.5cm	②딥 프렌치		②젤원톤 스컬프쳐	
	③딥프렌치 스마일라인폭 손톱전체길이의 1/2이상 시술	③그라데이션	②부채꼴 마블링	③아크릴프렌치 스컬프쳐	
				④네일랩 익스텐션	
	④그라데이션 화이트			프리에지 두께 0.5~1mm미만	
배점	20	20	20	30	10

※ 총 4과제로 시험 당일 각 과제가 랜덤 선정되는 방식으로 아래와 같이 선정됩니다.

1과제 : 매니큐어 ①~④ 과제 중 1과제 선정, 페디큐어 ①~③ 과제 중 1과제 선정
2과제 : 젤 매니큐어 ①~② 과제 중 1과제 선정
3과제 : 인조네일 ①~④ 과제중 1과제 선정
4과제 : 3과제 시 선정된 인조네일 제거

※ 각 과제 작업 종료 후 다음 과제를 위한 준비시간이 부여됩니다.

※ 인조네일 과제의 프리에지 C-커브는 원형의 20~40%의 비율까지 허용이 됨을 참고하시기 바랍니다. (인조네일 과제의 길이 : 프리에지 중심기준으로 0.5 ~1cm 미만).

2. 실기시험 변경 내역

미용사(네일) 실기시험문제 변경 현황

※ 대동 모델 나이 제한 기준 변경

※ 수험자 공동유의사항 내 보안경 또는 안경 착용관련 등 내용 추가

※ 수험자지참준비물 중 보안경 또는 안경 수량 변경

구분	현행	개정	비고
대동 모델 나이제한	수험자 유의사항(공통) 만 15세 이상	수험자 유의사항(공통) 만 14세 이상	적용기간: 2020년 상시 실기검정 제1회부터
공개문제 p1, 2	-	수험자 공통 유의사항 내용추가 13. 수험자와 모델은 보안경 또는 안경 (무색, 투명)을 지참하며 필요한 작업 시 착용해야 합니다. 25. 작업 중 안전관련 사항 내용추가	
수험자 지참준비물	보안경 또는 안경 (무색,투명) 1개 지참 (수험자용)		

3. 수험자 지참 재료목록

		자격종목	미용사(네일)		
일련번호	지참 공구명	규 격	단 위	수 량	비 고
1	모델		명	1	모델기준 참조
2	위생가운		개	1	흰색 시술자용 (1회용 가운 불가)
3	보안경(투명한 렌드)		개	2	안경으로 대체 가능 (3교시에 착용)
4	마스크(흰색)		개	각1	모델, 수험자
5	손목 받침대 또는 타월(흰색)	40X80cm 내외 정도	개	1	흰색, 손목 받침용
6	타월(흰색)	40X80cm 내외 정도	개	1	작업대 세팅용
7	소독제	액상 또는 젤	개	1	도구.피부 소독용
8	소독용기		개	1	도구.피부 소독용
9	탈지면 용기		개	1	뚜껑이 있는 용기
10	위생봉지(투명비닐)		개	1	쓰레기 처리용 (투명비닐)
11	페이퍼타월		개	1	흰색
12	핑거볼		개	1	개
13	큐티클 푸셔		개	1	스테인리스스틸
14	큐티클 니퍼		개	1	스테인리스스틸
15	클리퍼		개	1	스테인리스스틸
16	인조손톱용 파일		개	1	미사용품
17	샌딩파일		개	1	미사용품
18	광택용 파일		개	1	미사용품
19	더스트 브러시		개	1	네일용
20	분무기		개	1	페디큐어용
21	토우 세퍼레이터		개	1	발가락 끼우개용
22	아크릴브러시	8호 ~ 10호 정도	개	1	본인필요수량
23	아트용 세필브러시		개	1	본인필요수량
24	젤램프기기		개	1	젤네일 경화용 UV 또는 LED 등
25	팁커터		개	1	
26	탈지면(화장솜)		개	1	소독용 솜

		자격종목	미용사(네일)		
일련번호	지참 공구명	규 격	단 위	수 량	비 고
27	큐티클 오일		개	1	
28	지혈제		개	1	소독용
29	실크가위		개	1	
30	다펜 디쉬		개	1	아크릴스컬프처용
31	큐티클 연화제		개	1	큐티클 오일 또는 큐티클 크림 또는 큐티클리무버 등
32	베이스코트		개	1	네일용
33	탑코트		개	1	〃
34	네일 폴리시(빨간색)		개	1	〃
35	네일 폴리시(흰색)		개	1	〃
36	폴리시무버		개	1	디스펜서 가능
37	네일용 글루		개	1	투명
38	네일용 젤글루		개	1	〃
39	글루 드라이어		개	1	글루 엑티베이터
40	필러파우더		개	1	파우더형
41	네일팁	웰선이 있는형	개	1	내츄럴 하프웰팁 (스퀘어)
42	실크		개	1	재단하지 않은 상태
43	아크릴릭 리퀴드		개	1	
44	아크릴릭파우더(투명 또는 핑크)		개	1	
45	아크릴릭파우더(흰색)		개	1	
46	네일폼		개	1	재단하지 않은 상태
47	젤(투명)	하드젤 또는 소프트젤	개	1	스컬프처용
48	젤 클렌저		개	1	젤네일용
49	베이스 젤		개	1	〃
50	탑젤		개	1	〃
51	젤네일 폴리시(빨간색)	통젤 제외	개	1	〃
52	젤네일 폴리시(흰색)	통젤 제외	개	1	〃

		자격종목	미용사(네일)		
일련번호	지참 공구명	규 격	단 위	수 량	비 고
53	젤브러시		개	1	젤 오버레이용
54	정리함(바구니)	20X30cm 정도	개	1	흰색, 도구 및 재료 수납용
55	스폰지		개	필요량	그라데이션용
56	오렌지우드스틱		개	필요량	
57	멸균거즈		개	필요량	네일관리용
58	보온병(미온수 포함)		개	1	메니, 페디큐어용
59	쏙 오프 전용 리무버		개	1	
60	호일	8X8cm 이하 정도	개	필요량	쏙 오프용
61	자연손톱용 파일		개	1	미사용품

※ 타월의 경우는 비슷한 크기이면 무방합니다.

※ 네일 전처리제(프라이머, 프리프라이머)및 수험자 지참준비물 중 기타 필요한 재료의 추가 지참은 가능합니다.

※ 공개문제 및 수험자 지참 준비물에 언급된 도구 및 재료 중 기타 실기시험에서 요구한 작업내용에 영향을 주지 않는 범위 내에서 수험자가 네일 미용 작업에 필요하다고 생각되는 재료 및 도구 등은 (예 : 네일 폴리시, 파일류 등) 더 추가 지참 할 수 있으며, 물티슈 등은 위생적으로 검증이 어려워 사용이 불가하므로 멸균 거즈를 그 대용으로 사용하시기 바랍니다.

※ 수험자 복장 : 마스크(흰색) 착용, 상의 – 흰색 위생가운, 하의 – 긴바지(색상 및 소재 무관)

※ 모델 복장 : 마스크 착용(흰색), 상의 – 흰색 무지 상의(유색 무늬 불가, 소재 무관, 남방 류 및 니트류 허용, 아이보리 색 등 포함 유색 불가), 하의 – 긴바지 (색상 및 소재 무관)

※ 모델의 오른손 · 발 1~5지의 손·발톱은 큐티클 정리가 충분히 가능한 상태로 오른손 1~5지의 손톱은 스퀘어 또는 스퀘어 오프형으로 사전 준비되어야 하고 오른발 1~5지의 발톱은 라운드 또는 스퀘어 오프형으로 사전 준비되어야 하며, 오른손 1~5지와 오른발 1~5지의 손·발톱은 펄이 미 함유된 빨강색 네일 폴리시가 사전에 완전히 건조된 상태로 2회 이상 풀코트로 도포되어 있어야 합니다.

※ 폴리시 쏙오프 전용 리무버, 젤 클렌저, 소독제를 제외한 주요 화장품을 덜어서 가져오시면 안됩니다.

※ 네일 파일류는 기대상에서 제외합니다.

※ 수험자와 모델은 보안경 또는 안경(무색, 투명)을 지참하며 필요한 작업 시 착용해야 합니다.

※ 모델은 만 14세 이상의 신체 건강한 남, 여 (년도기준)로 아래의 조건에 해당하지 않아야 합니다.
① 자연 손발톱이 열 개가 아니거나 열 개를 다 사용할 수 없는 자
② 손 발톱 미용에 제한을 받는 무좀, 염증성 손발톱질환을 가진 자
③ 호흡기 질환, 민감성 피부, 알레르기 등이 있는 자
④ 임신 중인 자
⑤ 정신질환자

※ 물어뜯는 손톱, 파고드는 발톱, 멍든 손·발톱 등은 염증성 질환이 아닌 경우 대동모델기준으로 가능하며 별도의 감점처리 대상이 되지 않습니다.

※ 모델의 손·발톱 상태는 자연 손·발톱 그대로여야 하며 손·발톱이 보수되어있을 경우 오른 손, 왼손, 오른발 각 부위별 2개까지 허용하며 자연 손톱 상태로 길이 연장 등도 가능합니다. (단, 오른손 3.4지는 제외).

※ 모델의 발을 지탱하기 위한 보조 도구로 필요시에 발판(흰색), 타월(흰색), 쿠션 (흰색), 박스 등 을 흰색 타월이나 종이 등으로 싸오는 경우 등도 가능하며 모델의 발을 책상에 올리는 자세로는 작업이 불가합니다.

※ 네일 팁 사양
– 사용가능한 네일 팁 : 내추럴 하프웰팁(스퀘어 : 웰선이 있는 형
– 사용 불가능한 네일팁 : 웰선이 없는 형, 하프 팁이 아닌 풀팁형 등

※ 2020년 미용사(네일) 공개 문제 내의 수험자 유의사항(전과제 공통) 및 2020년 미용사(네일) 공개문제 관련 FAQ – FAQ vol2의 사항을 사전에 반드시 확인하여 사전준비하시기 바랍니다.

4. 국가기술자격 실시 시험문제

국가기술자격 실기 시험문제

자격종목	미용사(네일)	과 제 명	1. 전 과제 공통

※수험자 유의사항

– 아래 사항을 준수하여 실기시험에 임하여 주십시오. 만약 이러한 여러 가지 사항을 지키지 않을 경우, 시험장의 입실 및 수험에 제한을 받는 불이익이 발생할 수 있다는 점을 인지하여 주시고, 감독위원의 지시가 있을 경우, 다소 불편함이 있더라도 적극 협조하여 주시기 바랍니다.

1) 수험자와 모델은 감독위원의 지시에 따라야 하며, 지정된 시간에 시험장에 입실해야 합니다.
2) 수험자는 수험표 및 신분증(본인임을 확인할 수 있는 사진이 부착된 증명서)을 지참해야 합니다.
3) 수험자는 반드시 반팔 또는 긴팔 흰색 위생복(일회용 가운 제외), 마스크(흰색), 긴바지 (색상, 소재 무관)를 착용하여야 하며, 복장에 소속을 나타내거나 암시하는 표식이 없어야 합니다.
4) 수험자는 눈에 보이는 표식(예 : 문신, 헤나, 컬러링 (자연 손톱 색 외), 디자인, 손톱장식 등이 없어야 하며, 표식이 될 수 있는 액세서리 (예 : 반지, 시계, 팔찌, 발찌, 목걸이, 귀걸이 등)를 착용할 수 없습니다(단, 문신, 헤나 등의 범위가 작은 경우 살색의 의료용 테이프 등으로 가릴 수 있음).
5) 수험자가 머리카락 고정용품(머리핀, 머리띠, 머리망 등)을 착용할 경우 검은색만 허용합니다.
6) 수험자는 시험 중에 관리상 필요한 이동을 제외하고 지정된 자리를 이탈하거나 모델 또는 다른 수험자와 대화할 수 없습니다.
7) 과제별 시험 시작 전 준비시간에 해당 시험 과제의 모든 준비물을 정리함(흰색 바구니)에 담아 세팅하여야 하며, 시험 중에는 도구 또는 재료를 꺼낼 수 없습니다.
8) 지참하는 준비물은 시중에서 판매되는 제품이면 무방하며, 브랜드를 따로 지정하지 않습니다.
9) 수험자가 도구 또는 재료에 구별을 위해 표식(스티커 등)을 만들어 붙일 수 없습니다.
10) 수험자는 위생봉투(투명비닐)를 준비하여 쓰레기봉투로 사용할 수 있도록 작업대에 부착합니다.
11) 수험자 또는 모델은 스톱워치나 핸드폰을 사용할 수 없습니다.
12) 시험 종료 후 소독제, 폴리시리무버 등의 용액은 반드시 다시 가져가야 합니다(쓰레기통이나 화장실에 버릴 수 없습니다).
13) 수험자와 모델은 보안경 또는 안경(무색, 투명)을 지참하며 필요한 작업 시 착용해야 합니다.

14) 모델은 만 14세 이상의 신체 건강한 남, 여(년도기준)로 아래의 조건에 해당하지 않아야 합니다.

① 자연 손·발톱이 열 개가 아니거나 열 개를 다 사용할 수 없는 자

② 손발톱 미용에 제한을 받는 무좀, 염증성 손발톱질환을 가진 자

③ 호흡기 질환, 민감성 피부, 알레르기 등이 있는 자

④ 임신 중인 자

⑤ 정신질환자

15) 모델은 눈에 보이는 표식(예 : 문신, 헤나 등)이 없어야 하며, 표식이 될 수 있는 액세서리 (예 : 반지, 시계, 팔찌, 발찌, 목걸이, 귀걸이 등)를 착용할 수 없습니다(단, 문신, 헤나 등의 범위가 작은 경우 살색의 의료용 테이프 등으로 가릴 수 있음).

16) 모델이 머리카락 고정용품(머리핀, 머리띠, 머리망 등)을 착용할 경우 검은색만 허용하며, 신분증(주민등록증, 여권, 외국인등록증, 학생증(미성년의 경우) 등을 지참해야 하며, 반드시 마스크(흰색) 및 긴바지(색상, 소재무관), 흰색 무지 상의(유색 무늬 불가, 소재 무관, 남방 류 및 니트류 허용, 아이보리색 등 포함 유색 불가)를 착용해야 합니다.

17) 모델의 손·발톱 상태는 자연 손·발톱 그대로여야 하며 손 · 발톱이 보수되어있을 경우 오른손, 왼손, 오른발 각 부위별 2개까지 허용하며 자연 손톱 상태로 길이 연장 등도 가능합니다(단, 오른손 3, 4지는 제외).

18) 모델의 오른손 · 발 1 ~ 5지의 손·발톱은 큐티클 정리가 충분히 가능한 상태로, 오른손 1~5 지의 손톱은 스퀘어 또는 스퀘어 오프형으로 사전 준비되어야 하고 오른발 1~5지의 발톱은 라운드 또는 스퀘어 오프형으로 사전 준비되어야 하며, 오른손 1~5지와 오른발 1 ~ 5지의 손·발톱은 펄이 미 함유된 빨강색 네일 폴리시가 사전에 완전히 건조된 상태로 2회 이상 풀코트로 사전에 도포되어 있어야 합니다.

19) 2과제 젤 매니큐어 과제는 습식케어가 생략되므로 모델의 왼손 1~5지의 손톱은 큐티클 정리 등의 사전 준비 작업이 미리 되어있어야 하며 손톱 프리에지 형태는 스퀘어 또는 오프 스퀘어형이어야 합니다.

20) 1과제 페디큐어 시 분무기를 이용하여 습식케어를 하며 신체의 손상이 있는 등 불가피한 경우, 왼발로 대체가능합니다.

21) 과제 매니큐어 작업(30분) 종료 후 감독위원의 지시에 따라 모델은 작업대 위에 앉은 후 의자에 앉아있는 수험자의 무릎에 작업대상 발을 올리는 자세로 페디큐어 작업(30분)을 할 수 있도록 준비 해야 합니다.

22) 다음의 경우에는 득점과 관계없이 불합격 처리합니다.
① 시험의 전체과정을 응시하지 않은 경우
② 시험 도중 시험장을 무단이탈하는 경우
③ 부정한 방법으로 타인의 도움을 받거나 타인의 시험을 방해하는 경우
④ 무단으로 모델을 수험자간에 교환하는 경우
⑤ 국가자격검정 규정에 위배되는 부정행위 등을 하는 경우

23) 수험 중에 지정된 자리를 이탈하거나 다른 수험자와 대화 등을 할 수 없으며, 질문이 있는 경우는 손을 들고 감독위원이 올 때까지 기다려야 합니다.

24) 작업 시 사용되는 일회용 재료 및 도구는 반드시 새 것을 사용하고, 과제 시작 전 사용에 적합한 상태를 유지하도록 미리 준비합니다. ※ 폴리시 오프 전용 리무버, 젤 클렌저, 소독제를 제외한 주요 화장품을 덜어서 가져오면 안됩니다. ※ 네일 파일류는 폐기대상에서 제외합니다.

25) 작업에 필요한 각종 도구를 바닥에 떨어뜨리는 일이 없도록 하여야 하고, 네일 글루 등을 조심성 있게 다루어 안전사고가 발생되지 않도록 주의해야 하며, 특히 큐티클 정리 시 사용 도구 (큐티클 니퍼와 푸셔 등)를 적합한 자세와 안전한 방법으로 사용하여야 하며, 멸균 거즈를 보조 용구로 사용할 수 있습니다.

26) 출혈이 있는 경우 소독된 탈지면이나 거즈 등으로 출혈부위를 소독해야 합니다.

27) 작업 시 네일 주변 피부에 잔여물이 묻지 않도록 하여야 하며, 손발 및 네일 표면과 네일 아래의 거스러미, 분진 먼지, 불필요한 오일 등은 깨끗이 제거되어야 합니다.

28) 작업 시 네일 주변 피부에 잔여물이 묻지 않도록 하여야 하며, 손발 및 네일 표면과 네일 아래의 거스러미, 분진 먼지, 불필요한 오일 등은 깨끗이 제거되어야 합니다.

29) 각 과제별 작업을 위한 모델의 준비가 적합하지 않을 경우 감점 혹은 과제 0점 처리될 수 있습니다.

30) 1과제 종료 후 2과제 시작 전 준비 시간에 기 작업된 1과제 페디큐어 작업분을 변형 혹은 제거해야합니다.

31) 2과제 종료 후 3과제 준비시간 전에 본부요원의 지시에 따라 인조네일 4가지 유형 중 선정 된 1가지 과제의 재료만을 3과제 시작 전 미리 작업대에 준비해야 합니다.

32) 시험 종료 후 본부요원의 지시에 따라 왼손 1~5지 손톱에 기 작업된 2과제 젤 매니큐어 작 업분과 4과제 인조일제거 시 제거하지 않은 오른손 3지 또는 4지 손톱의 작업분을 변형 혹은 제거한 후 퇴실하여야 합니다.

33) 시험응시 제외 사항 : 모델을 데려오지 않은 경우

34) 채점 대상 제외 사항 : 1 수험자가 위생복을 지참하지 않은 경우 2 수험자유의사항 내의 모델 부적합 조건에 해당하는 경우

35) 다음의 경우에는 득점과 관계없이 불합격 처리합니다.

① 수험자 및 모델의 복장상태 및 마스크 착용, 모델의 손톱·발톱 사전 준비상태 등 어느 하나. 라도 미리 준비하거나 사전준비 작업이 미흡한 경우

② 작업 시 출혈이 있는 경우

③ 필요한 기구 및 재료 등을 시험 도중에 꺼내는 경우

36) 오작 사항

① 요구된 과제가 아닌 다른 과제를 작업하는 경우

예) 풀코트 패디큐어 과제를 프렌치로 작업하는 경우 등이 해당함

② 과제에서 요구된 색상이 아닌 다른 색상으로 작업하는 경우

③ 흰색을 빨강색으로 작업하는 경우 등이 해당함 작업부위를 바꿔서 작업하는 경우

예) 각 과제의 작업 대상 손 및 손가락을 바꿔서 작업한 경우 등이 해당함

국가기술자격 실기 시험문제

자격종목	미용사(네일)	과 제 명	2. 풀 코트 매니큐어

※시험시간 : 30분

1. 요구사항 (제1과제)

※지참 재료 및 도구를 사용하여 아래의 요구사항대로 풀 코트 매니큐어를 완성하시오.

1) 과제를 수행하기 위해 수험자의 손 및 모델의 손과 손톱을 소독하시오.
2) 모델의 오른손에 도포되어 있는 네일 폴리시를 깨끗하게 제거하시오.
3) 오른손 5개의 손톱(1지~5지)에 습식 매니큐어를 실시하시오.
4) 손톱 프리에지의 형태는 라운드로 조형하시오.
   ※라운드 : 도면과 같이 스트레스 포인트에서부터 프리에지까지 직선이 존재하고, 끝 부분은 라운드 형태를 이루어야 하며, 프리에지의 어느 곳에서도 각이 없는 상태
5) 손톱 주변 큐티클을 오렌지우드스틱 또는 큐티클 푸셔를 사용하여 안전하게 밀어주시오.
6) 큐티클 니퍼를 사용하여 손톱 주변의 불필요한 손거스러미 등을 정리하시오.
7) 펄이 첨가되지 않은 순수 빨강색 네일 폴리시를 사용하여 오른손 1지~5지의 손톱 모두를 풀 코트로 완성하시오.
8) 컬러 도포 시 프리에지 단면의 앞 선까지 모두 도포하시오.
9) 베이스 코트 1회 – 빨강색 폴리시 2회 – 탑 코트 1회의 도포 순서로 완성하시오.

2. 수험자 유의사항

1) 모델 손톱의 준비상태는 빨강색 폴리시가 풀 컬러로 도포된 스퀘어 형태를 유지하여야 합니다.
2) 자연 네일 파일링 시 문지르거나 비비지 말고 한 방향으로 파일링하시오.
3) 길이는 옐로우 라인의 중심에서 5m 이내의 길이로 일정하게 작업하시오.
4) 큐티클 연화제 (큐티클 오일리무버 크림), 멸균거즈는 작업 상황에 맞도록 적절히 사용하시오.
5) 탑 코트 후 마무리 시, 오일을 사용하지 마시오.
6) 컬러 도포 시 네일 폴리시의 브러시를 사용하시오.
7) 큐티클 니퍼, 큐티클 푸셔, 클리퍼, 네일 더스트 브러시, 오렌지우드스틱 (푸셔용) 은 알코올 소독 용기에 담가 두어야 합니다.

자격종목	미용사(네일)	과 제 명	풀 코트 매니큐어	척도	NS

3. 도 면

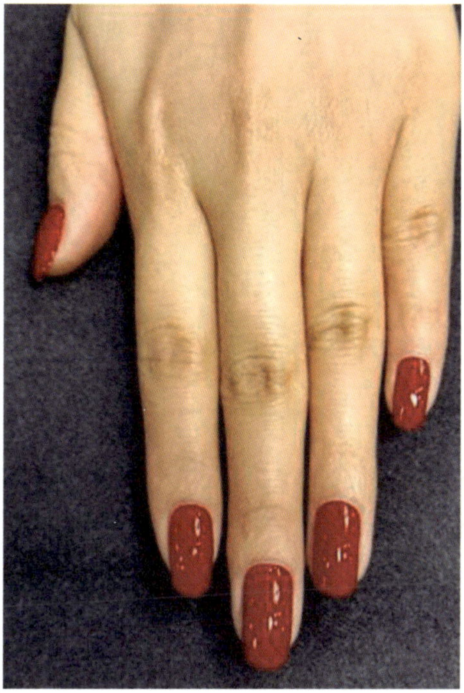	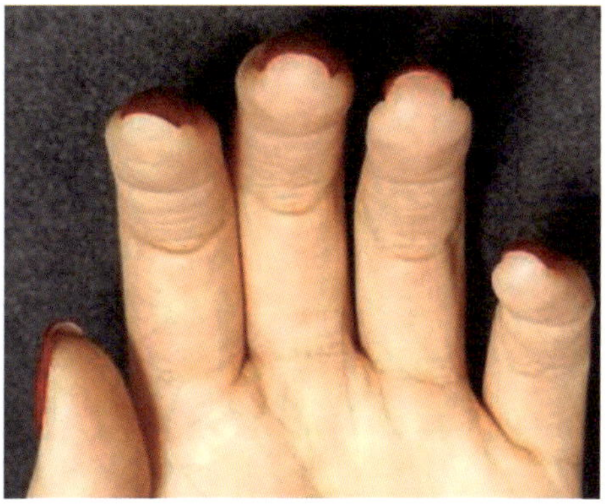
풀 코트 매니큐어 정면	풀 코트 매니큐어 프리에지 단면

국가기술자격 실기 시험문제

자격종목	미용사(네일)	과 제 명	3. 프렌치 매니큐어

※시험시간 : 30분

1. 요구사항 (제1과제)

※지참 재료 및 도구를 사용하여 아래의 요구사항대로 프렌치 매니큐어를 완성하시오.

1) 과제를 수행하기 위해 수험자의 손 및 모델의 손과 손톱을 소독하시오.
2) 모델의 오른손에 도포되어 있는 네일 폴리시를 깨끗하게 제거하시오.
3) 오른손 5개의 손톱(1지~5지)에 습식 매니큐어를 실시하시오.
4) 손톱 프리에지의 형태는 라운드로 조형하시오.
   ※라운드 : 도면과 같이 스트레스 포인트에서부터 프리에지까지 직선이 존재하고, 끝 부분은 라운드 형태를 이루어야 하며, 프리에지의 어느 곳에서도 각이 없는 상태
5) 손톱 주변 큐티클을 오렌지우드스틱 또는 큐티클 푸셔를 사용하여 안전하게 밀어주시오.
6) 큐티클 니퍼를 사용하여 손톱 주변의 불필요한 손거스러미 등을 정리하시오.
7) 펄이 첨가되지 않은 순수 흰색 네일 폴리시를 사용하여 오른손 1지~5지의 손톱 모두를 프렌치로 완성하시오. 단, 프렌치 라인의 상하 너비는 3~5m이어야 하며 완만한 스마일라인으로 완성하여야 합니다.
8) 컬러 도포 시 프리에지 단면의 앞 선까지 모두 도포하시오.
9) 베이스 코트 1회 – 빨강색 폴리시 2회 – 탑 코트 1회의 도포 순서로 완성하시오.

2. 수험자 유의사항

1) 모델 손톱의 준비상태는 빨강색 폴리시가 풀 컬러로 도포된 스퀘어 형태를 유지하여야 합니다.
2) 자연 네일 파일링 시 문지르거나 비비지 말고 한 방향으로 파일링하시오.
3) 길이는 옐로우 라인의 중심에서 5mm 이내의 길이로 일정하게 작업하시오.
4) 큐티클 연화제 (큐티클 오일 리무버 크림), 멸균거즈는 작업 상황에 맞도록 적절히 사용하시오.
5) 탑 코트 후 마무리 시, 오일을 사용하지 마시오.
6) 컬러 도포 시 네일 폴리시의 브러시를 사용하시오.
7) 큐티클 니퍼, 큐티클 푸셔, 클리퍼, 네일 더스트 브러시, 오렌지우드스틱(푸셔용)은 알코올 소독 용기에 담가 두어야 합니다.

자격종목	미용사(네일)	과 제 명	프렌치 매니큐어	척도	NS

3. 도 면

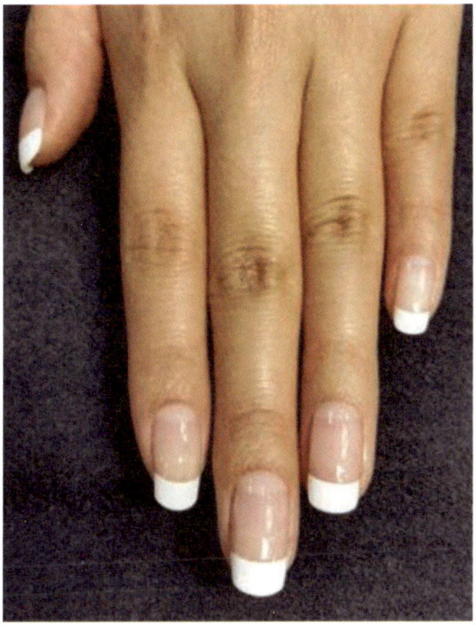	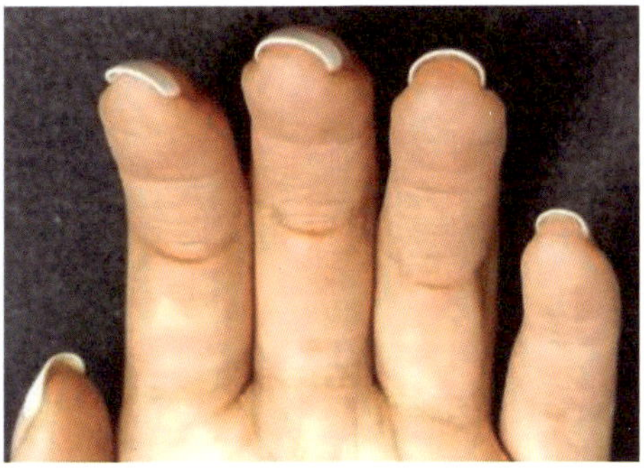
프렌치 매니큐어 정면	프렌치 매니큐어 프리에지 단면

국가기술자격 실기 시험문제

자격종목	미용사(네일)	과 제 명	4. 딥 프렌치 매니큐어

※시험시간 : 30분

1. 요구사항 (제1과제)

※지참 재료 및 도구를 사용하여 아래의 요구사항대로 딥 프렌치 매니큐어를 완성하시오.

1) 과제를 수행하기 위해 수험자의 손 및 모델의 손과 손톱을 소독하시오.
2) 모델의 오른손에 도포되어 있는 네일 폴리시를 깨끗하게 제거하시오.
3) 오른손 5개의 손톱(1지~5지)에 습식 매니큐어를 실시하시오.
4) 손톱 프리에지의 형태는 라운드로 조형하시오.
   ※라운드 : 도면과 같이 스트레스 포인트에서부터 프리에지까지 직선이 존재하고, 끝 부분은 라운드 형태를 이루어야 하며, 프리에지의 어느 곳에서도 각이 없는 상태
5) 손톱 주변 큐티클을 오렌지우드스틱 또는 큐티클 푸셔를 사용하여 안전하게 밀어주시오.
6) 큐티클 니퍼를 사용하여 손톱 주변의 불필요한 손거스러미 등을 정리하시오.
7) 펄이 첨가되지 않은 순수 흰색 네일 폴리시를 사용하여 오른손 1지~5지의 손톱 모두를 딥 프렌치로 완성하시오. 단, 딥 프렌치 라인은 손톱 전체 길이의 1/2 이상 부분이어야 하며, 반월 부분은 침범하지 않도록 하시오.
8) 컬러 도포 시 프리에지 단면의 앞 선까지 모두 도포하시오.
9) 베이스 코트 1회 – 빨강색 폴리시 2회 – 탑 코트 1회의 도포 순서로 완성하시오.

2. 수험자 유의사항

1) 모델 손톱의 준비상태는 빨강색 폴리시가 풀 컬러로 도포된 스퀘어 형태를 유지하여야 합니다.
2) 자연 네일 파일링 시 문지르거나 비비지 말고 한 방향으로 파일링하시오.
3) 길이는 옐로우 라인의 중심에서 5mm 이내의 길이로 일정하게 작업하시오.
4) 큐티클 연화제 (큐티클 오일 리무버 크림), 멸균거즈는 작업 상황에 맞도록 적절히 사용하시오.
5) 탑 코트 후 마무리 시, 오일을 사용하지 마시오.
6) 컬러 도포 시 네일 폴리시의 브러시를 사용하시오.
7) 큐티클 니퍼, 큐티클 푸셔, 클리퍼, 네일 더스트 브러시, 오렌지우드스틱(푸셔용)은 알코올 소독 용기에 담가 두어야 합니다.

자격종목	미용사(네일)	과 제 명	딥 프렌치 매니큐어	척도	NS

3. 도 면

	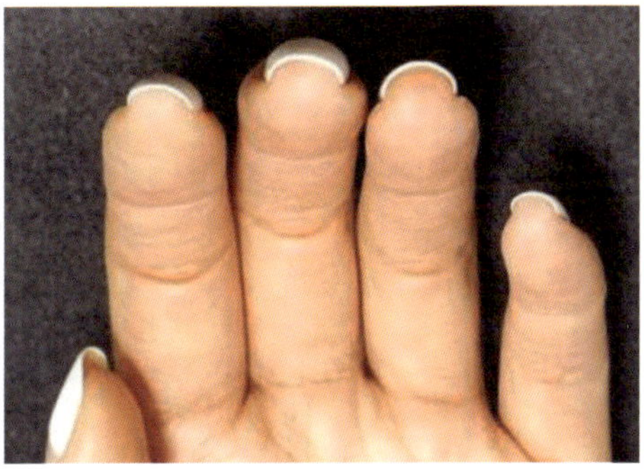
딥 프렌치 매니큐어 정면	딥 프렌치 매니큐어 프리에지 단면

국가기술자격 실기 시험문제

자격종목	미용사(네일)	과 제 명	5. 그라데이션 매니큐어

※시험시간 : 30분

1. 요구사항 (제1과제)

※지참 재료 및 도구를 사용하여 아래의 요구사항대로 그라데이션 매니큐어를 완성하시오.

1) 과제를 수행하기 위해 수험자의 손 및 모델의 손과 손톱을 소독하시오.
2) 모델의 오른손에 도포되어 있는 네일 폴리시를 깨끗하게 제거하시오.
3) 오른손 5개의 손톱(1지~5지)에 습식 매니큐어를 실시하시오.
4) 손톱 프리에지의 형태는 라운드로 조형하시오.
   ※라운드 : 도면과 같이 스트레스 포인트에서부터 프리에지까지 직선이 존재하고, 끝 부분은 라운드 형태를 이루어야 하며, 프리에지의 어느 곳에서도 각이 없는 상태
5) 손톱 주변 큐티클을 오렌지우드스틱 또는 큐티클 푸셔를 사용하여 안전하게 밀어주시오.
6) 큐티클 니퍼를 사용하여 손톱 주변의 불필요한 손거스러미 등을 정리하시오.
7) 펄이 첨가되지 않은 순수 흰색 네일 폴리시를 사용하여 오른손 1지~5지의 손톱 모두를 그라데이션으로 완성하시오. 단, 그라데이션 범위는 손톱 전체 길이의 1/2 이상 부분이어야 하며, 그라데이션은 스펀지를 이용하여 표현하되, 반월 부분은 침범하지 않도록 하시오.
8) 컬러 도포 시 프리에지 단면의 앞 선까지 모두 도포하시오.
9) 베이스 코트 1회 – 흰색 그라데이션 도포 – 탑 코트 1회의 도포 순서로 완성하시오.

2. 수험자 유의사항

1) 모델 손톱의 준비상태는 빨강색 폴리시가 풀 컬러로 도포된 스퀘어 형태를 유지하여야 합니다.
2) 자연 네일 파일링 시 문지르거나 비비지 말고 한 방향으로 파일링하시오.
3) 길이는 옐로우 라인의 중심에서 5 mm 이내의 길이로 일정하게 작업하시오.
4) 큐티클 연화제 (큐티클 오일 리무버 크림), 멸균거즈는 작업 상황에 맞도록 적절히 사용하시오.
5) 탑 코트 후 마무리 시, 오일을 사용하지 마시오.
6) 컬러 도포 시 네일 폴리시의 브러시를 사용하시오.
7) 큐티클 니퍼, 큐티클 푸셔, 클리퍼, 네일 더스트 브러시, 오렌지우드스틱(푸셔용)은 알코올 소독 용기에 담가 두어야 합니다.

3. 도 면

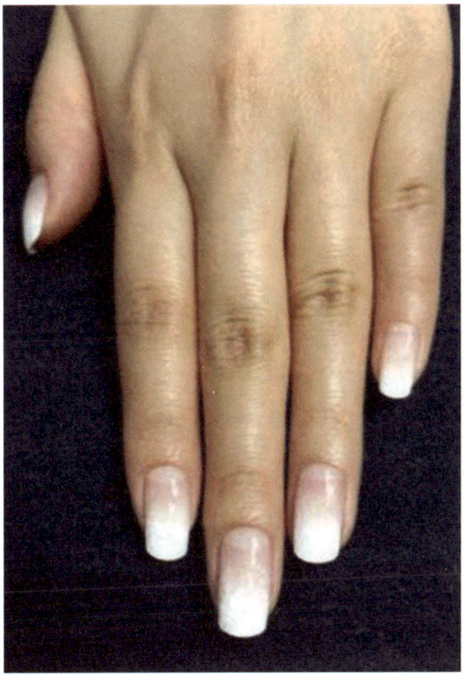	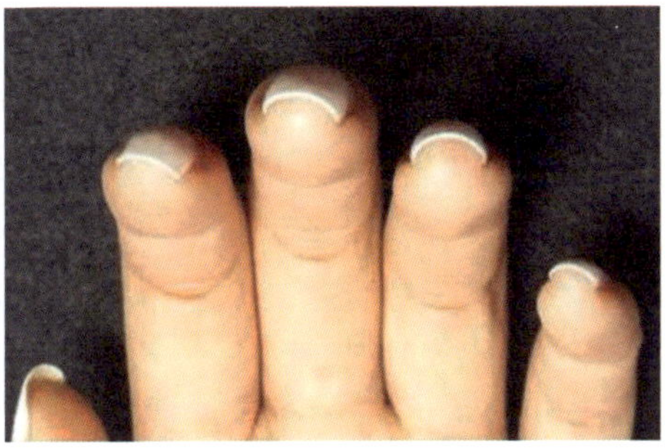
그라데이션 매니큐어 정면	그라데이션 매니큐어 프리에지 단면

국가기술자격 실기 시험문제

자격종목	미용사(네일)	과 제 명	6. 풀 코트 페디큐어

※시험시간 : 30분

1. 요구사항 (제1과제)

※지참 재료 및 도구를 사용하여 아래의 요구사항대로 풀 코트 페디큐어를 완성하시오.

1) 과제를 수행하기 위해 수험자의 손 및 모델의 발과 발톱을 소독하시오.
2) 모델의 오른발에 도포되어 있는 네일 폴리시를 깨끗하게 제거하시오.
3) 오른발 5개의 발톱(1지~5지)에 물 스프레이를 이용한 습식 매니큐어를 실시하시오.
4) 발톱 프리에지의 형태는 스퀘어 형으로 조형하시오.
   ※스퀘어 : 도면과 같이 스트레스 포인트에서부터 프리에지까지 직선이 존재하고, 끝 부분은 직선의 형태 (스퀘어)를 이루어야 하며, 각이 있는 모서리가 존재하는 상태
5) 발톱 주변 큐티클을 오렌지우드스틱 또는 큐티클 푸셔를 사용하여 안전하게 밀어주시오.
6) 큐티클 니퍼를 사용하여 발톱 주변의 불필요한 거스러미 등을 정리하시오.
7) 펄이 첨가되지 않은 순수 빨강색 네일 폴리시를 사용하여 오른발 1지~5지의 발톱 모두를 풀 코트로 완성하시오.
8) 컬러 도포 시 프리에지 단면의 앞 선까지 모두 도포하시오.
9) 베이스 코트 1회 – 빨강색 폴리시 2회 – 탑 코트 1회의 도포 순서로 완성하시오.

2. 수험자 유의사항

1) 모델 발톱의 준비상태는 빨강색 폴리시가 풀 컬러로 도포되어야 하며, 스퀘어 형태로 사전 작업되지 않은 자연형태를 유지하여야 합니다.
2) 자연 네일 파일링 시 문지르거나 비비지 말고 한 방향으로 파일링하시오.
3) 발톱의 길이는 피부의 선단을 넘지 않도록 하시오.
4) 큐티클 연화제 (큐티클 오일 리무버 크림), 멸균거즈는 작업 상황에 맞도록 적절히 사용하시오.
5) 탑 코트 후 마무리 시, 오일을 사용하지 마시오.
6) 컬러 도포 시 네일 폴리시의 브러시를 사용하시오.
7) 큐티클 니퍼, 큐티클 푸셔, 클리퍼, 네일 더스트 브러시, 오렌지우드스틱(푸셔용)은 알코올 소독 용기에 담가 두어야 합니다.

자격종목	미용사(네일)	과 제 명	풀 코트 페디큐어	척도	NS

3. 도 면

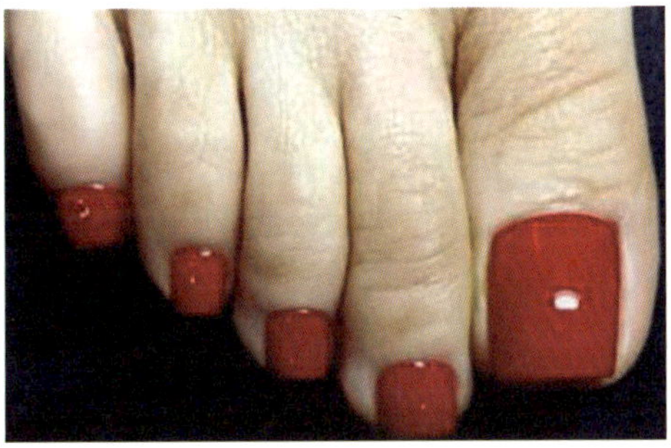	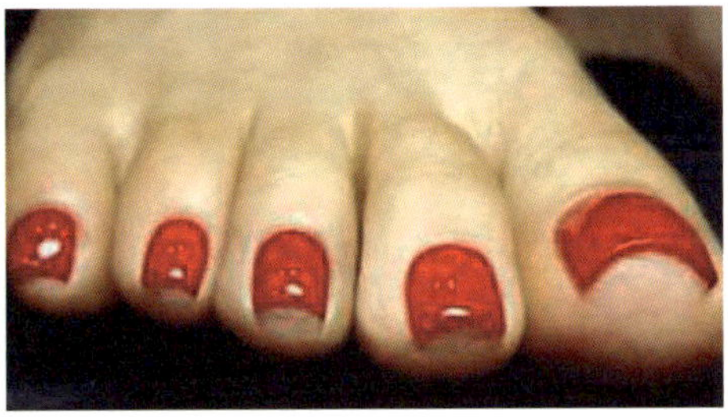
풀 코트 페디큐어 정면	풀 코트 페디큐어 프리에지 단면

국가기술자격 실기 시험문제

자격종목	미용사(네일)	과 제 명	7. 딥 프렌치 페디큐어

※시험시간 : 30분

1. 요구사항 (제1과제)

※지참 재료 및 도구를 사용하여 아래의 요구사항대로 딥 프렌치 페디큐어를 완성하시오.

1) 과제를 수행하기 위해 수험자의 손 및 모델의 발과 발톱을 소독하시오.
2) 모델의 오른발에 도포되어 있는 네일 폴리시를 깨끗하게 제거하시오.
3) 오른발 5개의 발톱(1지~5지)에 물 스프레이를 이용한 습식 매니큐어를 실시하시오.
4) 발톱 프리에지의 형태는 스퀘어 형으로 조형하시오.
   ※스퀘어 : 도면과 같이 스트레스 포인트에서부터 프리에지까지 직선이 존재하고, 끝 부분은 직선의 형태(스퀘어)를 이루어야 하며, 각이 있는 모서리가 존재하는 상태
5) 발톱 주변 큐티클을 오렌지우드스틱 또는 큐티클 푸셔를 사용하여 안전하게 밀어주시오.
6) 큐티클 니퍼를 사용하여 발톱 주변의 불필요한 거스러미 등을 정리하시오.
7) 펄이 첨가되지 않은 순수 흰색 네일 폴리시를 사용하여 오른발 1지~5지의 발톱 모두를 딥 프렌치로 완성하시오. 단, 딥 프렌치 라인은 발톱 전체 길이의 1/2 이상의 부분이어야 하며 반월 부분은 침범하지 않도록 하시오.
8) 컬러 도포 시 프리에지 단면의 앞 선까지 모두 도포하시오.
9) 베이스 코트 1회 – 흰색 폴리시 2회 – 탑 코트 1회의 도포 순서로 완성하시오.

2. 수험자 유의사항

1) 모델 발톱의 준비상태는 빨강색 폴리시가 풀 컬러로 도포되어야 하며, 스퀘어 형태로 사전 작업되지 않은 자연형태를 유지하여야 합니다.
2) 자연 네일 파일링 시 문지르거나 비비지 말고 한 방향으로 파일링하시오.
3) 발톱의 길이는 피부의 선단을 넘지 않도록 하시오.
4) 큐티클 연화제 (큐티클 오일 리무버 크림), 멸균거즈는 작업 상황에 맞도록 적절히 사용하시오.
5) 탑 코트 후 마무리 시, 오일을 사용하지 마시오.
6) 컬러 도포 시 네일 폴리시의 브러시를 사용하시오.
7) 큐티클 니퍼, 큐티클 푸셔, 클리퍼, 네일 더스트 브러시, 오렌지우드스틱(푸셔용)은 알코올 소독 용기에 담가 두어야 합니다.

자격종목	미용사(네일)	과 제 명	딥 프렌치 페디큐어	척도	NS

3. 도 면

<table>
<tr><td>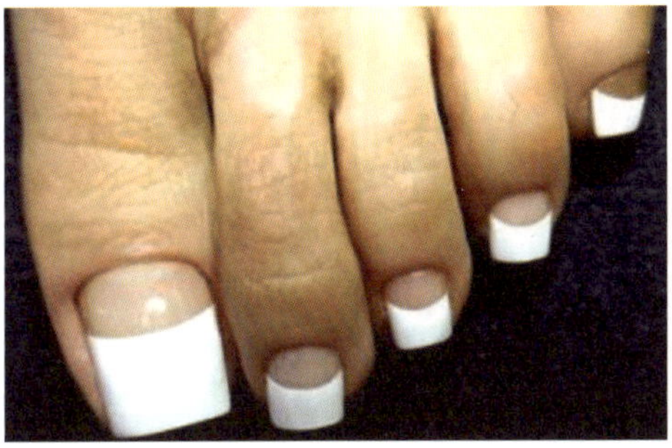</td><td>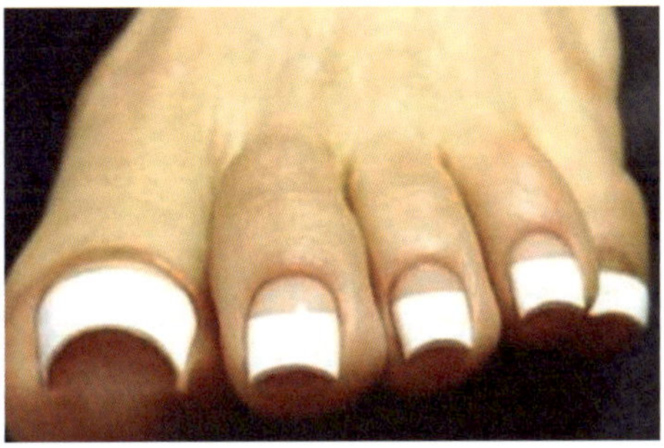</td></tr>
<tr><td>딥 프렌치 페디큐어 정면</td><td>딥 프렌치 페디큐어
프리에지 단면</td></tr>
</table>

국가기술자격 실기 시험문제

자격종목	미용사(네일)	과 제 명	8. 그라데이션 페디큐어

※시험시간 : 30분

1. 요구사항 (제1과제)

※지참 재료 및 도구를 사용하여 아래의 요구사항대로 그라데이션 페디큐어를 완성하시오.

1) 과제를 수행하기 위해 수험자의 손 및 모델의 발과 발톱을 소독하시오.
2) 모델의 오른발에 도포되어 있는 네일 폴리시를 깨끗하게 제거하시오.
3) 오른발 5개의 발톱(1지~5지)에 물 스프레이를 이용한 습식 매니큐어를 실시하시오.
4) 발톱 프리에지의 형태는 스퀘어 형으로 조형하시오.
   ※스퀘어 : 도면과 같이 스트레스 포인트에서부터 프리에지까지 직선이 존재하고, 끝 부분은 직선의 형태(스퀘어)를 이루어야 하며, 각이 있는 모서리가 존재하는 상태
5) 발톱 주변 큐티클을 오렌지우드스틱 또는 큐티클 푸셔를 사용하여 안전하게 밀어주시오.
6) 큐티클 니퍼를 사용하여 발톱 주변의 불필요한 거스러미 등을 정리하시오.
7) 펄이 첨가되지 않은 순수 흰색 네일 폴리시를 사용하여 오른발 1지~5지의 발톱 모두를 그라데이션으로 완성하시오. 단, 그라데이션 범위는 발톱 프리에지에서 시작하여 전체 길이의 1/2 이상이며, 그라데이션은 스펀지를 이용하여 표현하되, 반월 부분은 침범하지 않도록 하시오.
8) 컬러 도포 시 프리에지 단면의 앞 선까지 모두 도포하시오.
9) 베이스 코트 1회 – 흰색 폴리시 2회 – 탑 코트 1회의 도포 순서로 완성하시오.

2. 수험자 유의사항

1) 모델 발톱의 준비상태는 빨강색 폴리시가 풀 컬러로 도포되어야 하며, 스퀘어 형태로 사전 작업되지 않은 자연형태를 유지하여야 합니다.
2) 자연 네일 파일링 시 문지르거나 비비지 말고 한 방향으로 파일링하시오.
3) 발톱의 길이는 피부의 선단을 넘지 않도록 하시오.
4) 큐티클 연화제 (큐티클 오일 리무버 크림), 멸균거즈는 작업 상황에 맞도록 적절히 사용하시오.
5) 탑 코트 후 마무리 시, 오일을 사용하지 마시오.
6) 컬러 도포 시 네일 폴리시의 브러시를 사용하시오.
7) 큐티클 니퍼, 큐티클 푸셔, 클리퍼, 네일 더스트 브러시, 오렌지우드스틱(푸셔용)은 알코올 소독 용기에 담가 두어야 합니다.

자격종목	미용사(네일)	과 제 명	그라데이션 페디큐어	척도	NS

3. 도 면

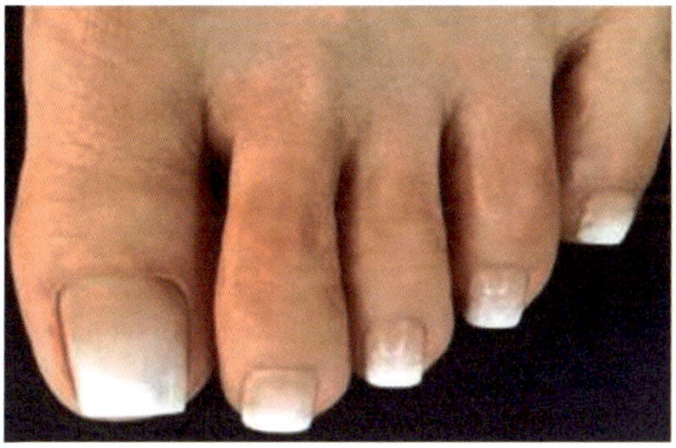	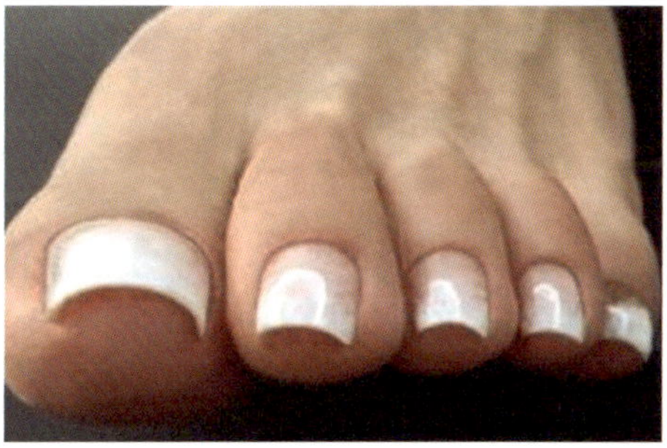
그라데이션 페디큐어 정면	그라데이션 페디큐어 프리에지 단면

국가기술자격 실기 시험문제

자격종목	미용사(네일)	과 제 명	9. 선 마블링 젤 매니큐어

※시험시간 : 35분

1. 요구사항 (제2과제)

※지참 재료 및 도구를 사용하여 아래의 요구사항에 따라 젤 네일 폴리시 아트 선 마블링을 완성하시오.

1) 과제를 수행하기 위해 수험자의 손 및 모델의 손과 손톱을 소독하시오.
2) 필요한 경우 손톱 주변의 불필요한 각질이나 거스러미를 제거하기 위한 건식케어를 실시 할 수 있으며, 순서는 무관합니다.
3) 손톱 프리에지의 형태는 라운드로 조형하시오.
   ※ 라운드 : 도면과 같이 스트레스 포인트에서부터 프리에지까지 직선이 존재하고, 끝 부분은 라운드 형태를 이루어야 하며, 프리에지의 어느 곳에서도 각이 없는 상태
4) 자연 손톱 표면을 버퍼로 정리한 후 주변의 잔여물 및 유수분기를 제거하시오. (표면에 네일 전 처리제를 사용할 수 있음)
5) 펄이 첨가되지 않은 순수 흰색과 빨강색 젤 네일 폴리시를 사용하여 왼손 1지~5지의 손톱 모두를 선 마블링으로 완성하시오.
   가) 흰색과 빨강색 교대 배열 세로선 8개(흰색, 빨강색 각 4개) : 흰색과 빨강색을 번갈아 가며 총 8개 의 교차된 세로선을 일정한 간격으로 5개의 손톱 모두 균일하게 작업하시오.
   나) 마블링 가로 교차선 5줄 : 마블링을 표현하는 가로선은 완만한 곡선을 이루며, 좌·우측 방향으로 번갈아가며 마블링이 되도록 명료하게 작업하시오.
   다) 개별 손톱 내에서 각 선의 간격은 균일해야 합니다(단, 5지 (새끼 손가락)의 경우 세로선 총 6개(흰색, 빨강색 각 3개), 가로 교차선 3줄로 줄여서 작업할 수 있음).
6) 컬러 도포 시 프리에지 단면의 앞 선까지 모두 도포하시오.
7) 젤 베이스 코트 1회 – 흰색과 빨강색 젤 폴리시 선 마블링 – 젤 탑 코트 1회의 순서로 도포하시오.
8) 젤 램프 기기는 수험자의 상황에 맞도록 적절히 사용하시오.

2. 수험자 유의사항

1) 모델 손톱의 준비는 사전에 큐티클 정리가 되어 있는 상태를 유지하여야 합니다.
2) 자연 네일 파일링 시 문지르거나 비비지 말고 한 방향으로 파일링하시오.
3) 길이는 옐로우 라인의 중심에서 프리에지 길이가 5mm 이내(네일 바디 전체의 1/2 정도)로 일정하게 작업하시오.
4) 큐티클 연화제(큐티클 오일 리무버 크림), 멸균거즈는 작업 상황에 맞도록 적절히 사용하시오.
5) 젤 폴리시 외 부적합한 제품(물감, 통젤, 빨강색을 벗어난 색 등)을 사용하지 마시오.
6) 컬러 도포시 아트용 브러시를 사용할 수 있습니다.
7) 젤 경화 시간을 준수하여 미 경화된 부분이 남지 않도록 작업하시오.
8) 젤 탑 코트 후 마무리 시, 오일을 사용하지 마시오.
9) 큐티클 니퍼, 큐티클 푸셔, 클리퍼, 네일 더스트 브러시, 오렌지우드스틱(푸셔용)은 알코올 소독 용기에 담가 두어야 합니다.

자격종목	미용사(네일)	과 제 명	선 마블링 젤 매니큐어	척도	NS

3. 도 면

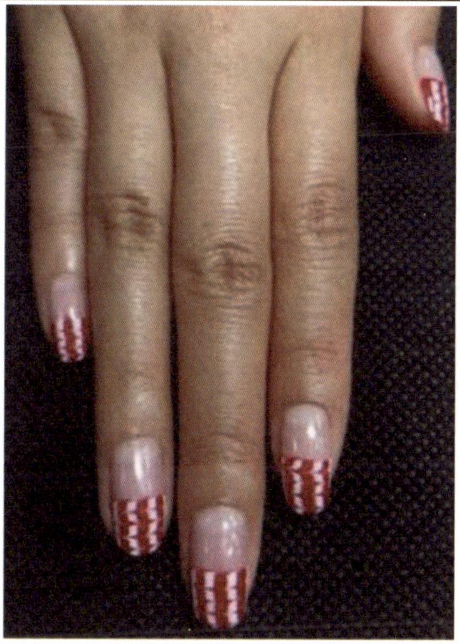

선 마블링 젤 매니큐어
정면 완성 사진 도면

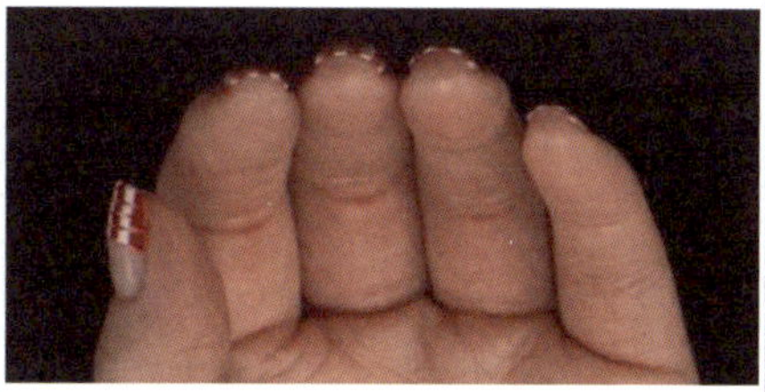

선 마블링 젤 매니큐어
프리에지 단면 사진 도면

국가기술자격 실기 시험문제

자격종목	미용사(네일)	과 제 명	10. 부채꼴 마블링 젤 매니큐어

※시험시간 : 35분

1. 요구사항 (제2과제)

※지참 재료 및 도구를 사용하여 아래의 요구사항에 따라 젤 네일 폴리시 부채꼴 마블링을 완성하시오.

1) 과제를 수행하기 위해 수험자의 손 및 모델의 손과 손톱을 소독하시오.
2) 필요한 경우 손톱 주변의 불필요한 각질이나 거스러미를 제거하기 위한 건식케어를 실시 할 수 있으며, 순서는 무관합니다.
3) 손톱 프리에지의 형태는 라운드로 조형하시오.
   ※ 라운드 : 도면과 같이 스트레스 포인트에서부터 프리에지까지 직선이 존재하고, 끝 부분은 라운드 형태를 이루어야 하며, 프리에지의 어느 곳에서도 각이 없는 상태
4) 자연 손톱 표면을 버퍼로 정리한 후 주변의 잔여물 및 유수분기를 제거하시오. (표면에 네일 전 처리제를 사용할 수 있음)
5) 펄이 첨가되지 않은 순수 흰색과 빨강색 젤 네일 폴리시를 사용하여 왼손 1지~5지의 손톱 모두를 도면과 같이 부채꼴 마블링으로 완성하시오.
   가) 교대 배열 가로선 총 7개(흰색 4개, 빨강색 3개) : 흰색과 빨강색을 번갈아 가며 총 7개의 둥근 부채꼴 모양의 교차된 가로선을 일정한 간격으로 5개의 손톱 모두 균일하게 작업하시오.
   나) 마블링 부채꼴 세로선 7줄 : 마블링을 표현하는 선은 구심점을 중심으로 7개의 세로선으로써 마블링이 되도록 명료하게 작업하시오.
   다) 개별 손톱 내에서 가로선의 폭은 동일해야 한다(단, 5지(새끼 손가락)의 경우 가로선 총 5개(흰색 3개, 빨강색 2개), 세로선 5줄로 줄여서 작업할 수 있음).
6) 컬러 도포 시 프리에지 단면의 앞 선까지 모두 도포하시오.
7) 젤 베이스 코트 1회 – 빨강색 젤 폴리시 1회 이상 – 흰색과 빨강색 젤 폴리시 선 마블링 – 젤 탑 코트 1회의 순서로 도포하시오.
8) 젤 램프 기기는 수험자의 상황에 맞도록 적절히 사용하시오.

2. 수험자 유의사항

1) 모델 손톱의 준비는 사전에 큐티클 정리가 되어 있는 상태를 유지하여야 합니다.
2) 자연 네일 파일링 시 문지르거나 비비지 말고 한 방향으로 파일링하시오.
3) 길이는 옐로우 라인의 중심에서 프리에지 길이가 5mm 이내 네일 바디 전체의 1/2 정도)로 일정하게 작업하시오.
4) 큐티클 연화제(큐티클 오일 리무버 크림), 멸균거즈는 작업 상황에 맞도록 적절히 사용하시오.
5) 젤 폴리시 외 부적합한 제품(물감, 통젤, 빨강색을 벗어난 색 등)을 사용하지 마시오.
6) 컬러 도포시 아트용 브러시를 사용할 수 있습니다.
7) 젤 경화 시간을 준수하여 미 경화된 부분이 남지 않도록 작업하시오.
8) 젤 탑 코트 후 마무리 시, 오일을 사용하지 마시오.
9) 큐티클 니퍼, 큐티클 푸셔, 클리퍼, 네일 더스트 브러시, 오렌지우드스틱(푸셔용)은 알코올 소독 용기에 담가 두어야 합니다.

자격종목	미용사(네일)	과 제 명	부채꼴 마블링 젤 매니큐어	척도	NS

3. 도 면

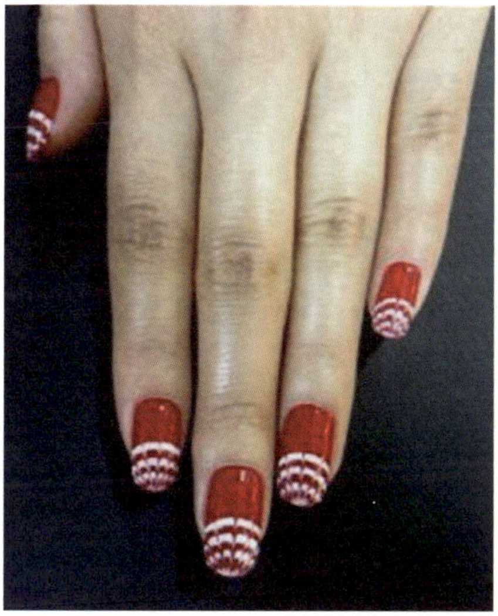	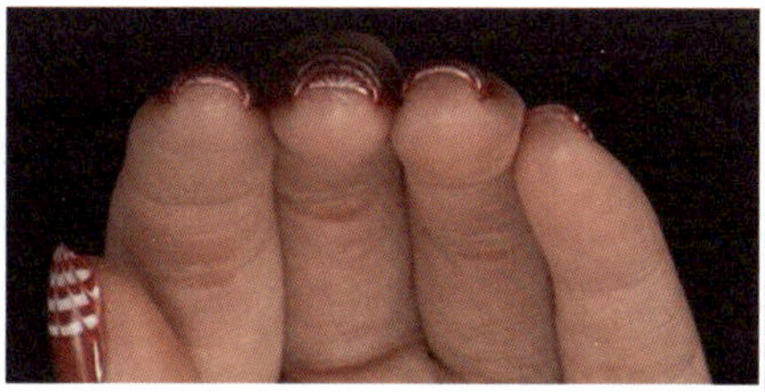
부채꼴 마블링 젤 매니큐어 정면 완성 사진 도면	부채꼴 마블링 젤 매니큐어 프리에지 단면 사진 도면

국가기술자격 실기 시험문제

자격종목	미용사(네일)	과 제 명	11. 내추럴 팁 위드 랩

※시험시간 : 40분

1. 요구사항 (제3과제)

※지참 재료 및 도구를 사용하여 아래의 요구사항에 따라 내추럴 팁 위드 랩을 완성하시오.

1) 과제를 수행하기 위해 수험자의 손 및 모델의 손과 손톱을 소독하시오.
2) 1과제 작업 상태의 모델 손톱을 3과제 작업에 적합하도록 전처리 하시오.
   가) 사전 작업된 오른손 1~5지 손톱의 네일 폴리시를 모두 제거하시오.
   나) 모델의 자연 손톱은 1mm 이하의 라운드 또는 오발(oval) 형태로 준비하시오.
3) 자연 손톱 색을 띤 내추럴 색의 하프 웰 팁을 사용하여 오른손 중지, 약지 2개의 손톱에 도면과 같은 내추럴 팁 위드 랩을 완성하시오.
4) 부착된 팁은 길이 0.5~1cm 미만으로 모두 일정하게 맞추어 잘라내고, 가로 세로 모두 직선의 스퀘어 모양으로 조형하시오.
5) 팁의 경계선이 자연 손톱과 매끄럽게 연결되도록 안전하고 자연스럽게 파일링 하시오.
6) 글루(네일 글루, 젤 글루 등)는 수험자가 작업 상황에 맞도록 적절히 사용하되, 피부에 닿거나 흐르지 않도록 유의하시오.
7) 실크는 손톱 범위에 따라 알맞게 큐티클 부분을 1mm 정도 남기고 재단 및 부착하여 사용하시오.
8) 필러 파우더는 수험자가 작업 상황에 맞도록 적절히 사용하시오.
9) 손톱 표면은 중심 (하이포인트)에서 좌우, 상하 사방의 굴곡이 자연스럽게 연결되고, 기포 없이 맑고 투명하게 완성하시오.
10) 인조손톱은 자연손톱 전체에 조형되어야 하며, 그 경계선을 매끄럽게 연결하되, 주변의 피부가 손상되거나 출혈되지 않도록 유의하시오.
11) 프리에지 씨-커브는 원형의 20~40% 비율로, 두께는 0.5~1mm 이하로 일정하게 조형하시오.
12) 측면 사이드 스트레이트 선은 자연 손톱에서부터 프리에지까지 연결선이 너무 올라가거나 쳐지지 않도록 하며 직선을 유지하여 만드시오.
13) 스퀘어 모양을 유지하여 2개 손톱 모두 일정하게 완성하시오.
14) 파일로 인한 거친 표면을 샌딩 버퍼로 매끄럽게 정리하시오.
15) 광택용 파일을 사용하여 광택 마무리 하시오.

16) 손과 손톱 주변의 먼지 혹은 사용된 오일을 깨끗이 제거하시오.

가) 핑거볼, 네일 더스트브러시, 멸균거즈, 큐티클 오일을 사용할 수 있습니다.

나) 네일 더스트브러시는 멸균거즈 등으로 물기를 완전히 제거한 후 사용하시오.

2. 수험자 유의사항

1) 시작 전 팁 크기를 선택해 놓거나, 재단을 하거나 미리 붙이지 않아야 합니다.
2) 자연 네일 파일링 시 문지르거나 비비지 말고 한 방향으로 파일링하시오.
3) 모델의 손과 손톱에 지저분한 큐티클 및 거스러미, 먼지나 분진이 없도록 항상 깨끗이 정리하시오
4) 수험자와 모델은 작업 시작부터 끝까지 눈을 보호할 수 있도록 하시오.
5) 구조를 위한 네일 도구(핀칭 봉, 핀칭 텅, 핀셋)는 작업내용에 맞게 적절히 사용할 수 있습니다.
6) 마무리 작업의 먼지 및 오일 제거시 핑거볼, 네일 더스트 브러시, 멸균 거즈, 큐티클 오일을 사용할 수 있습니다.
7) 큐티클 니퍼, 큐티클 푸셔, 클리퍼, 네일 더스트 브러시, 오렌지우드스틱(푸셔용)은 알코올 소독 용기에 담가 두어야 합니다.

자격종목	미용사(네일)	과 제 명	내추럴 팁 위드 랩	척도	NS

3. 도 면

내추럴 팁위드 랩 정면 예시 사진	내추럴 팁위드 랩 측면 예시 사진
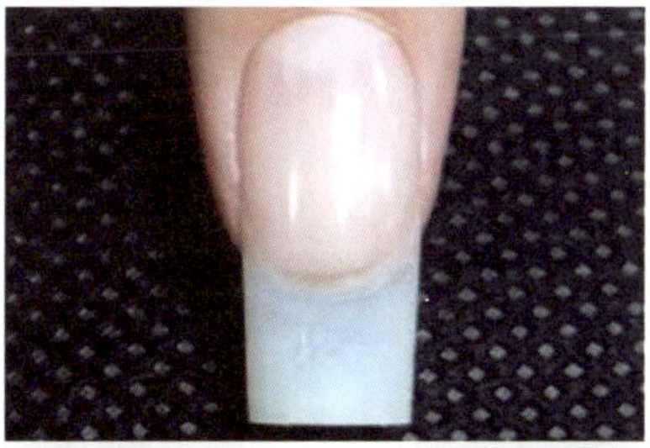	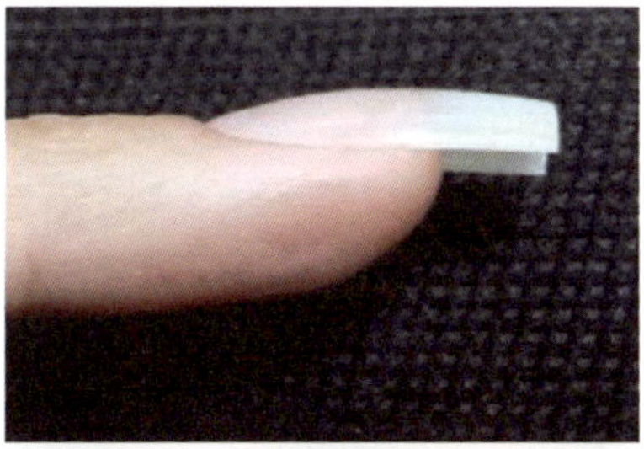
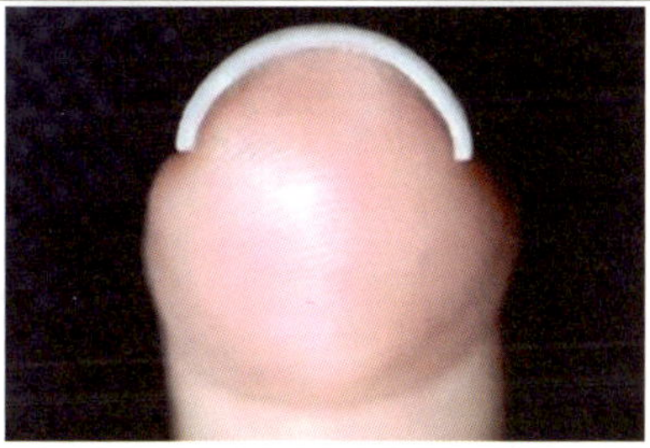	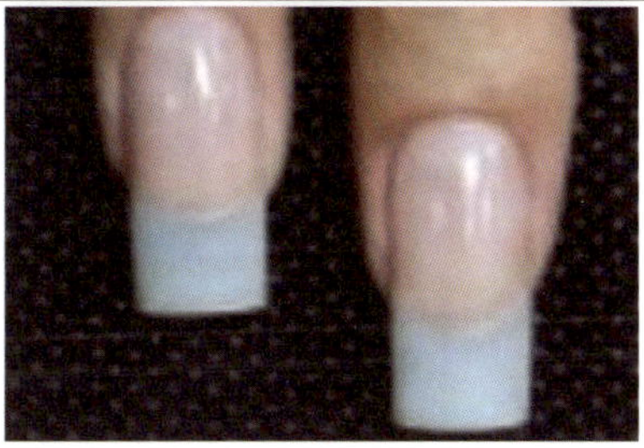
내추럴 팁 위드 랩 앞면 예시 사진	내추럴 팁 위드 랩 전체 완성 사진

국가기술자격 실기 시험문제

자격종목	미용사(네일)	과 제 명	12. 젤 원톤 스컬프쳐

※시험시간 : 40분

1. 요구사항 (제3과제)

※지참 재료 및 도구를 사용하여 아래의 요구사항에 따라 젤 원톤 스컬프쳐를 완성하시오.

1) 과제를 수행하기 위해 수험자의 손 및 모델의 손과 손톱을 소독하시오.
2) 1과제 작업 상태의 모델 손톱을 3과제 작업에 적합하도록 전처리 하시오.
   가) 사전 작업된 오른손 1~5지 손톱의 네일 폴리시를 모두 제거하시오.
   나) 모델의 자연 손톱은 1mm 이하의 라운드 또는 오발(oval) 형태로 준비하시오.
3) 폼과 투명젤을 사용하여 오른손 중지, 약지 2개의 손톱에 도면과 같은 젤 원톤 스컬프쳐를 완성하시오.
4) 연장된 프리에지 길이는 중심 기준으로 0.5~1cm 미만이며, 가로 세로 직선의 스퀘어 모양으로 조형하시오.
5) 손톱 표면은 중심(하이포인트)에서 좌우, 상하 사방의 굴곡이 자연스럽게 연결되고, 기포 없이 맑고 투명하게 완성하시오.
6) 인조손톱은 자연 손톱 전체에 조형되어야 하며, 그 경계선을 매끄럽게 연결하되, 주변의 피부가 손상되거나 출혈되지 않도록 유의하시오.
7) 프리에지 씨-커브는 원형의 20~40% 비율로, 두께는 0.5~1mm 이하로 일정하게 조형하시오.
8) 측면 사이드 스트레이트 선은 자연 손톱에서부터 프리에지까지 연결선이 너무 올라가거나 쳐지지 않도록 하며 직선을 유지하여 만드시오.
9) 스퀘어 모양을 유지하여 2개 손톱 모두 일정하게 완성하시오
10) 파일로 인한 거친 표면을 샌딩 버퍼로 매끄럽게 정리하시오.
11) 탑코트 젤로 도포하여 광택을 완성하시오.
12) 손과 손톱 주변의 먼지 혹은 사용된 오일을 깨끗이 제거하시오.
    가) 핑거볼, 네일 더스트브러시, 멸균 거즈, 큐티클 오일을 사용할 수 있습니다.
    나) 네일 더스트브러시는 멸균거즈 등으로 물기를 완전히 제거한 후 사용하시오.

2. 수험자 유의사항

1) 시작 전 폼을 재단하거나 미리 붙이지 않아야 합니다.
2) 자연 네일 파일링 시 문지르거나 비비지 말고 한 방향으로 파일링하시오.
3) 모델의 손과 손톱에 지저분한 큐티클 및 거스러미, 먼지나 분진이 없도록 항상 깨끗이 정리하시오.
4) 수험자와 모델은 작업 시작부터 끝까지 눈을 보호할 수 있도록 하시오
5) 젤 경화 시간을 준수하여 마무리시 미 경화된 부분이 남지 않도록 작업하시오.
6) 젤클렌저와 젤 램프 기기 및 구조를 위한 네일 도구(핀칭 봉, 핀칭 텅, 핀셋)는 작업 내용에 맞게 적절히 사용할 수 있습니다.
7) 마무리 작업의 먼지 및 오일 제거시 핑거볼, 네일 더스트 브러시, 멸균 거즈, 큐티클 오일을 사용할 수 있습니다.
8) 큐티클 니퍼, 큐티클 푸셔, 클리퍼, 네일 더스트브러시, 오렌지우드스틱(푸셔용)은 알코올 소독 용기에 담가 두어야 합니다.

자격종목	미용사(네일)	과 제 명	젤 원톤 스컬프쳐	척도	NS

3. 도 면

젤 원톤 스컬프쳐 위에서 본 정면 예시 사진	젤 원톤 스컬프쳐 측면 예시 사진
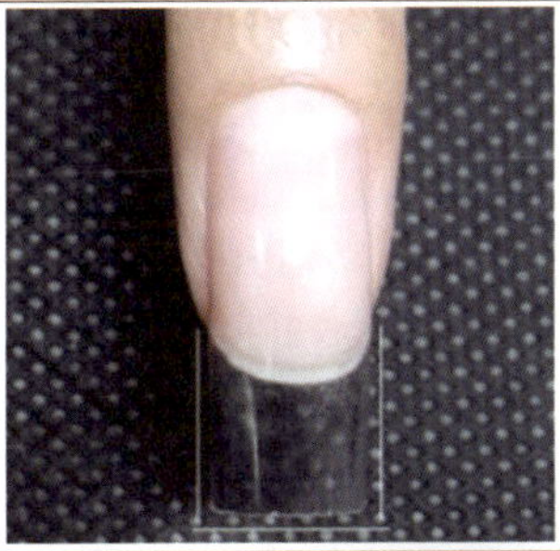	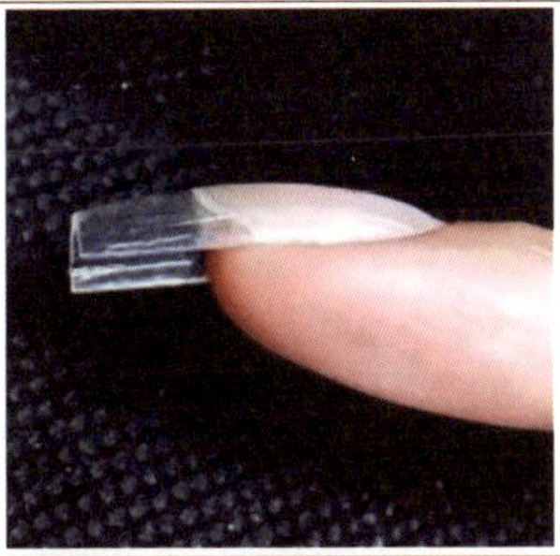
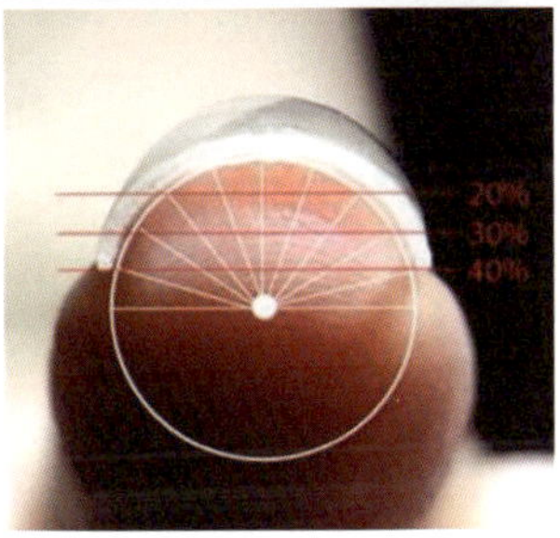	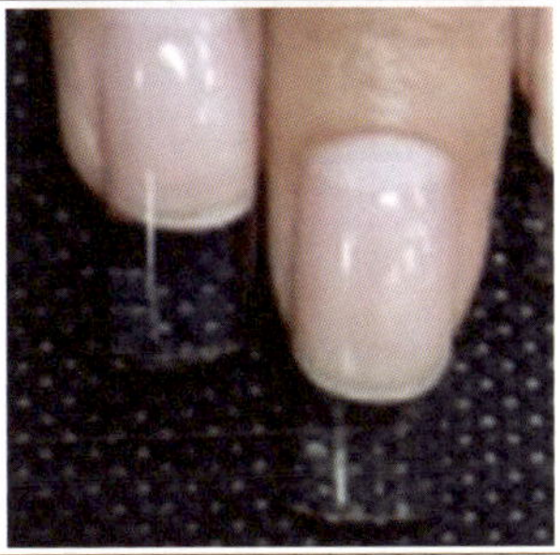
젤 원톤 스컬프쳐 앞면 예시 사진	젤 원톤 스컬프쳐 전체 완성 사진

국가기술자격 실기 시험문제

자격종목	미용사(네일)	과 제 명	13. 아크릴 프렌치 스컬프쳐

※시험시간 : 40분

1. 요구사항 (제3과제)

※지참 재료 및 도구를 사용하여 아래의 요구사항에 따라 아크릴 프렌치 스컬프쳐를 완성하시오.

1) 과제를 수행하기 위해 수험자의 손 및 모델의 손과 손톱을 소독하시오.
2) 1과제 작업 상태의 모델 손톱을 3과제 작업에 적합하도록 전처리 하시오.
   가) 사전 작업된 오른손 1~5지 손톱의 네일 폴리시를 모두 제거하시오.
   나) 모델의 자연 손톱은 1 mm 이하의 라운드 또는 오발(oval) 형태로 준비하시오.
3) 화이트폴리머, 핑크 또는 클리어 폴리머, 모노머와 폼을 사용하여 오른손 중지, 약지 2개의 손톱에 도면과 같은 프렌치 스컬프쳐를 완성하시오.
4) 스마일 라인은 선명하게 표현되어야 하고, 모양은 좌우 대칭이 되도록 조형하시오.
5) 제품 사용 시 기포가 생기거나 얼룩지지 않도록 주의하시오.
6) 연장된 프리에지 길이는 중심 기준으로 0.5~1cm 미만이며, 가로·세로 직선의 스퀘어 모양으로 조형하시오.
7) 손톱 표면은 중심(하이포인트)에서 좌우, 상하 사방의 굴곡이 자연스럽게 연결되고, 기포 없이 맑고 투명하게 완성하시오.
8) 인조손톱은 자연 손톱 전체에 조형되어야 하며, 그 경계선을 매끄럽게 연결하되, 주변의 피부가 손상되거나 출혈되지 않도록 유의하시오.
9) 프리에지 씨-커브는 원형의 20~40% 비율로, 두께는 0.5~1 mm 이하로 일정하게 조형하시오.
10) 측면 사이드 스트레이트 선은 자연 손톱에서부터 프리에지까지 연결선이 너무 올라가거나 쳐지지 않도록 하며, 직선을 유지하여 만드시오.
11) 스퀘어 모양을 유지하여 2개 손톱 모두 일정하게 완성하시오.
12) 파일로 인한 거친 표면을 샌딩 버퍼로 매끄럽게 정리하시오.
13) 광택용 파일을 사용하여 광택 마무리 하시오.
14) 손과 손톱 주변의 먼지 혹은 사용된 오일을 깨끗이 제거하시오.
   가) 핑거볼, 네일 더스트브러시, 멸균 거즈, 큐티클 오일을 사용할 수 있습니다.
   나) 네일 더스트브러시는 멸균거즈 등으로 물기를 완전히 제거한 후 사용하시오.

2. 수험자 유의사항

1) 자연 네일 파일링 시 문지르거나 비비지 말고 한 방향으로 파일링하시오.
2) 모델의 손과 손톱에 지저분한 큐티클 및 거스러미, 먼지나 분진이 없도록 항상 깨끗이 정리하시오.
3) 수험자와 모델은 작업 시작부터 끝까지 눈을 보호할 수 있도록 하시오.
4) 폴리머 중 화이트폴리머는 반드시 사용하여야 하며, 핑크 및 클리어 폴리머는 선택 가능합니다.
5) 구조를 위한 네일 도구(핀칭 봉, 핀칭 텅, 핀셋)는 작업내용에 맞게 적절히 사용할 수 있습니다.
6) 마무리 작업의 먼지 및 오일 제거시 핑거볼, 네일 더스트브러시, 멸균 거즈, 큐티클 오일을 사용할 수 있습니다.
7) 큐티클 니퍼, 큐티클 푸셔, 클리퍼, 네일 더스트 브러시, 오렌지우드스틱(푸셔용)은 알코올 소독 용기에 담가 두어야 합니다.

자격종목	미용사(네일)	과 제 명	아크릴 프렌치 스컬프쳐	척도	NS

3. 도 면

아크릴 프렌치 스컬프쳐 위에서 본정면 예시사진	아크릴 프렌치 스컬프쳐 측면 예시 사진
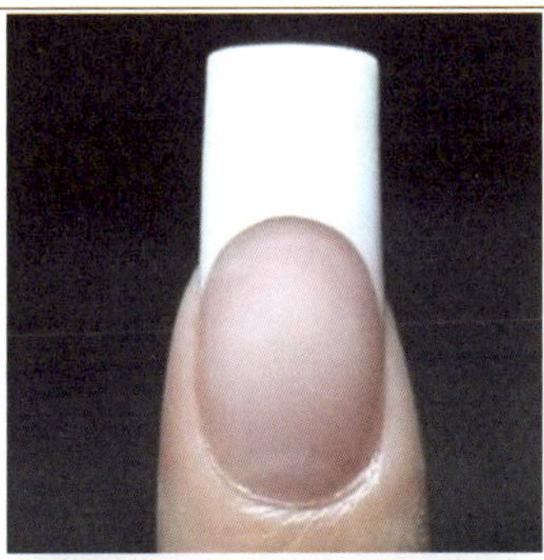	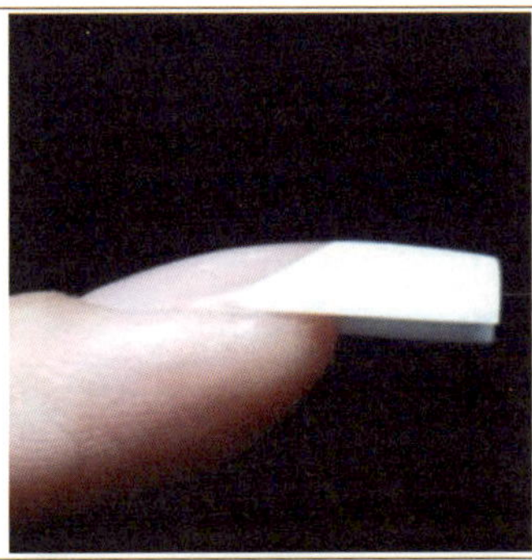
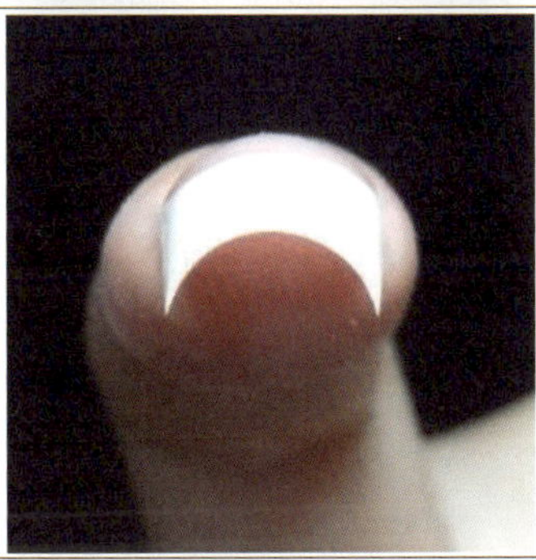	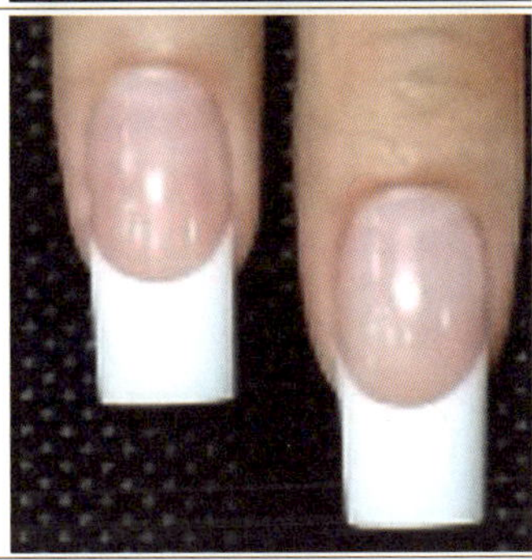
아크릴 프렌치 스컬프쳐 앞면 예시 사진	아크릴 프렌치 스컬프쳐 전체 완성 사진

국가기술자격 실기 시험문제

자격종목	미용사(네일)	과 제 명	14. 네일 랩 익스텐션

※시험시간 : 40분

1. 요구사항 (제3과제)

※지참 재료 및 도구를 사용하여 아래의 요구사항에 따라 네일 랩 익스텐션 을 완성하시오.

1) 과제를 수행하기 위해 수험자의 손 및 모델의 손과 손톱을 소독하시오.
2) 1과제 작업 상태의 모델 손톱을 3과제 작업에 적합하도록 전처리 하시오.
   가) 사전 작업된 오른손 1~5지 손톱의 네일 폴리시를 모두 제거하시오.
   나) 모델의 자연 손톱은 1mm 이하의 라운드 또는 오발(oval) 형태로 준비하시오.
3) 실크 랩, 네일 글루, 젤 글루, 필러파우더를 사용하여 오른손 중지, 약지 2개의 손톱에 도면과 같은 네일 랩 연장을 완성하시오.
4) 연장된 프리에지의 길이는 0.5~1cm미만 으로 모두 일정하게 맞추어 잘라내고, 가로·세로 모두 직선의 스퀘어 모양으로 조형하시오.
5) 글루(네일 글루, 젤 글루 등)는 수험자가 작업 상황에 맞도록 적절히 사용하되, 피부에 닿거나 흐르지 않도록 유의하시오.
6) 실크는 손톱 범위에 따라 알맞게 큐티클 부분을 1mm 정도 남기고 재단 및 부착하여 사용하시오.
7) 필러 파우더는 수험자가 작업 상황에 맞도록 적절히 사용하시오.
8) 손톱 표면은 중심(하이포인트)에서 좌우, 상하 사방의 굴곡이 자연스럽게 연결되고, 기포 없이 맑고 투명하게 완성하시오.
9) 인조손톱은 자연 손톱 전체에 조형되어야 하며, 그 경계선을 매끄럽게 연결하되, 주변의 피부가 손상되거나 출혈되지 않도록 유의하시오.
10) 프리에지 씨 커브는 원형의 20~40% 비율로, 두께는 0.5~1mm 이하로 일정하게 조형하시오.
11) 측면 사이드 스트레이트 선은 자연 손톱에서부터 프리에지까지 연결선이 너무 올라가거나 쳐지지 않도록 하며 직선을 유지하여 만드시오.
12) 스퀘어 모양을 유지하여 2개 손톱 모두 일정하게 완성하시오.
13) 파일로 인한 거친 표면을 샌딩 버퍼로 매끄럽게 정리하시오.
14) 광택용 파일을 사용하여 광택 마무리 하시오.

15) 손과 손톱 주변의 먼지 혹은 사용된 오일을 깨끗이 제거하시오.

가) 핑거볼, 네일 더스트 브러시, 멸균 거즈, 큐티클 오일을 사용할 수 있습니다.

나) 네일 더스트브러시는 멸균거즈 등으로 물기를 완전히 제거한 후 사용하시오.

2. 수험자 유의사항

1) 시작 전 실크 랩을 재단하거나 미리 붙이지 않아야 합니다.
2) 자연 네일 파일링 시 문지르거나 비비지 말고 한 방향으로 파일링하시오.
3) 모델의 손과 손톱에 지저분한 큐티클 및 거스러미, 먼지나 분진이 없도록 항상 깨끗이 정리하시오.
4) 수험자와 모델은 작업 시작부터 끝까지 눈을 보호할 수 있도록 하시오.
5) 구조를 위한 네일 도구(핀칭 봉, 핀칭 텅, 핀셋)는 작업내용에 맞게 적절히 사용할 수 있습니다.
6) 마무리 작업의 먼지 및 오일 제거시 핑거볼, 네일 더스트브러시, 멸균 거즈, 큐티클 오일을 사용할 수 있습니다.
7) 큐티클 니퍼, 큐티클 푸셔, 클리퍼, 네일 더스트브러시, 오렌지우드스틱(푸셔용)은 알코올 소독 용기에 담가 두어야 합니다.

자격종목	미용사(네일)	과 제 명	네일 랩 익스텐션	척도	NS

3. 도 면

네일 랩 익스텐션 정면 예시 사진	네일 랩 익스텐션 측면 예시 사진
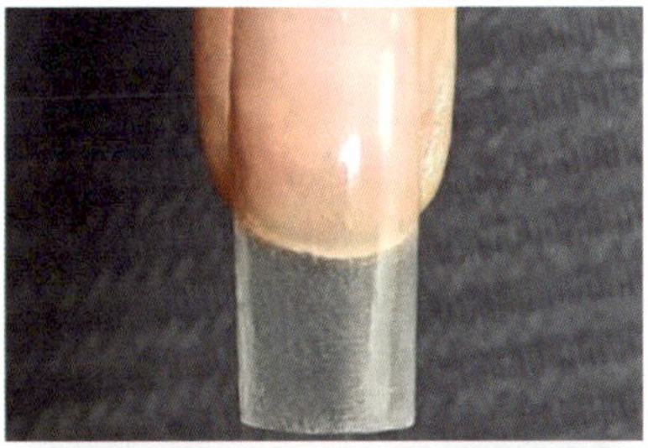	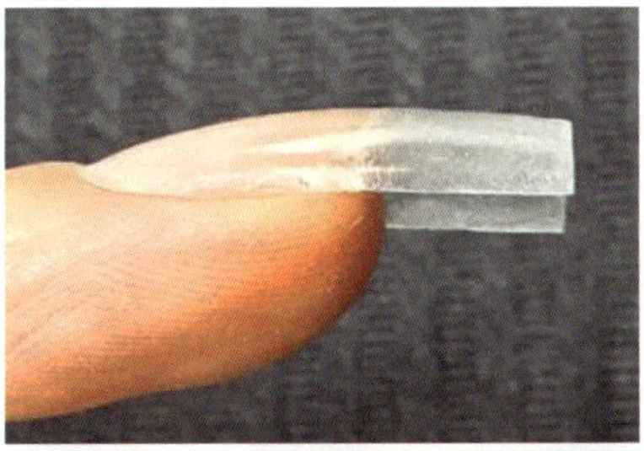
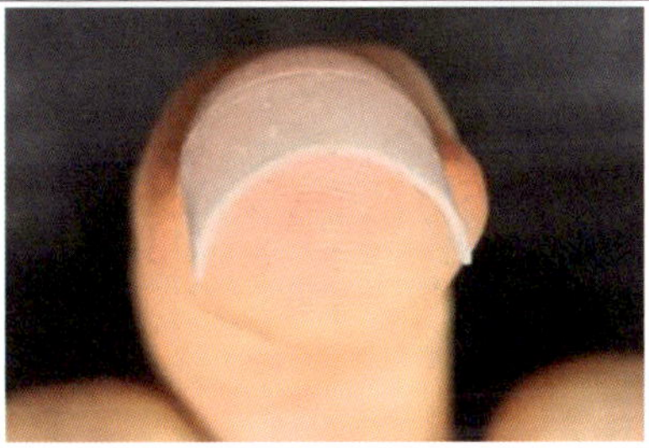	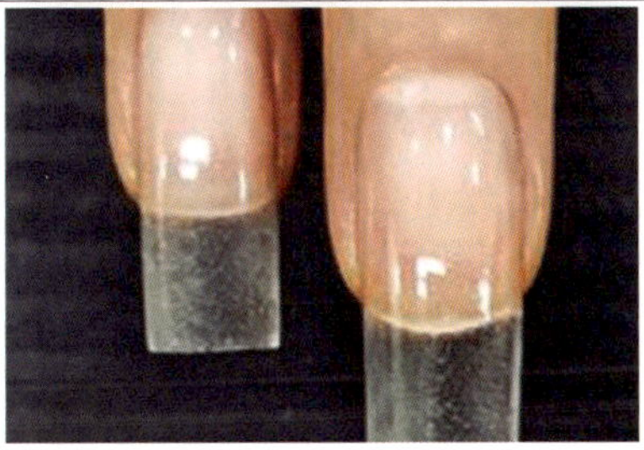
네일 랩 익스텐션 앞면 예시 사진	네일 랩 익스텐션 전체 완성 사진

국가기술자격 실기 시험문제

자격종목	미용사(네일)	과 제 명	15. 인조네일 제거

※시험시간 : 15분

1. 요구사항 (제3과제)

※지참 재료 및 도구를 사용하여 아래의 요구사항에 따라 인조네일을 제거하시오.

1) 과제를 수행하기 위해 수험자의 손 및 모델의 손과 손톱을 소독하시오.
2) 전 과제에 조형된 인조 손톱 중 중지의 손톱을 제거하시오.
3) 자연 손톱의 경계선을 파악한 뒤 연장된 프리에지를 안전하게 잘라내시오.
4) 자연 손톱과 주변에 상처가 나지 않도록 유의하여 인조손톱의 표면 두께를 적당히 갈아내시오.
5) 아세톤을 적신 솜을 올리고 호일로 감싸듯 마감하시오(단, 피부의 보습을 위하여 큐티클 오일을 사용하여야 하며, 젤의 종류에 따라 쪽 오프 과정을 생략할 수 있습니다).
6) 일정한 시간이 흐른 후 녹은 부분을 적절히 제거하시오(단, 젤의 종류에 따라 쪽 오프 시 호일마감 과정을 생략할 수 있습니다).
7) 손톱 위 잔여물을 깨끗이 제거하시오.
8) 자연 손톱의 프리에지 모양을 라운드 혹은 오발(oval)로 완성 후 표면을 매끄럽게 정리하시오.
9) 마무리로 손과 손톱 주변의 먼지를 깨끗이 제거하시오.
   가) 핑거볼, 네일 더스트브러시, 멸균 거즈, 큐티클 오일을 사용할 수 있습니다.
   나) 네일 더스트브러시는 멸균거즈 등으로 물기를 완전히 제거한 후 사용하시오.

2. 수험자 유의사항

1) 인조손톱의 두께를 파일링으로 제거할 시 자연 손톱과 주변에 상처가 나지 않도록 유의 하시오.
2) 자연 네일 파일링 시 문지르거나 비비지 말고 한 방향으로 파일링하시오.
3) 모델의 손과 손톱에 지저분한 큐티클 및 거스러미, 오일, 먼지나 분진 등의 잔여물이 없도록 항상 깨끗이 정리하시오.
4) 필요시 요구사항의 4번과 5번의 작업을 반복할 수 있으며, 우드스틱, 메탈 푸셔, 파일은 선택하여 중복 사용할 수 있습니다.
5) 제거 작업 시 광택용 파일 및 전동 파일 기기(전기 드릴 기기)는 사용할 수 없습니다.
6) 마무리 작업 시 핑거볼, 멸균 거즈, 큐티클 오일을 사용할 수 있습니다.
7) 큐티클 니퍼, 큐티클 푸셔, 클리퍼, 네일 더스트브러시, 오렌지우드스틱(푸셔용)은 알코올 소독 용기에 담가 두어야 합니다.

5. 미용사(네일) 공개문제 및 지참재료 관련 Q&A

미용사(네일) 공개문제 및 지참재료 관련 Q&A

Q1 미용사(네일) 실기시험은 과제 구성이 어떻게 됩니까?

A1 미용사(네일) 실기시험은 실기시험관련사항 알림에 공개된 바와 같이

1과제「매니큐어」: ① 풀컬러 레드 ② 프렌치 화이트 ③ 딥프렌치 화이트 ④ 그라데이션 화이트

1과제「페디큐어」: ① 풀컬러 레드 ② 딥프렌치 화이트 ③ 그라데이션 화이트

2과제「젤 매니큐어」: ① 선 마블링 ② 부채꼴 마블링

3과제「인조네일」: ① 내추럴팁위드랩 ② 젤원톤 스컬프쳐 ③ 아크릴 프렌치 스컬프처 ④ 네일랩 익스텐션

4과제「인조네일 제거」로 구성되어 시험이 시행됩니다.

세부과제로

1과제 : 매니큐어 ① ~ ④ 과제 중 1과제 선정, 페디큐어 ① ~ ③ 과제 중 1과제 선정,

2과제 : 젤 매니큐어 ① ~ ② 과제 중 1과제 선정,

3과제 : 인조네일 ① ~ ③ 과제 중 1과제 선정,

4과제 : 3과제 시 선정된 인조네일 제거 의 총 4과제로 시험 당일 각 세부 과제가 랜덤 선정되는 방식으로 시험당일 선정됩니다. 공개문제 등은 수정사항이 생기는 경우 새로 등재되므로 정기적으로 확인을 해야 합니다.

Q2 과제별 시험 시간은 어떻게 됩니까?

A2 시험시간은 전체 2시간30분(순수작업 시간 기준)이며, 각 과제별 시간은 1과제 60분, 2과제 35분, 3과제 40분, 4과제 15분이며 각과제 사이에 5~10분 정도의 간격이 주어집니다.

Q3 과제별 시험 배점은 어떻게 됩니까?

A3 배점은 전체 100점으로, 각 과제별 배점은 1과제 40점(매니큐어 패디큐어 각20점), 2과제 20점, 3과제 30점, 4과제 10점입니다.

Q4 과제별 대상부위는 어떻게 됩니까?

A4 각 과제별 대상부위는 1과제 오른손 1~5지 손톱 및 오른발 1 ~ 5지 발톱, 2과제 왼손 1 ~ 5지 손톱, 3과제 오른손 3, 4지 손톱, 4과제 오른손 3지 손톱입니다

Q5 기존의 민간 협회 등의 경우 협회에 따라 네일관리 방법이 상당히 다르고 또 업소나 사람마다 행하는 시술법이 다른 것 같은데 어떤 것을 기준으로 하게 되나요?

A5 미용사(네일) 기능사 등급의 시험으로 네일미용사의 업무를 행하기 위한 기본적인 동작과 시술을 보는 것이기 때문에 각 협회나 업소별 특별한 시술법을 요구하지 않습니다. 기법의 정확성, 숙련도 및 기본시술 순서, 완성상태 등을 중점으로 채점하는 것을 기본 방향으로 하고 있습니다.

Q6 모델의 조건은 어떻게 되나요?

A6 모델은 수험자가 대동하고 와야 하며 자신이 데려온 모델은 자신이 작업하게 됩니다. 모델은 만 14세 이상(년도기준)의 신체 건강한 남, 여로 다음의 조건에 해당하지 않아야 합니다.

① 자연 손발톱이 열 개가 아니거나 열 개를 다 사용할 수 없는 자

② 손발톱 미용에 제한을 받는 무좀, 염증성 손발톱질환을 가진 자

※ 물어뜯는 손톱, 파고드는 발톱, 멍든 손·발톱 등은 염증성 질환이 아닌 경우, 대동모델기준으로 가능하며 별도의 감점처리 대상이 되지 않습니다.

③ 호흡기 질환, 민감성 피부, 알레르기 등이 있는 자

④ 임신 중인 자

⑤ 정신질환자

또한, 눈에 보이는 표식이 없어야 하며(예 : 문신, 헤나 등) 표식이 될 수 있는 액세서리를 착용할 수 없습니다. (예 : 반지, 시계, 팔찌, 발찌, 목걸이, 귀걸이 등) 단, 머리핀 또는 머리띠를 착용할 경우 검은색을 착용하며 문신 등의 범위가 작을 경우 의료용 살색 테이프 등으로 부위를 가린 후 응시할 수 있습니다. 모델은 신분증(본인임을 확인할 수 있는 사진이 부착된 증명서)을 지참해야 하 며, 흰색(무지, 프린트 등이 되지 않은) 라운드 티셔츠와 긴바지(색상무관)를 착용해야 합니다.

Q7 모델의 손발톱 조건은 어떻게 되나요?

A7 모델의 손·발톱 상태는 자연 손·발톱 그대로여야 하며 손·발톱이 보수되어 있을 경우 오른손, 왼손, 오른발 각 부위별 2개까지 허용하며 자연 손톱 상태로 길이 연장 등도 가능합니다(단, 오른손 3, 4지는 제외).

모델의 오른손 · 발 1 ~ 5지의 손·발톱은 큐티클 정리가 충분히 가능한 상태로, 오른손 1~5지의 손톱은 스퀘어 또는 스퀘어 오프형으로 사전 준비되어야 하고 오른발 1~5지의 발톱은 라운드 또는 스퀘어 오프형으로 사전 준비되어야 하며, 오른손 1~5지와 오른발 1 ~ 5지의 손·발톱은 펄이 미 함유된 빨강색 네일 폴리시가 사전에 완전히 건조된 상태로 2회 이상 풀코트로 도포되어 있어야 합니다. (단, 2과제 젤 매니큐어 과제는 습식케어가 생략되므로 모델의 왼손 1~5지의 손톱은 큐티클 정리의 사전 작업이 필요하며 사전 손톱 프리에지 형태는 스퀘어 또는 오프 스퀘어 형이어야 하며, 사전에 라운드형의 파일링은 금합니다).

Q8 수험자와 모델이 착용하는 마스크 및 긴바지의 특별한 제한이 없나요?

A8 수험자와 모델이 착용하는 마스크는 흰색이어야 하며, 시중에서 판매되고 있는 흰색이나 푸른 빛이 도는 일회용 마스크도 가능합니다. 긴바지는 위생상태가 양호한 것으로 색상 및 소재에 특별한 제한은 없습니다.

Q9 멸균거즈는 어떻게 준비하고 또 사용용도는 어떤가요?

A9 시중의 약국 등에서 판매되는 제품을 사용하면 되며, 마른상태로 사용해도 되고, 물이나 알코올 등을 적신 상태로도 이용 가능합니다. 작업 전반에서 젖은 상태의 기구나 손의 물기를 닦거나, 네일 폴리시의 병 입구를 닦는 용도, 마무리 시 큐티클 주변 등의 네일 거스러미를 제거하는 등 다양한 용도로 사용 가능합니다.

Q10 소독제는 어떻게 준비하나요?

A10 펌프식 혹은 스프레이식의 용기 등에 알콜 등의 소독제를 넣어 오면 되고 이것은 화장품, 기구 혹은 손 등의 소독 시에 사용됩니다. 그리고 스프레이식을 사용하여 소독하는 것에 대한 감점 등의 사항은 없습니다.

Q11 화장품은 어떤 형태로 가져와야 합니까?

A11 화장품은 판매되는 제품으로 가져오면 되고, 사용하던 것도 무방하지만 덜어오는 것은 안됩니다. 단, 지참재료 목록상의 용기가 언급되어 있는 소독제나 디스펜서가 포함되는 폴리시 리무버, 쏙오프 리무버, 젤 클렌져의 경우 용기에 담겨진 형태로 덜어서 지참이 가능합니다(별도의 라벨링 작업이 불가함으로 용기의 형태 등으로 구분요함).

Q12 시판용 재료나 외국산 재료를 사용해도 되나요?

A12 자참목록상의 기구 및 화장품은 위생상태가 양호한 것으로 브랜드를 차별하지 않습니다. 같은 회사의 라인으로 통일시킬 필요도 없으며, 시판용 재료나 외국산 재료 등도 모두 사용 가능합니다. 또한, 성분에 따른 제품의 종류에 특별한 제한을 두진 않습니다.

Q13 타월이나 손목 받침대는 제시된 규격대로만 준비해야 합니까?

A13 A1 3. 지참재료 목록상의 40 × 80cm 내외는 시험장 작업대의 크기를 고려한 사이즈로 사이즈가 더 클 경우 본인의 작업에 불편을 초래할 수도 있으므로 공지된 규격에 맞추어 준비해 오기를 권장합니다. 또한, 손목 받침대는 반드시 흰색으로 지참해야 하며, 받침대 대용으로 흰색 타월도 가능하며 흰색 타월로 받침대를 커버처럼 덧씌어도 무방합니다.

Q14 탈지면 용기나 보관통, 정리함(바구니)의 재질 및 색상은 어떤 것이어야 하나요?

A14 탈지면 용기는 뚜껑이 있는 것으로 재질은 금속, 플라스틱, 유리 모두 허용됩니다. 보관통은 푸셔, 니퍼, 오렌지우드스틱, 네일더스트브러시를 소독액에 담가 둔 형태로 사용해야 하므로 일반적으로 유리 재질 등을 권장합니다. 정리함은 과제별 시험 시작 전에 시험 과제의 모든 준비물을 정리함(바구니)에 담아 세팅하는 용도로 본인이 사용하기에 편리한 재질로 준비하면 됩니다. (단, 정리함(바구니)의 색상은 반드시 흰색이어야 합니다.

Q15 베이스&탑 코트 혼용제품을 가져와도 되나요?

A15 지참재료 목록상에 각각 구분되어 있는 베이스 코트와 탑 코트는 과제 채점시 사용 용도나 시술순서와 관련이 되므로 각각 따로 준비해야 합니다.

Q16 **기타 자신이 가지고 오고 싶은 도구를 가져오는 것은 가능한가요?**

A16 기타 추가로 지참이 가능한 필요 재료는 요구사항 및 유의사항에서 언급한 재료 및 도구 등에 한하며, 물티슈의 경우 사용이 불가합니다. 기타 화장품이나 그릿수가 다양한 파일이나 호수가 다양한 브러시, 탈지면(화장솜 및 용기, 보관통 등은 더 가져와도 됩니다(단, 공개문제 및 수험자 지참준비물에 언급된 재료 및 도구 이외에 작업의 결과에 영향을 줄 수 있는 제 3의 도구 (핀칭 집게, 붓 거치대 등) 및 재료의 지참은 불가합니다).

Q17 **젤 램프기기도 필요시 더 추가 지참이 가능한가요?**

A17 젤 램프기기와 같은 기기류는 1인당 1개 지참해야 하며 사용할 수 있는 콘센트도 시험장마다 차이가 있을 수 있으나 1인 1구 사용이 기준임을 양지 바랍니다. 다만, 두개를 지참해도 두 가지 기기를 각 과제별로 한대씩 나누어 사용하는 것은 문제가 되지 않습니다.

Q18 **소독된 일회용품 및 네일더스트브러시 등은 어떻게 사용하나요?**

A18 오렌지우드스틱, 네일더스트브러시는 알코올 등의 소독제 용기에 담가 소독한 상태로 보관하며 사용 시 멸균거즈나 페이퍼 타월 등으로 물기를 제거한 후 사용합니다. 오렌지우드스틱, 멸균거즈 등은 일회용으로 소독 후 사용하고 난 뒤에 폐기합니다.

Q19 **일회용품들은 어떻게 사용하고 폐기하나요?**

A19 파일류와 오렌지우드스틱 등은 1과제 시 새것으로 지참하여야하며 오렌지우드스틱, 멸균거즈 등은 사용 후 폐기합니다. 단, 파일류는 폐기 대상에서 제외됨을 참고하시기 바랍니다.

Q20 **각 과제별 작업 시 시간을 확인하고 싶은데 스톱워치 등의 추가 지참이 가능한가요?**

A20 스톱워치나 손목시계 등은 공지된 바와 같이 지참이 불가능하며, 작업 시간은 검정장 안에 있는 벽시계를 보고 확인하기 바랍니다. 또한 검정장의 본부요원 등이 시험 당일 시험 시작 5분 전·후 등을 미리 안내하니 참고하기 바랍니다.

Q21 **기존 민간자격검정과 같이 제품에 라벨링을 해도 되나요?**

A21 공지된 바와 같이 수험자가 도구 또는 재료에 구별을 위해 표식(스티커 등)을 만들어 붙일 수 없으므로 재료에 상표 이외에 별도로 라벨링을 하는 것은 표식으로 간주되어 채점 시 불이익이 있을 수 있으므로 삼가기 바랍니다.

Q22 **기존 민간자격검정과 같이 습식케어 시 마사지나 발 각질제거 등을 해도 되나요?**

A22 공개된 1과제 요구사항을 보면 마사지나 각질제거 등에 대한 언급은 전혀 없습니다. 요구사항이나 유의사항 이외의 불필요한 행동은 할 필요가 없으며 오히려 채점상의 불이익이 있을 수 있으므로 삼가기 바랍니다.

Q23 **1과제부터 4과제의 전체 재료를 한번에 세팅하고 작업해도 되나요?**

A23 전체 재료를 한꺼번에 세팅하면 작업대가 비좁아 과제 수행이 어렵습니다. 과제별 재료의 세팅은 시험 시작 전 전 과제를 과제별로 본인이 미리 세팅한 후 각 과제 시마다 세팅된 재료를 사용하면 됩니다. 재료를 보관할 바구니 등은 본인이 직접 지참해야 합니다. 단 3과제의 경우 2과제 종료 후 3과제 준비시간 전에 본부요원의 지시에 따라 인조네일 3가지 유형 중 선정된 1가지 과제의 재료만을 3과제 시작 전 미리 작업대에 준비해야 합니다.

Q24 **2과제부터 선마블링 시 세로선을 만들 때 빨강색 폴리시와 흰색 폴리시의 사용 순서가 있나요?**

A24 2과제 전 마블링 시 빨강색 젤폴리시와 흰색 젤폴리시의 사용 순서는 어떤 것을 먼저 사용하든지 정해진 규정 순서는 없으며 도면과 최대한 유사한 작품을 동반한 모델의 손톱 사이즈 내에서 표현하면 되고 가로선은 교차되는 형태로 5번의 선을 그어 완성합니다. 개별 손톱 내에서 각 선의 간격은 균일해야 하며, 단, 5지(새끼 손가락)의 경우 세로선 총 6개(흰색, 빨강색 각 3 개), 가로 교차선 3줄로 줄여서 작업할 수 있습니다.

Q25 **네일 폴리시를 호일에 덜어서 아트브러시를 사용해 작업해도 되나요?**

A25 그라데이션 과제를 제외한 1과제는 기본적으로 컬러 도포 시 네일 폴리시 브러시를 사용해야 하며 2과제 젤네일 폴리시 작업 시 마블링 표현 때에는 아트용 브러시(라인 브러시 등 사용 가능)를 사용할 수 있습니다. 또한, 네일 폴리시를 호일에 덜어서 사용 가능합니다.

Q26 **2과제 젤네일 과제 시 빨강색 흰색 젤네일 폴리시의 경우 통젤 형태 제품을 지참해도 되나요?**

A26 지참준비목록에 공지된 바와 같이 빨강색 흰색 젤네일 폴리시는 젤네일 폴리시 형태로 지참해야 하며, 통젤 제품은 허용이 안됩니다. 단, 베이스 젤과 탑젤의 경우 통젤 형태 제품의 지참이 가능합니다.

Q27 **3과제 인조네일 파일링 시에도 자연네일 파일링 시 처럼 한 방향으로 문지르거나 비비지 말고 파일링해야 하나요?**

A27 인조네일 파일링 시에 파일링 방법 및 방향에는 제한을 두지 않으므로 양 방향으로 문지르거나 비비는 방식의 파일링 방법도 사용 가능합니다.

Q28 **2과제 젤네일 과제 전 사전 준비작업은 어떻게 되나요?**

A28 2과제 젤 매니큐어 과제는 습식케어가 생략되므로 모델의 왼손 1~5지의 손톱은 큐티클 정리 등의 사전 준비 작업이 미리 되어있어야 하며 손톱 프리에지 형태는 스퀘어 또는 오프 스퀘어형이어야 합니다. 2과제 작업 시 요구사항에서처럼 프리에지 형태를 사전에 작업한 스퀘어 또는 오프 스퀘어 형에서 라운드형으로 완성하여야 합니다.

Q29 **분무기는 어떻게 사용하나요?**

A29 1과제 페디큐어 시 보온통의 미온수를 분무기에 담아 분무기를 이용하여 습식케어를 하며, 화장솜이나 멸균거즈를 물에 적신 상태로 사용하고자 할 때 등에 사용 가능합니다.

Q30 **1과제 시 매니큐어 작업 후에 페디큐어 작업은 어떻게 하나요?**

A30 1과제 매니큐어 작업(30분) 종료 후 감독위원의 지시에 따라 모델은 작업대 위에 앉은 후 의자에 앉아있는 수험자의 무릎에 작업대상 발을 올리는 자세로 페디큐어 작업(30분)을 바로 할 수 있도록 준비한 후 감독위원의 지시에 따라 페디큐어 작업(30분)을 시작하면 됩니다.

Q31 **작업 시 출혈이 나면 어떻게 해야 하나요?**

A31 작업 시 출혈이 있는 경우 소독된 탈지면이나 거즈 등으로 출혈부위를 소독한 후 작업해야 하며 작업 시 출혈이 발생할 경우 해당과제에서 감점 대상이 되니 참고하기 바랍니다.

Q32 **수험자나 모델의 손에 작은 타투가 있는데 시험 응시에 제한이 되나요?**

A32 공지된 바와 같이 수험자는 눈에 보이는 표식이 없어야 합니다. (예 : 문신, 헤나, 컬러링(자연손톱 색 외), 디자인, 손톱장식 등) 다만, 그 범위가 국소부위일 경우, 사전에 살색의 의료용 테잎 등으로 타투 부위를 가린 후 응시하시면 됩니다.

Q33 **작업 시 손톱 주변에 에나멜 등이 묻었을 때 어떻게 해야하나요?**

A33 지참재료목록상의 오렌지우드스틱에 솜을 말아 알콜이나 리무버를 묻혀 사용하시거나 멸균거즈를 손가락 등에 끼운 상태로 리무버를 묻혀 사용하면 되고, 지참목록상에 없는 면봉은 사용 불가합니다.

Q34 **손톱 리페어 시 길이 연장을 해도 되나요?**

A34 공지된 바와 같이 손발톱이 보수되어 있을 경우 오른손 왼손, 오른발 각 부위 별 2개까지 허용되며, 리페어의 범위는 찢어진 손톱 등의 보수 및 자연 네일 상태가 되도록 손톱 자체의 길이 연장(실크, 아크릴 등)도 가능합니다.

Q35 **3과제 시작 전 1과제에 작업한 1~5지 에나멜을 미리 지워야하나요?**

A35 1과제시 작업했던 오른손 1~5지의 폴리시 제거는 3과제의 과제시간 내에 제거하므로 사전에 미리 제거하면 안됩니다. 프리에지 셰이프 등은 작업 범위인 3, 4지에만 시술하면 됩니다.

Q36 2과제 선마블링 젤매니큐어 시 빨간색 젤폴리시로 프렌치 1코트를 먼제 해야 하나요 또, 가로줄 5줄은 어떻게 작업하나요?

A36 베이스코트 도포 후 공개문제의 요구사항과 도면에 제시한 바와 같이 백색과 빨강색 줄무늬가 교대로 완성된 세로선을 연출한 후 가로 교차선을 그어주면 되고, 채점 사항과 관계없는 프렌치 1코트의 사전 도포는, 수험자에 따라 개인적인 작업방식의 차이로 반드시 해야하는 요구사항은 아닙니다. 또한, 가로 교차선은 도면과 같이 완만한 스마일 라인이 연출되도록 마지막 프렌치 라인까지 포함하여 총 5줄을 달면 됩니다.

Q37 1과제 시 작업했던 네일 에나멜은 3과제 시작 전에 미리 지우면 안되나요?

A37 왼손에 작업을 마친 2과제 후에는 쉬는 시간 내에 3가지 중 1개가 선정될 예정인 3과제의 모든 준비를 마쳐야 하므로 시험장 환경이 매우 번잡하고, 개인에 따라 정리와 사전 작업까지에는 주어진 시간이 부족할 수 있어 원활한 시험 진행을 고려하여 구성된 사항입니다. 3과제 준비를 마친 후 공개문제의 요구 사항에 제시된 바와 같이 3과제 시작 후에 1교시에 작업한 1~5지 손톱의 컬러를 지운 후 인조네일 과제의 작업을 수행하면 됩니다.

Q38 3과제 인조네일 과제시 파일링을 오른손 1~5지 손톱에 다해야 하나요?

A38 3교시의 대상 범위는 오른손 3, 4지에 국한 되므로 위생 상태에 위배되지 않는 기준에서 1~5지 손톱의 컬러를 제거해 주면 되고, 조형 등 이후 모든 작업은 오른손 3, 4지에만 시술해주시면 됩니다. 그리고 1교시 때 습식 케어를 마쳤더라도 3교시 시술 전 후로 관리가 더 필요한 경우에는 완성도를 높이기 위해 새로 일어난 손톱 옆 거스러미 등을 필요 시 제거할 수 있습니다.

Q39 각 과제 종료 후 준비시간은 어느 정도 부여되나요?

A39 1교시, 2교시 각 과제종료 후 다음과제의 준비를 위해 약 10~15분 정도의 준비시간이 부여되며, 3과제 종료 후에는 약 5분 정도의 준비시간이 부여되며, 각 시험장의 환경 및 일정에 따라 조정될 수 있습니다.

Q40 위생복 지참 시 일회용 가운을 입고오거나 반팔 위생복 안에 긴팔 셔츠 등을 입고 와도 되나요?

A40 1회용 위생복의 경우는 착용 시 일반 위생복과 눈에 띄게 구별되는 점이 있으며, 이러한 경우 표식으로 간주되어 수험자가 불이익을 당할 수 있으므로 불가합니다. 수험자 지참목록 등의 사항은 특별한 언급이 없는 한 일반적인 경우, 혹은 일반적인 제품을 의미합니다. 또한 반팔의 위생복 안에는 반팔의 상의를 입는 것이 일반적이며 유사 종목인 미용사(일반, 피부) 시험도 동일한 기준을 적용하고 있습니다. 위생복 안에 입으시는 개인 상의의 색상에는 제한이 없습니다. 부득이한 사정으로 반팔의 상의 안에 긴팔을 입으실 경우에는 반팔 위생복 안으로 상의를 접는 등 밖으로 보이지 않도록 하기 바랍니다.

Q41 일회용품 및 네일 더스트브러시 등 매번 사용 시 마다 소독 용기에 담가서 보관해야 하나요?

A41 기 공지된 바와 같이 니퍼, 푸셔, 오렌지우드스틱, 네일 더스트브러시 등은 각 과제 시작 시 마다, 알코올 등의 소독용기(소독제)에 담가진 상태로 보관하며 사용 시 멸균거즈 등으로 물기를 제거한 후 사용해야 합니다. 단 각 과제 내에서 최초 소독 후 모델에 닿는 사용 부위가 오염이 되었거나 출혈이 있는 경우에는 다시 소독을 하여 사용해야 하며, 그 외에는 소독된 부위가 청결하게 유지 될 수 있도록 하면 각 과제 내에서 매번 소독할 필요는 없으며, 필요 시 소독 액에 다시 담가 사용해도 무관합니다.

Q42 화장솜, 멸균거즈, 스펀지 등을 작업하기 편하도록 잘라오거나 오렌지우드스틱에 솜을 미리 말아 준비해와도 되나요?

A42 탈지면(화장솜), 멸균거즈, 스펀지, 페이퍼 타월 등은 사용하기 편리하도록 미리 잘라 보관통 등에 별도로 준비해 와도 됩니다. 단, 알코올 등의 소독용기(소독제)에 담가 소독한 상태로 보관하는 오렌지우드스틱은 미리 솜을 말아 준비해오면 안되고, 소독용기에 담아 소독 후 물기를 제거한 후 탈지면 등을 말아 사용하여야 하며, 페이퍼 타월은 기구 소독이나 재료의 세팅, 브러시 등의 잔여물을 닦는 용도로 사용해야 합니다.

Q43 보안경을 1~4과제 시까지 모두 착용해야 하나요?

A43 수험자와 모델은 보안경을 3과제 인조네일 과제 작업 시에 착용하면 되고, 기 공지된 바와 같이 안경으로 대체가 가능합니다.

Q44 과제 인조네일 및 4과제 인조네일 제거 시 클리퍼를 사용해도 되나요?

A44 3, 4과제 인조네일 조형 및 제거 시 클리퍼의 혼용 사용은 가능합니다.

Q45 시험 당일 시험 시작 전에 1~4교시 선정되는 과제를 미리 알 수 있나요?

A45 기 공지된 바와 같이 시험 당일 각 시험장 별로 세부 과제가 랜덤 선정되는 방식으로 선정되며, 각 교시 별 시험 시작 직전에 본부요원이나 시험 감독 등 이 선정된 과제를 안내하므로 시적 전에는 알 수 없습니다.

Q46 패디큐어 시술 시 모델이 작업대 위에 앉은 후 수험자의 무릎에 발을 올리지 않고 책상 위에 올리는 자세도 작업해도 되나요?

A46 기 공지된 바와 같이 1과제 매니큐어 작업(30분) 종료 후 감독위원의 지시에 따라 모델은 작업대 위에 앉은 후 의자에 앉아있는 수험자의 무릎에 작업대상 발을 올리는 자세로 페디큐어 작업을 실시해야 합니다. 다만, 모델의 발을 지탱하기 위 한 보조 도구로 필요 시에 발판(흰색), 타월(흰색), 쿠션 (흰색), 박스 등을 흰색 타 월이나 종이 등으로 싸오는 경우 등도 가능하며 모델의 발을 책상에 올리는 자세로는 작업이 불가합니다.

참고문헌

강경화, "네일케어&디자인", 신정출판사, 2003.

고경숙 외, "미용학개론", 청구문화사, 2012.

권태일 외, "NEW 네일(미용사)필기편", 지구문화사, 2015.

권태일 외, "네일아트-이론 및 실습", 메디시언, 2013

권혜영 외, "NCS 교육과정에 기반으로 한 기초 에스테틱", 메디시언, 2015.

김경미 외, "네일아트 매뉴얼 북", 광문각, 2009.

김기영 외, "NEW 미용인을 위한 해부생리학", 메디시언, 2015.

김나영 외, "네일아트 Technology", 광문각, 2012.

김도이 외, "Nail to Nail", 한맥출판사, 2013.

김미영 외, "Nail Style Book", 예림출판사, 2003.

김영미, "NAIL ART", 신광씨링 출판사업부,

김옥연 외, "NEW 미용문화사", 메디시언, 2013.

김은숙 외, "NEW 미용경영학", 메디시언, 2015.

송미영, 권태순, "NAIL ART", 청구문화사, 2008.

윤천성 외, "미용학개론", 훈민사, 2014.

이영순 외, "네일관리학", 고문사, 2010.

찾아보기

ㅇ

ㅈ

찾아보기

NCS 적용 교육!

기초 네일 케어

2020년 3월 20일 초 판 인쇄
2020년 3월 25일 초 판 발행

저 자 최은미·허미라·최정순·유숙희
이상은·이주미·이현숙

발행인 주 병 오·주 민 기

발행처 메디시인

경기도 파주시 회동길 209
파주출판문화정보산업단지

영업팀 (031)955－7566 · 7577
편집디자인팀 (031)955－7731
F A X (031)955－7730
홈페이지 www.ji-gu.co.kr
이메일 jigupub@hanmail.net
등록번호 2005년 2월 16일
제 406－2005－000045호

ISBN 979－11－86739－95－2－93590

값 22,000 원